Fritz Staudacher · Elektromobilität

de-FACHWISSEN

Die Fachbuchreihe
für Elektro- und Gebäudetechniker
in Handwerk und Industrie

Fritz Staudacher

Elektromobilität

Theorie und Praxis zur Ladeinfrastruktur

Hüthig · München/Heidelberg

Produktbezeichnungen sowie Firmennamen und Firmenlogos werden in diesem Buch ohne Gewährleistung der freien Verwendbarkeit benutzt.
Von den im Buch zitierten Vorschriften, Richtlinien und Gesetzen haben stets nur die jeweils letzten oder die zum Zeitpunkt der Errichtung gültigen Ausgaben verbindliche Gültigkeit.

Autor und Verlag haben alle Texte und Abbildungen mit großer Sorgfalt erarbeitet bzw. überprüft. Dennoch können Fehler nicht ausgeschlossen werden. Deshalb übernehmen weder Autor noch Verlag irgendwelche Garantien für die in diesem Buch gegebenen Informationen. In keinem Fall haften Autor oder Verlag für irgendwelche direkten oder indirekten Schäden, die aus der Anwendung dieser Informationen folgen.

Maßgebend für das Anwenden der Normen sind deren Fassungen mit den neuesten Ausgabedaten, die bei der VDE-Verlag GmbH, Bismarckstraße 33, 10625 Berlin und der Beuth Verlag GmbH, Burggrafenstraße 6, 10787 Berlin erhältlich sind.

Bibliografische Information der Deutschen Bibliothek
Die Deutsche Bibliothek verzeichnet diese Publikation in der Deutschen Nationalbibliografie; detaillierte bibliografische Daten sind im Internet über http://dnb.ddb.de abrufbar.

Möchten Sie Ihre Meinung zu diesem Buch abgeben?
Dann schicken Sie eine E-Mail an das Lektorat
im Hüthig Verlag:
buchservice@huethig.de
Autor und Verlag freuen sich über Ihre Rückmeldung.

ISSN 1438-8707
ISBN 978-3-8101-0508-0

© 2020 Hüthig GmbH, München/Heidelberg
Printed in Germany
Titelbild, Layout, Satz: schwesinger, galeo:design
Titelfotos: links: © shutterstock 1478097161, ibae.chatdanai
rechts: © shutterstock 680688370, ShutterOK
Font: © shutterstock 316519343, Mlap Studio
Druck: Westermann Druck Zwickau GmbH

Vorwort

Wenn wir heute einen Blick auf Deutschlands Straßen werfen, fällt auf, dass immer häufiger Elektrofahrzeuge zwischen den „normalen" Verbrennerfahrzeugen zu erkennen sind.
Die Elektromobilität ist in Deutschland angekommen.
Vor nicht allzu langer Zeit waren Elektrofahrzeuge noch als Liebhaberobjekte ein paar Individualisten zugeschrieben worden. Wie bei jeder Technologie gibt es auch heute noch Personen, die der Elektromobilität keine Zukunftschancen prognostizieren. Waren es anfangs noch wenige Automobilhersteller, die Elektrofahrzeuge in ihrem Portfolio zu bieten hatten, sind inzwischen alle namhaften Hersteller mit Angeboten am Markt. Ob es Hybridfahrzeuge, rein batterieelektrische Fahrzeuge oder Brennstoffzellenfahrzeuge sind, mit wenigstens einem der genannten Fahrzeugtypen werben die Hersteller um Kunden. In welcher Weise sie sich weiter durchsetzen, entscheidet das Angebot, der Preis, die Lademöglichkeiten und nicht zuletzt der Kunde – also der Markt. Je einfacher der Umgang mit der Technologie, umso höher sind die Chancen, dass sie sich durchsetzen kann.
Das vorliegende Buch gibt keine Wertung ab, welches die bessere Technologie ist. Es geht auch nicht auf politische Fragestellungen oder Umweltaspekte ein. Es zeigt auf, welche Möglichkeiten bereits heute zur Verfügung stehen, um Elektrofahrzeuge zu nutzen und zu laden. Der Ausgangspunkt ist immer die Frage: Wie kommt der Strom in das Fahrzeug und gibt es überhaupt genügend Strom?
So folgt auch dieses Buch dem Weg allgemeiner Vorinformationen, über die Fahrzeuge, hin zu einfacher Ladeinfrastruktur und anschließend zu komplexeren Lösungsmöglichkeiten.
Der Autor möchte mit diesem Buch alle erreichen, die sich für Elektromobilität interessieren und der Frage nachgehen, wie der Strom in das Fahrzeug kommt. Die technischen Beschreibungen bieten wertvolle Informationen für alle Elektrofachbetriebe, die sich dem Thema Ladeinfrastruktur für Elektrofahrzeuge annehmen wollen, sind aber dennoch auch für Laien verständlich aufbereitet. Aus diesem Grund sind dem einen oder anderen Normenexperten verschiedene Textstellen nicht ausführlich und tief genug. Hierfür bittet der Autor um Verständnis.

Der klare und deutliche Hinweis, dass die Elektroinstallation, somit auch der Anschluss der Ladestationen, nur dem in das Installateurverzeichnis des Verteilnetzbetreibers eingetragenen Elektroinstallationsbetrieb vorbehalten ist, ist dem Autor besonders wichtig. Der Fachmann kennt die einschlägigen Normen und die Vorgaben des Versorgers. Nur so wird gewährleistet, dass der „Elektromobilist" sein Fahrzeug dauerhaft sicher und zuverlässig laden kann. Er steckt das Ladekabel in das Elektrofahrzeug ein und alles Weitere geht automatisch vonstatten.

Das Buch zeigt neben der einfachen Ladestation für ein Einfamilienhaus auch Lösungsmöglichkeiten für Mehrfamilienhäuser, größere Wohnanlagen, Parkraumbetreiber, öffentliche Ladeinfrastruktur usw. auf. Nicht zuletzt sind auch die erneuerbaren Energien, Stromspeicherung und Energiemanagement Themen des Buches.

Mit einem vorsichtigen Blick in die Zukunft schließt der Autor das Buch. Da wir alle keine zuverlässige Glaskugel besitzen, ist dieser Blick immer mit vielen Fragenzeichen behaftet. Dennoch ist es wichtig, einen Einblick zu erhalten, welche Themen in der Forschung und Entwicklung bearbeitet werden. Die Themen Batterietechnologie, Ladesysteme, intelligente Verkehrskonzepte bieten noch viel Potenzial für Neues. Viele kreative Menschen haben interessante Ideen.

Ein großer Dank gilt meinem Kollegen *Frank Ziegler* für seinen Beitrag zum Überspannungsschutz nach VDE 0100 Teile 443 und 534. Ebenfalls herzlichen Dank an alle Firmen und Organisationen, die mit Informationen und der Freigabe von Bildern zur Replikation in diesem Buch ebenfalls einen wesentlichen Beitrag geleistet haben.

Für denjenigen, der ein Nachschlagewerk sucht, welches die Themen ausführlicher darstellt als beispielsweise ein Tabellenbuch, ist dieses Buch ein ideale Alternative.

Der Autor ist sich sicher, dass die Elektromobilität ein wichtiger Baustein unserer persönlichen Mobilität werden wird. Millionen Beispiele zeigen bereits: Es funktioniert und es macht Spaß, mit leisem und kraftvollem Antrieb zu fahren und sicher ist es auch.

Allseits gute Fahrt und sorgenfreies sicheres Laden.

Fritz Staudacher

Inhaltsverzeichnis

1 **Vorbemerkung** 13
   1.1 Geschichte der Elektromobilität 13
   1.2 Energiebedarf durch Elektrofahrzeuge 16
   1.3 Energieversorgungsbilanz in Deutschland 19

2 **Elektrofahrzeuge** 25
   2.1 Allgemeine Überlegungen zur persönlichen Mobilität 25
   2.2 Hybridfahrzeuge 26
   2.3 Batterieelektrische Fahrzeuge 31
      2.3.1 Batterietechnologien 32
      2.3.2 Batteriemanagementsystem 38
      2.3.3 Elektromotoren und -generatoren 41
   2.4 Brennstoffzellenfahrzeuge 46
   2.5 Fahrzeugangebote für das Handwerk 55

3 **Ladekonzepte von Elektrofahrzeugen** 57
   3.1 AC-Laden 57
   3.2 DC-Laden 61
   3.3 HPC (High Power Charging) 64
   3.4 Induktives Laden 66
   3.5 Batteriewechsel 68
   3.6 Elektrolytaustausch (Redox-Flow-Batterien) 69

4 **Sicheres Laden durch normative Vorgaben** 71
   4.1 Rückblick: Steckervielfalt in Europa und der Welt 71
   4.2 Ladeleistungen im Vergleich 72
   4.3 Steckernormung nach IEC 62196 76
      4.3.1 Stecksysteme für das AC-Laden 76
      4.3.2 Stecksysteme für das DC-Laden 80
   4.4 Anforderungen an Ladesysteme und Elektrofahrzeuge
      nach VDE 0122 (IEC 61851) 83
      4.4.1 Ladebetriebsarten im Überblick 84
      4.4.2 Ladebetriebsart 1 (Mode 1) 84
      4.4.3 Ladebetriebsart 2 (Mode 2) 85
      4.4.4 Ladebetriebsart 3 (Mode 3) 88

		4.4.4.1	Erkennung der Ladeleitung bei Ladebetriebsart 3 90

         4.4.4.1 Erkennung der Ladeleitung bei Ladebetriebsart 3 90
         4.4.4.2 Ladesteuerung mittels PWM-Signal 91
         4.4.4.3 Prinzipieller Aufbau einer Ladestation Mode 3 101
         4.4.4.4 Zusammenfassung Ladebetriebsart 3 (Mode 3) 103
      4.4.5 Ladebetriebsart 4 (Mode 4) 104
   4.5 Sondervarianten 108
   4.6 Eichrechtskonformität 110
      4.6.1 Ablauf einer eichrechtskonformen Abrechnung 111
      4.6.2 Zertifizierte Verfahren der eichrechtskonformen
            Abrechnung 113
      4.6.3 Erfüllung der Eichrechtskonformität auf
            anderen Wegen 114
      4.6.4 Anforderung an eichrechtskonforme Ladestationen .. 115
      4.6.5 Schlussbemerkung zu eichrechtskonformen
            Ladelösungen 117
   4.7 Erweiterte Kommunikation nach ISO 15118 118

5 **Planung von Ladeinfrastruktur** **125**
   5.1 Planung anhand des Fahrzeugtyps 125
   5.2 Vorgaben der Verteilnetzbetreiber (VNB) 126
   5.3 Installation nach VDE 0100-722 129
   5.4 Anforderungen nach VDE-AR-N 4100 134
   5.5 Auswahl geeigneter Ladeinfrastruktur nach Anschluss-
       möglichkeit 137
   5.6 Anforderungen an Zählerplätze und Stromkreisverteiler ... 144
   5.7 Überspannungsschutz nach VDE 0100-443/534 und
       VDE 0185-305-1-4 148
      5.7.1 Wichtige Begriffe und Parameter im Blitz- und
            Überspannungsschutz 149
      5.7.2 Überspannungskategorien 162
      5.7.3 Eingruppierung von Störimpulsen und Wellen-
            formen 165
      5.7.4 Umsetzung des Blitzzonenkonzeptes 172
      5.7.5 Zusammenfassung der normativen Grund-
            anforderungen im Bereich der Elektromobilität 180
         5.7.5.1 Generelle Anforderung für alle elektrischen
                 Anlagen, die unter den Anwendungsbereich
                 der DIN VDE 0100-443 fallen 180
         5.7.5.2 Bei Gebäuden oder Anlagen mit äußerem
                 Blitzschutz 181
   5.8 Praxistipps für Elektro- und KFZ-Handwerk 181

Inhaltsverzeichnis

- 5.9 Beispielszenarien für verschiedene Anwendungfälle 184
  - 5.9.1 1-phasige Ladestation im Einfamilienhaus 184
  - 5.9.2 3-phasige Ladestation im Einfamilienhaus 184
  - 5.9.3 Drei 1-phasige Ladestationen an einem Netzanschluss 185
  - 5.9.4 1-phasige Ladestation im Einfamilienhaus mit 1-phasiger PV-Anlage und 1-phasigem Stromspeicher.. 185
  - 5.9.5 Mehrere 3-phasige Ladestationen an einem Netzanschluss 187
  - 5.9.6 Schnellladepark mit DC-Ladestationen 189
- 5.10 Hinweis auf Landesbauordnungen 190

6 Errichten und Prüfen von Ladeinfrastruktur 193
- 6.1 Anordnung der Ladepunkte am Ladeplatz 193
- 6.2 Leitungsdimensionierung und Schutzorgane 196
  - 6.2.1 Rahmenbedingungen für die Leitungsberechnung 196
  - 6.2.2 Beispielrechnung zu einem Wohnhaus mit 11-kW-Ladestation 198
  - 6.2.3 Beispielrechnung zu einem Wohnhaus mit 22-kW-Ladestation 200
  - 6.2.4 Beispielrechnung zu einer Ladesäule mit 2 x 22 kW .. 202
  - 6.2.5 Beispielrechnung zu einer DC-Ladestation 204
  - 6.2.6 Warum einen größeren Querschnitt wählen? 205
  - 6.2.7 Planung einer Industrieanlage 207
- 6.3 Erstprüfung von AC-Ladepunkten nach VDE 0100-600 211
  - 6.3.1 Sichtprüfung 212
  - 6.3.2 Messung der Durchgängigkeit der Schutzleiter 212
  - 6.3.3 Messung der Isolationswiderstände 213
  - 6.3.4 Messung der Fehlerschleifenimpedanz und des Netzinnenwiderstands 215
  - 6.3.5 Messung der Fehlerstromschutzeinrichtung 217
  - 6.3.6 Messung des Erdausbreitungswiderstands 220
  - 6.3.7 Messung des Drehfeldes 221
  - 6.3.8 Bewertung und Dokumentation 222
- 6.4 Funktionsprüfung nach VDE 0122-1 (IEC 61851-1) 223
- 6.5 Wiederkehrende Prüfung nach VDE 0105-100:2015-10 227
- 6.6 Vorgaben durch die DGUV Vorschrift 3 228
- 6.7 Prüfung von Mode 3 Ladekabeln 229
- 6.8 Prüfung von Mode 2 Ladekabeln 230
- 6.9 Prüfung von DC-Ladepunkten 231

7 Ladeinfrastruktur im Zusammenspiel mit erneuerbaren Energien ... 233
- 7.1 Laden mit PV-Überschuss ... 233
  - 7.1.1 PV-Wechselrichter gibt durch Schaltkontakt frei ... 233
  - 7.1.2 PV-ertragsabhängige dynamische Ladesteuerung ... 234
- 7.2 Wettervorhersageabhängiges Laden ... 235
- 7.3 Einbindung von Stromspeichern ... 237

8 Lastmanagementlösungen ... 243
- 8.1 Grundlegendes zum Lastmanagement ... 243
- 8.2 Einfache Energieverteilung in einer Ladesäule ... 245
- 8.3 Lokale Energieverteilung bei der Nutzung mehrerer Ladepunkte ... 247
- 8.4 Lokales Energiemanagement mit VIP-Funktion und Ladeendedetektion ... 248
- 8.5 Übergeordnetes Management über eine Cloud- oder Backend-Lösung ... 250
- 8.6 Aktives Lastmanagement mit lokaler Verbrauchsanalyse ... 252
- 8.7 Aktives Lastmanagement mit Schieflastausgleich ... 254
- 8.8 Lastmanagement mit variabler Anpassung an den aktuellen Gebäudeverbrauch ... 255
  - 8.8.1 Lastmanagement mit variabler Anpassung im Einfamilienhaus ... 256
  - 8.8.2 Lastmanagement mit variabler Anpassung im Mehrfamilienhaus/Wohnanlage ... 257
  - 8.8.3 Lastmanagement mit variabler Anpassung bei einer Großanlage ... 258
- 8.9 Schlussbemerkungen zum Lastmanagement ... 259

9 Netzdienliches Laden von Elektrofahrzeugen ... 261
- 9.1 Laden bei Energieüberschuss im Netz ... 261
- 9.2 Bidirektionales Laden ... 263

10 Arbeiten an Elektrofahrzeugen/Hochvoltsystemen ... 267
- 10.1 DGUV Information 200-005 ... 268
- 10.2 HV-Qualifizierung nach Stufe 1: nichtelektrische Arbeiten ... 269
- 10.3 HV-Qualifizierung nach Stufe 2: Arbeiten im spannungsfreien Zustand ... 270
- 10.4 HV-Qualifizierung nach Stufe 3: Prüfen unter Spannung ... 275

11 Zukunftsthemen ... 277
11.1 Wohnungseigentumsmodernisierungsgesetz ... 277
11.2 Fahrerassistenzsysteme/autonomes Fahren ... 278
11.3 Flugtaxis ... 280
11.4 Weitere Ladesysteme ... 281
11.5 Energiemanagementsysteme der Zukunft ... 282
11.6 Batterieentwicklung ... 283

12 Schlussbemerkungen ... 285

Anhang ... 287
    A   Musterchecklist zur Erhebung der Elektroinstallation ... 287
    B   Abkürzungsverzeichnis ... 292
    C   Dank an die Unterstützer ... 295
    Literatur ... 297
    Weiterführende Literatur ... 305

Stichwortverzeichnis ... 306

E-Mobilität beginnt mit uns.

Jetzt Systempartner werden!

Anmelden, kostenlose Schulung erhalten und loslegen. Gemeinsam starten wir in Ihren Zukunftsmarkt. (Schulung auch digital möglich).

NEU! Technologie zum Aufbau von Ladeinfrastruktur und zur Niederspannungsautomatisierung für den Schritt in die E-Mobilität.

Die flächendeckende E-Mobilität kommt! Dabei dürfen die Auswirkungen für Energieversorger, Industrieanwender, wie auch für Mehr- und Einfamilienhäuser nicht außer Acht gelassen werden. TQ-Automation bietet umfassende Produktlösungen für alle Herausforderungen rund um die E-Mobilität. Vom dynamischen Last- und Lademanagement, bis hin zur intelligenten Automatisierung der Energieverteilung. Jetzt mehr erfahren auf unserer Website und in unseren kostenlosen Whitepapern!

tq-automation.com

1 Vorbemerkung

1.1 Geschichte der Elektromobilität

Bereits im Frühjahr 1900 stellt der Wiener k. u. k. Hoflieferant *Ludwig Lohner & Co.*, eigentlich ein Kutschwagenbauer, den „Lohner Porsche" auf der Pariser Weltausstellung vor [1]. Das Fahrzeug erinnert denn auch mehr an eine Kutsche als an ein Automobil heutiger Prägung. Ferdinand Porsche hatte bereits 1896 ein Patent für Radnabenmotoren angemeldet, mit dem er 1897 zu den Lohner Werken wechselte. Der *Lohner Porsche* „Semper Vivus" (**Bild 1.1**), der als erstes funktionsfähiges Hybridfahrzeug der Welt angesehen wird, wurde von zwei dieser Radnabenmotoren auf den Vorderrädern und einem Verbrennungsmotor angetrieben. Weniger bekannt ist der Egger-Lohner C2, der bereits im Jahre 1898 als weltweit erstes rein elektrisch angetriebenes Fahrzeug vorgestellt wurde. Aufgrund des hohen Gewichts von Antriebsbatterie und Elektromotoren war die Reichweite und die Höchstgeschwindigkeit nicht hoch.

Auch das Prinzip des Hybridfahrzeugs wurde somit bereits vor über 100 Jahren entwickelt. Durch die fortschreitende Entwicklung der Verbrennungsmotoren und ihren Vorteilen gegenüber der Elektromobilität, gerieten diese Entwicklungen vorerst wieder in Vergessenheit.

Bild 1.1 *Nachbau des Lohner Porsche „Semper Vivus" im Porschemuseum Stuttgart, das erste Hybridfahrzeug der Welt*

Neue Technologien haben es immer schwer, ihren Weg in den Markt zu finden. Dies zeigt sich auch an dem Satz: „*Das Auto hat keine Zukunft, ich setze auf das Pferd*", der von verschiedenen (nicht belegbaren) Quellen, Kaiser Wilhelm II. im Jahre 1904 zugeschrieben wird. Dennoch kommt dadurch klar zum Ausdruck, dass in der öffentlichen Wahrnehmung viele Vorbehalte überwunden werden müssen. Und es benötigt immer eine entsprechende Zeit, in der sich die neue Technologie bewähren muss.

Zur angeblichen Aussage von *Kaiser Wilhelm II.* noch zwei interessante Bilder von der Fifth Avenue in New York. **Bild 1.2** zeigt die Straße am Ostersonntag im Jahr 1900, **Bild 1.3** die Straße nur 13 Jahre später. Die Bildqualität macht es zwar schwierig, aber in Bild 1.2 kann zwischen vielen Pferdefuhrwerken ein Automobil entdeckt werden, während es in Bild 1.3 genau umgekehrt ist, dies in lediglich 13 Jahren!

Die Geschichte hat schon häufiger gezeigt, dass verpasste Trendwenden für die betroffenen Firmen folgenreich waren. Im obigen Beispiel waren es die Kutschenbauer. Die berühmten Automobilhersteller waren allesamt Ingenieure, es war kein einziger Kutschenbauer unter Ihnen.

In der zweiten Hälfte des 20. Jahrhunderts gab es immer wieder einzelne ambitionierte Versuche, die Elektromobilität auf Alltagstauglichkeit zu testen. Die schweren Bleiakkus und die Möglichkeiten der Elektrotechnik standen dem Erfolg damals noch im Weg. Mercedes Benz hatte mit dem Fahrzeug LE306 (**Bild 1.4**) einen Kleinbus entwickelt, dessen Traktionsbatterie in wenigen Minuten komplett getauscht werden konnte.

Zur Olympiade 1972 in München kamen diese Fahrzeuge zum Einsatz. Die Batterie hatte eine Kapazität von 22 kWh und wog

Bild 1.2 *Fifth Avenue New York am Ostersonntag 1900*

Bild 1.3 *Fifth Avenue New York am Ostersonntag 1913*

Quelle: National Archives and Records Administration, Records of the Bureau of Public Roads [2]

Bild 1.4 *LE306 mit Batteriewechsel in wenigen Minuten*

ca. 860 kg. Mit einer Tonne Nutzlast schaffte das Fahrzeug eine Höchstgeschwindigkeit von 80 km/h bei einer Reichweite von 50 km bis 100 km. Nach einem weiteren großen Test mit bis zu 58 Fahrzeugen wurde es dann wieder still.

Erst mit dem Aufkommen der Lithium-Batterietechnologie nach der Jahrtausendwende kam im doppelten Sinne Bewegung in die Elektromobilität. Anfangs hatte es den Anschein, als würde die Elektromobilität vor allem durch Brennstoffzellen mit Wasserstoff als Energieträger unsere persönliche Mobilität begleiten. Die Brennstoffzellentechnologie wird inzwischen von drei Fahrzeugherstellern auf dem deutschen Markt angeboten (Stand 03/2020). Die Verkaufszahlen sind jedoch noch sehr niedrig. Dementgegen hat die batterieelektrische Elektromobilität ein sehr starkes Wachstum verzeichnet. Zahlreiche Modelle vieler Hersteller werden bereits angeboten und weitere Angebote für die Zukunft sind angekündigt.

Bild 1.5 zeigt das bemerkenswerte Wachstum innerhalb der letzten zehn Jahre. Die Zahlen der Tabelle wurden beim Kraftfahrtbundesamt und unter electrive.net recherchiert. Bezogen auf den Gesamtbestand an zugelassenen PKW von ca. 47 Mio. ist der Anteil zwar noch niedrig, aber die Wachstumsraten sind gewaltig. Das erweiterte Angebot an Fahrzeugen und der lieferbaren Stückzahlen sind Anzeichen, dass sich der Trend in ähnlicher Form fortsetzen wird.

Da die wachsende Anzahl an Elektrofahrzeugen selbstredend auch mit Strom versorgt werden muss, sind die Energieversorger vor besondere Herausforderungen gestellt.

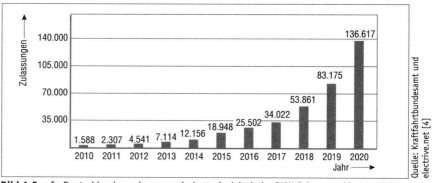

Bild 1.5 *In Deutschland zugelassene rein batterieelektrische PKW-Fahrzeuge bis 01.01.2020*

Zum einen besteht die Befürchtung, dass die vorhandene Menge an elektrischer Energie nicht ausreicht. Zum zweiten steht die Sorge im Raum, dass die vorhandenen Netze durch verstärkte Nutzung von Elektrofahrzeugen überlastet werden. Die Energieversorger bereiten sich mit vielschichtigen Untersuchungen auf den Wandel vor. Beispielsweise hat die Netze BW im Stuttgarter Speckgürtel in einem Straßenzug mit 22 Einfamilienhäusern zehn Familien mit Elektrofahrzeugen und Ladeinfrastruktur ausgestattet [5] [6]. Im Projekt „E-Mobility-Allee" wurde untersucht, wie die Netzbelastung mit unterschiedlichsten Fahrzeugen im Alltagseinsatz aussieht. Die überraschende Erkenntnis war, dass die Netzbelastung deutlich niedriger ausgefallen ist, als befürchtet. Ein Artikel war etwas reißerisch überschrieben mit „Der Blackout blieb aus". Ob diese Aussage der Elektromobilität hilft und Ängste abbaut?

Die Geschichte zeigt, dass Elektromobilität funktioniert. Natürlich muss die Netzversorgung darauf vorbereitet werden. Preis und Leistungsfähigkeit der Gesamtpakete muss stimmen. Die Wachstumszahlen belegen, dass die Elektromobilität kommt und nicht mehr nur eine unkonkrete Zukunftsvision ist.

1.2 Energiebedarf durch Elektrofahrzeuge

Wie bei einem benzin- oder dieselgetriebenen Fahrzeug auch, hängt der Verbrauch sehr stark von der Fahrweise ab. Ebenso haben die Umgebungsbedingungen wesentlichen Anteil am Verbrauch und an der Reichweite. In der kalten Jahreszeit, bei kalter Batterie und stets notwendigem Fahrlicht bei gleichzeitig eingeschalteter Heizung, geht die Reichweite um gut 20 % zurück (persönlicher Erfahrungswert des Autors), auch im Sommer bei eingeschalteter Klimaanlage macht sich eine Reichweitenreduzierung deutlich bemerkbar.

Völlig unabhängig davon ist die Reichweite heutiger Elektrofahrzeuge für den allgemeinen täglichen Einsatz völlig ausreichend. Eine ganze Reihe unabhängiger Studien geht davon aus, dass der durchschnittliche tägliche Fahrweg bei über 80 % aller Fahrten bei unter 50 km liegt. Beispielsweise nennt die, im Auftrag des Bundesministeriums für Verkehr und digitale Infrastruktur erstellte, Infas-Studie „Mobilität in Deutschland 2017" von 09/2019 [7] auf Seite 9 einen Weg von 39 km je Person und Tag. In aller Regel wird das Fahrzeug immer an eine Ladestation angesteckt, wenn es länger steht, also zu Hause oder beim Arbeitgeber, und hat damit immer genügend Energie im Akku.

Etwas anders sieht es bei Vielfahrern aus. Wer am Tag 500 und mehr Kilometer zurücklegen muss, braucht in der Regel ein oder zwei Zwischenstopps, um den Akku an einer Schnellladestation oder einer HPC-Station (High power charging) in 15 bis 45 Minuten wieder zu laden. Voraussetzung ist natürlich, dass sowohl Fahrzeug wie auch die Ladestation diese Schnellladung unterstützen. Zahlreiche Elektromobilisten nutzen diese Möglichkeit bereits heute. Kritiker führen nach wie vor mangelnde Reichweite, nicht ausreichende Zahl von Schnellladestationen und den Preis als Schwachpunkte an. Die Entwicklung zeigt, dass diese Kritikpunkte sehr wahrscheinlich in wenigen Jahren keinen Boden mehr haben.

Unabhängig von all diesen Beweggründen stehen in **Tabelle 1.1** einige Beispiele zum Energiebedarf im realen Fahrbetrieb. Der ADAC hat aktuelle Elektrofahrzeuge dem ADAC Ecotest unterzogen, wie er dies mit Verbrennerfahrzeugen in gleicher Weise unternimmt. Die Ergebnisse wurden am 30.03.2020 veröffentlicht [8]. Wenig überraschend war, dass sämtliche Verbrauchswerte über den Herstellerangaben lagen.

Im realen Fahrbetrieb hat der Autor ähnliche Werte ermitteln können. Mit einem VW e-Golf liegt der Durchschnittsverbrauch bei den letzten 8.000 km bei ca. 17 kWh und bei einem Tesla Model S zwischen 18 kWh und 24 kWh (stark abhängig von der Fahrweise). Diese Werte können jedoch nur als Größenordnung verstanden werden, da sie nicht nach zertifizierten Messverfahren ermittelt worden sind. Der Autor fährt jährlich ca. 30.000 km rein elektrisch und nutzt Elektrofahrzeuge (nicht ausschließlich) seit sechs Jahren.

Modell	Verbrauch im ADAC Ecotest in kWh/100 km	Verbrauch Herstellerangabe NEFZ/WLTP in kWh/100 km
Hyundai Ioniq Elektro Style	14,7	11,5/k.A.
VW e-Golf	17,3	13,2/15,8
Seat Mii Electric Plus	17,3	k.A./14,9
BMW i3 (120 Ah)	17,9	13,1/15,3
Kia e-Niro Spirit (64 kWh)	18,1	k.A./15,9
Smart Fortwo Coupé EQ Prime	18,3	13,9/16,6
Hyundai Kona Elektro (64 kWh) Trend	19,5	14,3/15,0
Tesla Model 3 Standard Range Plus	19,5	k.A./14,3
Opel Ampera-e First Edition	19,7	14,5/k.A.
Renault Zoe R135 Z.E. 50 (52 kWh)	20,3	13,3/k.A.
Tesla Model 3 Long Range AWD	20,9	k.A./16,0
Nissan Leaf II Acenta (40 kWh)	22,1	15,2/20,6
Tesla Model X 100D	24,0	20,8/k.A.
Audi e-tron 55 quattro	25,8	k.A./23,0
Jaguar i-Pace EV400 S AWD	27,6	k.A./22,0
Nissan e-NV200 Evalia (40 kWh)	28,1	k.A./25,9

Tabelle 1.1 *Ergebnisse des ADAC Ecotests [8]*

Wird ein kWh-Preis von 30 ct. zugrunde gelegt, so liegen die Energiekosten für 100 gefahrene Kilometer beim Hyundai Ioniq Elektro Style bei ca. 4,50 EUR und beim Tesla Model X 100D bei ca. 7,20 EUR.

Um den Gesamtenergiebedarf für eine jährliche Fahrleistung von 15.000 km je PKW zu ermitteln werden beispielhaft 16 kWh, 20 kWh und 24 kWh je 100 km angenommen.

Laut Kraftfahrtbundesamt [9] waren am 01.01.2020 in Deutschland 47,7 Mio. PKW zugelassen.

Diese, in **Tabelle 1.2** dargestellten, auf den ersten Blick erschreckenden Zahlen werden im nächsten Abschnitt 1.3 der Stromversorgungssituation in Deutschland gegenübergestellt.

Anzahl PKW	angenommener Verbrauch auf 100 km		
	16	20	24
1	2.400 kWh	3.000 kWh	3.600 kWh
1.000.000	2.400.000.000 kWh = 2,4 TWh*	3.000.000.000 kWh = 3,0 TWh*	3.600.000.000 kWh = 3,6 TWh*
47.000.000	112.800.000.000 kWh = 112,8 TWh*	141.000.000.000 kWh = 141,0 TWh*	169.200.000.000 kWh = 169,2 TWh*

*TWh = Terawattstunden = 1 Mrd. kWh

Tabelle 1.2 *Rechnerischer Stromverbrauch von Elektrofahrzeugen*

1.3 Energieversorgungsbilanz in Deutschland

Kritiker der Elektromobilität führen gerne die Aussage ins Feld, es gäbe gar nicht genügend Strom, um alle Elektrofahrzeuge mit Strom zu versorgen. Der Bundesverband der Energie- und Wasserwirtschaft e.V. (BDEW) [10] hat am 11.02.2020 den Bruttoinlandsstromverbrauch in Deutschland für das Jahr 2019 mit 569,2 TWh angegeben. Stellen wir der Zahl des BDEW den Gesamtstromverbrauch von 47 Mio. Fahrzeugen mit 16 kWh je 100 km gegenüber, so bedeutet dies, dass der Stromverbrauch rein rechnerisch um

$$\Delta = \frac{W_{47\,\text{Mio. Fahrzeuge}}}{W_{\text{Gesamtnettostromerzeugung}}} \cdot 100\,\% = \frac{112,8\,\text{TWh}}{569,2\,\text{TWh}} \cdot 100\,\% \approx 19,82\,\%$$

zunehmen müsste.

Diese sehr stark vereinfachte, leicht nachvollziehbare Rechnung weicht geringfügig von wissenschaftlichen Studien ab, die oftmals sogar von einem etwas geringeren Bedarf ausgehen. Am 02.07.2019 schrieb dazu die Zeit Online [11], dass keine Überlastung des Stromnetzes zu erwarten sei.

Ein ganz anderer Aspekt wird bei dieser Rechnung jedoch völlig außer Acht gelassen: Deutschland war im Januar 2019 Europameister im Stromexport (7,2 TWh)! Im Jahr 2018 hat Deutschland ca. 50 TWh mehr Strom exportiert als importiert. Im Jahr 2017 waren es sogar 55 TWh. Alleine dieser Exportüberschuss würde reichen, um über 20 Mio. Elektrofahrzeuge mit Strom zu versorgen! Im Jahr 2019 ging der Exportüberschuss zwar auf 34,9 TWh zurück. Aber auch dies würde für ca. 14 Mio. Elektrofahrzeuge reichen.

Die Bundesregierung hat als letzte Prognose für die erste Million an zugelassenen Elektrofahrzeugen das Jahr 2022 genannt. Im Jahr 2030 wird mit 10 Mio. Fahrzeugen gerechnet, sodass die zur Verfügung stehende elektrische Energie kein Hemmnis für die Elektromobilität insgesamt darstellt.

Das Problem ist vielmehr die Leistung – also wann die elektrische Energie benötigt wird. Wenn alle Fahrzeuge zur gleichen Zeit mit voller Leistung laden, gibt es Probleme im Versorgungsnetz. Die Energieversorger analysieren daher sehr sorgfältig den Leistungsverlauf in ihren Versorgungsnetzen.

Wie bereits in Abschnitt 1.1 erwähnt, ist der Strombedarf und die Verteilung beim Pilotprojekt „E-Mobility-Allee" der Netze BW GmbH weitaus günstiger verlaufen als befürchtet wurde. Auch der „Coming Home Effekt" war bei Weitem nicht so stark wie erwartet. In der Pressemitteilung vom 26.10.2019 [12] wurden Details zu dem 18 Monate laufenden Pilotversuch dargestellt. Während die Teilnehmer anfangs sehr oft und kurz geladen haben, hat sich dies mit zunehmender Erfahrung hin zu selteneren und längeren Ladezeiten verschoben. Eine weitere Erfahrung ist, dass das gleichzeitige Laden von vielen Fahrzeugen so gut wie gar nicht stattgefunden hat. In ganz seltenen Fällen waren fünf Fahrzeuge gleichzeitig am Laden, die meiste Zeit nur eines oder zwei, oft auch gar keines. Um Leistungsengpässe auszuschließen, wurde der Einsatz verschiedener Stromspeicher mit untersucht. Mit einem intelligenten Lastmanagement wurde das Laden der Elektrofahrzeuge zusätzlich gesteuert, ohne dass die Teilnehmer dadurch beeinträchtigt wurden.

Mit dem Einsatz von 60 Ladepunkten und 45 Elektrofahrzeugen in einer größeren Wohnanlage und einem weiteren Pilotversuch in ländlicher Region, setzt die Netze BW ihren Weg mit weiteren Konstellationen fort.

Betrachtet man den Strombedarf eines durchschnittlich fahrenden Elektrofahrzeugs einmal umgekehrt, dann ergibt sich ein ganz erstaunliches Szenario. Beträgt die Tagesfahrleistung im Schnitt 50 km (also schon deutlich mehr als in der zuvor genannten Infas-Studie) löst dies einen Energiebedarf von ca. 8 kWh am Tag aus. Benötigt das Fahrzeug 1 h bis 1,5 h, um die 50 km zurückzulegen, könnte es die restlichen 22,5 h bis 23 h am Stromnetz zum Laden angeschlossen sein. Theoretisch würde dann eine rechnerische Ladeleistung von ca. 350 W reichen. Der kundige Leser erkennt natürlich sofort, dass dieser Wert weder praktisch sinnvoll noch real umsetzbar ist. Es soll damit lediglich aufgezeigt werden, dass die permanente Forderung nach 22 kW Ladeleistung in jedem Haushalt nicht wirklich notwendig ist. Vielfahrer wünschen sich natürlich auch für zu Hause höhere Ladeleistung. Aber selbst ein nahezu leer gefahrener 100 kWh großer Fahrakku kann mit 11 kW Ladeleistung über Nacht aufgeladen werden.

Diese Beispiele sollen nicht darüber hinwegtäuschen, dass die Elektromobilität eine große Herausforderung für unsere Energieversorger und die Versorgungsnetze darstellt. Je mehr Informationen über die zu ladenden Fahrzeuge bekannt sind, umso besser kann das Versorgungsnetz darauf vorbereitet werden. Einen wesentlichen Beitrag dazu wird das Kommunikationsprotokoll ISO 15118 leisten. Es bietet eine erweiterte Kommunikation zwischen Ladeinfrastruktur und Fahrzeug und gibt dem Energiemanagement die Möglichkeit, die Ladesteuerung der einzelnen Ladepunkte und damit die Verteilung der zur Verfügung stehenden elektrischen Leistung zu optimieren.

Ein großes Ziel dabei ist es, den Verbrauch möglichst optimal an die Energieerzeugung anzupassen. War es in der Vergangenheit schon schwierig die Kraftwerksleistung an den schwankenden Stromverbrauch anzupassen, so ist es durch den hohen Anteil an regenerativen Energieerzeugungsanlagen noch komplexer geworden. Die Windkraft wird von der Natur bestimmt. Die photovoltaisch erzeugte elektrische Energie ist ebenso sehr starken Schwankungen unterworfen. Es gibt zwar bereits sehr gute Vorhersagesysteme, die eine Anpassung verbessern, eine Toleranz bleibt dennoch. Windkraftanlagen, die stillstehen, obwohl der Wind kräftig bläst, Photovoltaikanlagen, die abgeregelt werden, weil die Leitungskapazität ausgereizt ist und die Stromabnahme aus dem Netz zu gering ist, sind die Maßnahmen, die der Verteilnetzbetreiber anwenden muss, um das Netz stabil zu halten. Mit großen Stromspeichern wird daran gearbeitet, diese Situation zu optimieren. Am Ende muss die kWh noch bezahlbar bleiben, somit geht dies auch nur bedingt.

Der einfache Gedanke, man nehme die Speicher der Elektrofahrzeuge als Pufferspeicher, lässt sich leider nicht so einfach in die Tat umsetzen. Die nutzbare Energiemenge und Leistung wäre bei vielen Fahrzeuge in Summe zwar gigantisch, die Rahmenbedingungen sind jedoch schwierig. Zum einen würde das sogenannte bidirektionale Laden bedeuten, dass ein Fahrzeugakku zusätzliche Ladezyklen leisten muss. Inwieweit der Fahrzeughersteller dafür eine Garantie übernehmen möchte, ist eine offene Frage. Zum zweiten hat der Fahrer des Elektrofahrzeugs die Befürchtung, wenn er das Fahrzeug spontan nutzen will, dass nicht genügend Reichweite im Speicher ist. Zum dritten hat der Verteilnetzbetreiber mit weiteren Anlagen an seinem Netz zu arbeiten, die nicht in seinem Eigentum stehen und die Gefahr von Störungen mitbringen. Zum vierten ist auch ein möglicher finanzieller Aspekt noch komplett offen. Die gigantische Energie- und Leistungsreserve, die die Fahrzeugakkus bieten, könnte rechnerisch einen großen Beitrag zur Stabilisierung des Netzes beitragen, wird aber in dieser Weise nicht sehr schnell kommen. Auch das Netz selbst muss für die Bidirektionalität vorbereitet werden.

Den Fahrzeugakku nicht als Pufferspeicher zu verwenden, sondern einfach gezielt dann zu laden, wenn die Situation im Versorgungsnetz dafür günstig ist, ist ein Lösungsansatz, der leichter zu verwirklichen ist. Bereits heute ist in den Anmeldeunterlagen für Ladestationen ein Merkmal enthalten, welches die Steuerbarkeit des Ladevorgangs durch den Verteilnetzbetreiber ermöglichen soll. Dies würde die Möglichkeit eröffnen, volatile (schwankende) regenerative Energieerzeugung noch besser zu integrieren und den Stromexport zu reduzieren. In den Jahren 2018 und 2019 sah der

Strommix in Deutschland nach den Zahlen des Bundesverbands der Energie und Wasserwirtschaft e.V. (BDEW) [13] aus wie in **Bild 1.6**.
Die Erneuerbaren schlagen bei der Stromerzeugung 2018 mit ca. 35,1 % zu Buche, im Jahr 2019 waren es bereits 40,1 %.
Die einzelnen Anteile der „Erneuerbaren" setzen sich wie in **Bild 1.7** dargestellt zusammen.
Bemerkenswert ist der Anteil der Windkraft mit ungefähr 50 % an den Erneuerbaren. Der Photovoltaikanteil von ca. 19 % bedeutet auf die gesamte Stromproduktion umgerechnet lediglich einen Anteil von ca. 7 %.

Um die erneuerbaren Energien noch besser in die Welt der Energiewirtschaft integrieren zu können, sind die verschiedensten Piloterprobungen am Laufen. Sie alle haben das Ziel, den Strom zu speichern, wenn dieser im „Überfluss" erzeugt wird und dann wieder ins Netz einzuspeisen, wenn hoher Bedarf herrscht. Einige Beispiele seien hier genannt, um ohne Wertung und Anspruch auf Vollständigkeit zu zeigen, welche Ideen untersucht werden:

- Bei Gaildorf entstanden mit dem Naturstromspeicher Deutschlands höchste Windkrafträder. Im Sockel der Windkraftanlagen ist gleichzeitig ein Pumpspeicherkraftwerk integriert, welches ohne lange Leitungswege (-verluste) überschüssigen Strom dezentral speichern kann.
Mehrere dieser Windkraftanlagen sind mit einem gemeinsamen größeren Speichersee verbunden, welcher im Tal liegt.

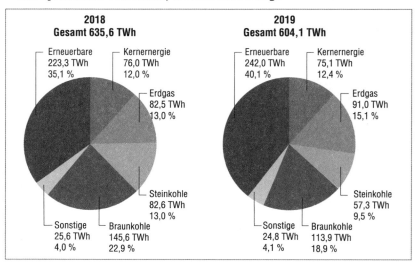

Bild 1.6 *Bruttostromerzeugung in Deutschland 2018 und 2019*

1.3 Energieversorgungsbilanz in Deutschland

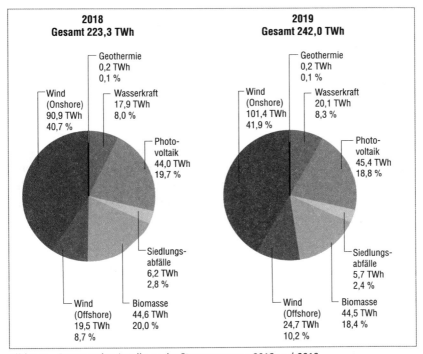

Bild 1.7   *Regenerative Anteile an der Stromerzeugung 2018 und 2019*

- Im Bodensee erprobte das Projekt *Stensea* (stored energy in the sea) das vom Essener Baukonzern Hochtief und dem Fraunhofer Institut für Energiewirtschaft und Energiesysteme in Kassel erdachte System der Kugelspeicherkraftwerke. Betonkugeln werden in der Tiefe des Meeres versenkt. Herrscht Stromüberschuss wird das Wasser aus der Kugel gepumpt. Wird Strom benötigt, strömt das Wasser wieder in die Kugel und erzeugt Strom. Je höher der Druckunterschied, umso effektiver, wirtschaftlich ab ca. 600 m bis 800 m. Ein Gedanke ist, bei Offshore-Windkraftanlagen solche Kugelspeicher einzusetzen.
- Erzeugung von Wasserstoff mittels Elektrolyse bei Stromüberschuss, der später mittels Brennstoffzelle wieder verstromt werden kann. Zudem ist es denkbar, den Wasserstoff zu transportieren. Der Wirkungsgrad des Gesamtsystems und die Anlagenkosten stehen derzeit einem breiten Einsatz noch entgegen.

Diesen Piloterprobungen gegenüber wäre es ebenso realisierbar, Fahrzeuge, die mit dem Stromnetz verbunden sind, gezielt dann zu laden, wenn Stromüberschuss im Netz vorhanden ist. Aus Sicht des Fahrers eines Elektrofahrzeugs mag es im ersten Moment befremdlich klingen, wenn man nur dann Strom bekommt, wenn dies für den Verteilnetzbetreiber vorteilhaft ist. Die Ausgestaltung der Modelle kann jedoch vielseitig sein. Aufgrund der Erfahrungen des Fahrers ist ihm bekannt, dass ihm 50 % Akkukapazität für seinen täglichen Fahrweg reichen. Er vereinbart mit dem VNB, dass sein Fahrzeug ohne weitere Einschränkungen bis 70 % aufgeladen wird. Die restlichen 30 % stellt er dem Verteilnetzbetreiber als Speicher für Stromüberschuss zur Verfügung. Bereits bei einer Anzahl von 100.000 Fahrzeugen, die jeweils 10 kWh (bei 40-kWh-Akku = 25 %) bereitstellen sind dies 1 Mio. kWh! Selbst wenn diese Fahrzeuge nur mit 3,7 kW geladen werden können, entspricht dies einer Leistung von 370 MW, also ganz grob 80 Windkraftanlagen, die nicht vom Netz genommen werden müssen.

Bei diesem Modell ist es auch unerheblich, wenn der eine oder andere Teilnehmer doch dringend vollladen muss, da sich dies statistisch in der Masse ausgleicht. Um Teilnehmer für diese Modelle zu gewinnen, bedarf es selbstredend entsprechender Anreize, die sich meist auf monetärer Ebene bewegen werden.

Die noch fehlenden Voraussetzungen sind die durchgängige Kommunikation und die flächendeckende Einführung der Smart Meter Gateways, die ein wichtiges Schlüsselelement für die Energiewende bedeuten.

Je effektiver derartige Möglichkeiten gestaltet werden können, umso wirtschaftlicher kann der Ausbau von regenerativen Energien vorangebracht und der Stromexport reduziert werden.

2 Elektrofahrzeuge

2.1 Allgemeine Überlegungen zur persönlichen Mobilität

Beim normalen Verbrennerauto ist es der Fahrer heute gewohnt, selbst bei halbvollem Tank noch 400 oder mehr Kilometer Reichweite zu haben. Ab und zu geht man mal zu einer der vielen Tankstellen, wenn man es für erforderlich hält. Eine vorausschauende Planung ist nicht notwendig, da immer genügend Reserven zur Verfügung stehen. Auch bei langen Urlaubsfahrten kommt man oft ohne nachzutanken ans Ziel. Trotzdem werden immer wieder kurze Stopps eingelegt, um sich die Füße zu vertreten, kurz etwas zu essen usw.

Im Vergleich werden dem Elektrofahrzeug dann die Nachteile wie zu geringe Reichweite, zu hoher Preis, nicht ausreichende Ladeinfrastruktur usw. zugeschrieben.

Wenn man sich genauer mit der Thematik auseinandersetzt, können diese Faktoren in einem deutlich positiveren Licht präsentiert werden. Viele Elektrofahrzeuge bieten bereits heute realistische Reichweiten bei normalem Fahrbetrieb von 250 km bis 400 km. Im Luxussegment auch über 500 km! Zum Tanken fährt man nicht extra an eine Tankstelle, sondern man lädt dort, wo man das Fahrzeug sowieso parkt. Zum Beispiel zu Hause, am Arbeitsplatz, beim Einkauf usw. Im Alltagsbetrieb, also bei den Fahrten zum Arbeitsplatz, zum Einkauf, zur Schule, in den Sportverein sind die gefahrenen Strecken gering und die Reichweite stellt kein Problem dar. Selbst lange Fahrten sind für die Elektrofahrer kein Problem. An vielen Autobahnrasthöfen sind Schnellladestationen installiert, die schnellladefähige Elektrofahrzeuge in kurzer Zeit aufladen können. Nutzt man die ohnehin geplanten Pausen als Ladestopps wird auch bei einer 600 km langen Anreise die gesamte Reisezeit nur unwesentlich länger. Bei den Neuentwicklungen für immer stärkere Schnellladeinfrastruktur (siehe dazu auch Abschnitt 3.2 zum DC-Laden) und schneller ladbaren Fahrzeugen verkürzen sich diese Ladezeiten noch weiter.

Personen, die seit geraumer Zeit Elektrofahrzeuge nutzen, haben diese Abläufe in ihren Alltag bereits soweit integriert, dass extra zur Tankstelle zu fahren als umständlich empfunden wird. Wird das Fahrzeug geparkt und dabei an die Ladestation angeschlossen, beträgt bei geübtem Ablauf der „Zeitverlust" nicht mal 1 min.

In vielen deutschen Haushalten ist mehr als ein Fahrzeug gemeldet. Wird ein Fahrzeug als Verbrenner weiter genutzt, können auch die weitesten Fahrstrecken wie gewohnt zurückgelegt werden. Alle kurzen Strecken können mit dem Elektrofahrzeug bewältigt werden, ohne irgendeine Komforteinbuße. Berücksichtigt man noch zusätzlich, dass ein Verbrennungsmotor auf den Kurzstrecken nicht richtig warm wird und damit eine verkürzte Lebensdauer sowie ein erhöhter Schadstoffausstoß einhergeht, ist es umso sinnvoller Elektrofahrzeuge zu nutzen.

Betrachtet man den Zustellbetrieb der Post, so ist immer wieder zu beobachten, dass von „Haus zu Haus" gefahren wird und während der Zustellung der Motor einfach weiterläuft. Alternativ könnte der Motor bei jedem Halt wieder abgestellt und neu gestartet werden, was in mehreren Punkten auch nicht gut ist. Nicht ohne Grund setzt die Post genau für diesen Zweck Elektrolieferfahrzeuge ein, die speziell für diesen Einsatz entwickelt wurden – die StreetScooter.

Für Personen, die keinen Parkplatz besitzen, sondern sich jeden Tag an der Straße einen Parkplatz suchen müssen, stellt sich das Thema Laden etwas schwieriger dar. Für diese sogenannten „Laternenparker" werden praktikable Lösungen gesucht.

Viele Menschen verzichten, vor allem in Ballungszentren, komplett auf ein eigenes Fahrzeug. Mobilitätsdienstleister, wie z. B. Car2Go haben gezeigt, dass auch dieses Einsatzfeld für Elektromobilität geeignet ist.

Aktuell wächst die Zahl der angebotenen Fahrzeugmodelle verschiedenster Hersteller sehr stark an. Die Bundesregierung hat am 04.11.2019 klare Signale zur Förderung von Elektrofahrzeugen und öffentlich zugänglicher Ladeinfrastruktur gesetzt. Der Umweltbonus wurde erst von 4.000 EUR auf 6.000 EUR erhöht und bis 2025 verlängert und inzwischen, bedingt durch die Corona-Krise, auf 9.000 EUR und mehr (je nach Fahrzeughersteller) hochgesetzt. Damit wird es für immer mehr Menschen interessant und auch erschwinglich, sich für ein Elektroauto zu entscheiden.

2.2 Hybridfahrzeuge

Eine besondere Form der Elektromobilität bilden die Hybridfahrzeuge. Hybrid steht bei Fahrzeugen meist für das Zusammenspiel verschiedener

Antriebstechnologien. Aktuell sind dies Verbrennungsmotoren in Verbindung mit einem Elektroantrieb.

Die Unterscheidung der Hybridfahrzeuge erfolgt nach der Leistungsfähigkeit der Elektromotoren und der Hybridfunktionalität. Die häufigsten Einstufungen sind (siehe auch **Tabelle 2.1**):

- Micro-Hybrid,
- Mild-Hybrid,
- Voll-Hybrid und
- Plug-in-Hybrid.

Mit dem Begriff „Micro-Hybrid" wird lediglich ein Start-Stopp-System bezeichnet. Durch das automatische Abschalten des Motors an Ampeln oder vor Bahnschranken, einfach immer, wenn das Fahrzeug angehalten wird, ergibt sich eine Reduzierung des Kraftstoffverbrauchs. Umgerechnet auf die gefahrenen Kilometer ergibt sich daraus eine Reduzierung des CO_2-Ausstoßes je km. Bei dieser Variante gibt es keinen Elektromotor, der einen Beitrag zum Fahren des Fahrzeugs leistet!

Der Mildhybrid besitzt eine elektrische Maschine, die sowohl als Generator wie auch als Motor arbeiten kann. Die Bremsenergie wird durch Rekuperation in elektrische Energie umgewandelt und in einem Akku gespeichert. Beim Fahren und Beschleunigen des Fahrzeugs kann die gespeicherte Energie genutzt werden, um den Verbrennungsmotor entlasten oder stärker beschleunigen zu können. Dadurch wird Treibstoff gespart und somit ebenfalls der CO_2-Ausstoß reduziert. Bei dieser Hybridvariante ist der Motor noch zu schwach, um das Fahrzeug alleine antreiben zu können.

Der Vollhybrid ist mit einer stärkeren elektrischen Maschine ausgestattet, die stark genug ist, um das Fahrzeug bis zu einer bestimmten Ge-

Funktion	Fahrzeugart			
	Micro-Hybrid	Mild-Hybrid	Voll-Hybrid	Plug-in-Hybrid (Steckdosenhybrid)
größere Reichweite Zusatzfunktionen	–	–	–	X
zusätzlich Laden über das Stromnetz	–	–	–	X
rein elektrisches Fahren	–	–	X	X
Motorunterstützung (Boosten)	–	X	X	X
Generatorbetrieb – Nutzung der Bremsenergie (Rekuperation)	–	X	X	X
Start-Stopp-Automatik	X	X	X	X

Tabelle 2.1 *Gegenüberstellung der verschiedenen Hybridvarianten*

schwindigkeit ohne die Unterstützung des Verbrennungsmotors anzutreiben. Die CO_2-Einsparung ist wiederum höher. Die ausgereifte Steuerung des Zusammenspiels zwischen den beiden Antrieben ist entscheidend für eine zuverlässige Funktion und hohe Effizienz des Gesamtsystems.

Alle drei zuvor genannten Hybridvarianten haben eines gemeinsam: Jeder gefahrene Kilometer wird vom Treibstoff angetrieben. Eine Lademöglichkeit des Fahrakkus aus dem Stromnetz existiert nicht!

Beim Plug-in-Hybrid (**Bild 2.1**) ist dies nun möglich, durch die Nutzung des Stromnetzes zum Aufladen des Fahrakkus ergibt sich eine weitere Einsparung des Treibstoffs und damit des CO_2-Ausstoßes. Durch die Verbindung zum Stromnetz können noch weitere Einsparpotenziale genutzt werden. So besteht die Möglichkeit das Fahrzeug im Winter vorzuheizen oder im Sommer zu kühlen, ohne dass dies Treibstoff verbraucht oder gespeicherte elektrische Energie kostet und damit die Reichweite reduziert. Ein Temperieren des Fahrakkus in den idealen Temperaturbereich erhöht die Leistungsfähigkeit des Akkus bereits vor Fahrtantritt.

Die rein elektrische Reichweite bei Plug-in-Hybriden liegt oftmals schon bei weit über 50 km. Damit lassen sich die durchschnittlichen täglichen Fahrstrecken bereits ausschließlich mit dem Elektromotor zurücklegen. Aufgeladen über das Stromnetz erzielt diese Variante unter den Hybriden die höchste Gesamteffizienz.

Früher gab es noch eine weitere Unterscheidung zwischen seriellem und parallelen Hybrid.

Zu erstem wird auch das Range Extended Electric Vehicle (REEV, serieller Hybrid, **Bild 2.2**) gezählt. Dieser Fahrzeugtyp wird ausschließlich durch einen Elektromotor angetrieben, der seine Energie aus dem Fahrakku be-

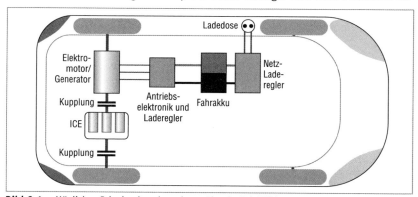

Bild 2.1 *Mögliches Prinzip eines komplexen Plug-in-Hybridfahrzeugs*

2.2 Hybridfahrzeuge

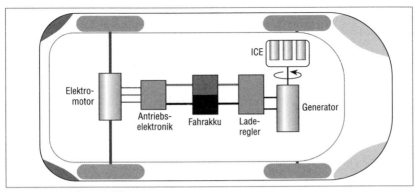

Bild 2.2 *Serielles Hybridfahrzeug*

zieht. Wird der Ladezustand schwach, startet ein, meist kleiner, Verbrennungsmotor und lädt über einen zusätzlichen Generator den Fahrzeugakku wieder auf. Dadurch kann die Reichweite des Fahrzeugs deutlich erhöht werden.

Der erste Gedanke, so eine Lösung ergebe doch keinen Sinn, da könne man doch gleich mit einem Verbrenner fahren, lässt sich mit einem besseren Wirkungsgrad des Gesamtsystems wiederlegen. Ein Verbrennungsmotor hat einen Wirkungsgrad, der sehr stark drehzahlabhängig ist. Bei einem Auto mit Verbrennungsmotor (Insider sagen dazu ICE – internal combustion engine) werden teilweise Wirkungsgrade von über 30 % angegeben. Dieser, von vorneherein schon niedrige, Wert bezieht sich auf „tank to wheel", also vom Fahrzeugtank bis zum Rad. Abhängig vom eingelegten Gang und der Fahrgeschwindigkeit liegt er dennoch im praktischen Fahrbetrieb meist noch weit darunter. Die große Reichweite von Verbrennerfahrzeugen beruht einzig und allein auf dem Umstand des sehr hohen Energiegehalts von Superbenzin oder Dieselkraftstoff. Der Wirkungsgrad eines Elektrofahrzeugs von Batterie bis Rad ist ungleich höher. Der Wirkungsgrad eines Elektromotors liegt bei über 90 %, der Lade-Entladewirkungsgrad inklusive Batterieumrichter liegt bei Lithium-Ionen-Akkus im Bereich 80 % bis 85 % [14], was einem Gesamtwirkungsgrad von 72 % bis 76,5 % entspricht. Dazu kommt noch die Energierückgewinnung durch Rekuperation. Wird in diesem REEV Strom über den Verbrennungsmotor erzeugt, um die Batterie nachzuladen, so arbeitet dieser völlig unabhängig von der Fahrgeschwindigkeit und kann damit immer im optimalen Drehzahlbereich betrieben werden.

Wie bei jedem Hybrid müssen zwei Antriebssysteme transportiert werden. Die Vorteile der beiden Systeme, hohe Effektivität und Schadstofffreiheit des Elektroantriebes sowie höhere Reichweite durch den Kraftstoff, werden durch ein insgesamt höheres Gewicht „erkauft".

Beim parallelen Hybrid (**Bild 2.3**) lassen sich der Verbrennungsmotor und der Elektromotor durch Kupplungen gemeinsam auf die Antriebswelle schalten, sodass die Kraft der beiden Antriebe gemeinsam wirken kann, was eine sehr hohe Systemleistung zur Folge hat. Durch entsprechende Steuerung der Kupplungen ist es auch möglich, entweder rein elektrisch oder auch rein vom Verbrennungsmotor angetrieben zu fahren.

Beim Bremsen arbeitet die elektrische Maschine als Generator und lädt über die Elektronik den Fahrakku auf.

Bei modernen Hybridfahrzeugen kann nicht mehr so einfach zwischen seriell und parallel unterschieden werden. Durch intelligente Anordnung der Antriebskomponenten können die Fahrzeuge die Betriebsarten intelligent gesteuert wechseln.

Beispiele für verschiedene Betriebsarten:
- Das Fahrzeug wird rein elektrisch angetrieben und bezieht seine Energie aus dem Akku. Diese Fahrweise ist dann vollkommen emissionsfrei.
- Das Fahrzeug fährt alleine mit dem Verbrennungsmotor
- Verbrennungsmotor und Elektromotor sorgen gemeinsam für den Antrieb. So kann zum Überholen sehr stark beschleunigt werden. Dies wird auch als „Boosten" bezeichnet.
- Beim Bremsen arbeitet die elektrische Maschine als Generator und lädt den Akku wieder auf. Das Umwandeln von Bewegungsenergie in elektrische Energie nennt man „Rekuperation". Nur wenn die elektrische Bremswirkung nicht ausreicht, wird zusätzlich mechanisch gebremst.

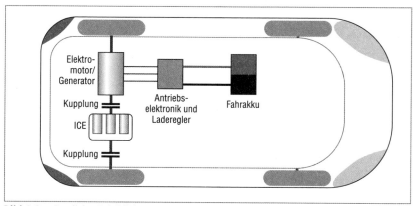

Bild 2.3 *Paralleles Hybridfahrzeug*

- Auf ebener Strecke wird der Schwung des Fahrzeugs zum „Segeln" genutzt. Weder der Verbrennungsmotor noch der Elektromotor wirken auf die Antriebswelle.
- Bei einem starken Verbrennungsmotor ist es möglich, wenn seine Leistung nicht voll genutzt wird, gleichzeitig die elektrische Maschine als Generator zu betreiben und den Akku aufzuladen.

Vor allem die modernen Plug-in-Hybridfahrzeuge können auf diese Weise effektiv genutzt werden. Sie bieten emissionsfreies Fahren in Umweltzonen, hohe Reichweite durch den Verbrennungsmotor und leistungsstarkes Fahren. Grundsätzlich kann ein Plug-in-Hybrid umweltfreundlich betrieben werden, wenn der Strom aus erneuerbaren Energien stammt und die Fahrstrecken im Bereich der elektrischen Reichweite liegen. Letztlich hängt dies jedoch entscheidend vom realen Fahrbetrieb ab.

2.3 Batterieelektrische Fahrzeuge

Unter den batterieelektrischen Fahrzeugen (BEV, battery electric vehicle) versteht man Fahrzeuge, deren Antriebsenergie ausschließlich aus der Antriebsbatterie (Traktionsbatterie oder Akku) gewonnen wird. Die Kapazität und die Leistungsfähigkeit sind entscheidende Faktoren für die Fahrleistungen des Fahrzeugs. Die Kapazität ist entscheidend für die Reichweite und die mögliche Stromabgabe im Zusammenspiel mit dem Elektromotor bestimmt die Fahrdynamik. Die Kapazität der Traktionsbatterie ist zudem mitentscheidend für den Fahrzeugpreis.

Bei der Höhe der notwendigen Batteriekapazität gehen die Diskussionen in der Fachwelt und in der öffentlichen Wahrnehmung auseinander. Während in der Öffentlichkeit und vor allem von den Freunden der Verbrennungsmotoren oftmals die geringe Reichweite der Elektrofahrzeuge als Nachteil hervorgehoben wird, kann diese Thematik differenzierter betrachtet werden. Natürlich wünscht man sich in erster Linie eine hohe Reichweite, um das vom Verbrennerfahrzeug gewohnte Fahrverhalten eins zu eins auf die Elektromobilität übertragen zu können. Mit diesem Wunsch geht neben dem Preis natürlich auch das Gewicht des Akkus in die Gesamtbilanz mit ein. Mit einem hohen Gewicht steigt automatisch auch wieder der Verbrauch (siehe auch Tabelle 1.1).

Somit steht auch die Frage im Raum, warum man für einen schweren teuren Akku bezahlen sollte, mit diesem beschleunigen und bremsen, wenn die Reichweite gar nicht benötigt wird. Wenn beispielsweise Pflegedienste für Hausbesuche eine tägliche Fahrleistung von 100 km bewältigen müssen und die ganze Nacht zum Aufladen des Akkus Zeit haben, reicht ein kleines Fahrzeug. Das geringere Gesamtgewicht reduziert zudem den Verbrauch und die kleinere Fahrzeugkarosserie erleichtert die Parkplatzsuche.

So wie bei den Verbrennerfahrzeugen, wird es auch bei den Elektrofahrzeugen für verschiedene Anwendungsbereiche die jeweils richtige Lösung geben.

2.3.1 Batterietechnologien

Die ersten Elektrofahrzeuge von 1900 bis Ende des 20. Jahrhunderts hatten mit den schweren Bleibatterien deutliche Nachteile und hatten damit keine Chance auf eine große Marktdurchdringung.

Erst mit dem Aufkommen neuer Batterietechnologien erlebte die Elektromobilität einen Aufschwung. In verschiedenen Zwischenstufen, über Nickelcadmium-(NiCd-) oder Nickel-Metallhydrid-(NiMH-) Akkus, wurden die Akkumulatoren immer leistungsfähiger. Während die NiCd- und NiMH-Akkus noch eine große Selbstentladung und einen sehr schlechten Lade- und Entladewirkungsgrad hatten, waren die Lithium-Ionen-Akkus nahezu verlustfrei und wesentlich leichter. Der Coulomb-Wirkungsgrad, der das Verhältnis von entnommener Energie zu geladener Energie beschreibt, ist nahezu 100 %. Mit sehr geringem Innenwiderstand sind sie zudem hochstromfähig.

In allen aktuell im Handel erhältlichen Fahrzeugen, welche nach der UN ECE 100-Regel für den Straßenverkehr zugelassen sind, sind Varianten von Lithium-Ionen-Akkus als Traktionsbatterie eingebaut. Aktuell wird an vielen weiteren interessanten Batterietechnologien geforscht. Wann jedoch einer dieser interessanten Ansätze den Weg in die Serienprodukte finden wird, ist völlig offen und wird hier nicht detaillierter ausgeführt.

Zur weit verbreiteten Meinung, Lithiumakkus seien gefährlich und würden sehr schnell brennen, soll hier, ohne große chemische Kenntnisse vorauszusetzen, eine einfache Erklärung gegeben werden, um diese Befürchtungen abzubauen.

Aus dem Periodensystem der Elemente (**Tabelle 2.2**) lässt sich ablesen, dass Lithium das leichteste Metall ist, das wir kennen.

In der ersten Hauptgruppe ist ganz oben der Wasserstoff, darunter das Lithium und dann das Natrium angeordnet. *John Dalton* hat Anfang des 19. Jahrhunderts die Atommasse für Wasserstoff auf 1 festgelegt. Auch

ca. Atom-masse		Hauptgruppen							
		I	II	II	IV	V	VI	VII	VIII
1	Wasserstoff ←	H							He
7	Lithium ←	Li	Be	B	C	N	O	F	Ne
23	Natrium ←	Na	Mg	Al	Si	P	S	Cl	Ar
		K	Ca	Ga	Ge	As	Se	Br	Kr
		Pb	Sr	In	Sn	Sb	Te	I	Xe
		Cs	Ba	Tl	Pb	Bi	Po	At	Rn

Tabelle 2.2 *Auszug aus dem Periodensystem der Elemente*

wenn inzwischen genauere Werte vorliegen, wird vereinfacht nur eine ungefähre genutzt, um die wesentlichen Aussagen zu erläutern. Es ist richtig, dass Wasserstoff sehr gut brennt. Wer erinnert sich noch an den Chemieunterricht, als der Lehrer die Gefährlichkeit von Natrium demonstriert hat? Er hat ein ganz kleines Stück Natrium abgeschnitten und in ein Wasserglas gelegt. Das Natrium hat sofort zu brennen begonnen und ist im Zickzackkurs über die Wasseroberfläche geflitzt. Da Lithium wesentlich leichter und kleiner als Natrium ist, ist es auch entsprechend reaktionsfreudiger. Grundsätzlich muss also akzeptiert werden, dass Lithium brennen kann (was bei Benzin übrigens auch der Fall ist).

Lithiumakkus alleine deshalb als zu gefährlich einzustufen, ist jedoch nicht gerechtfertigt. Lithium wird mit anderen Elementen zu Molekülen verbunden. Diese Verbindungen sind deutlich sicherer als Lithium alleine. Frühere Varianten von Lithium-Ionen-Akkus hatten hier tatsächlich Nachteile. Zudem werden beim Einsatz in Batterien viele weitere Merkmale integriert, um die Sicherheit weiter zu erhöhen. Dazu gibt es in diesem Abschnitt in den Unterabschnitten zur Rundzelle und zur prismatischen Zelle sowie bei der Beschreibung des Batteriemanagementsystems in Abschnitt 2.3.2 ergänzende Informationen.

Wie jeder Akkumulator haben auch die Lithium-Ionen-Akkus eine positive und eine negative Elektrode. Der Name leitet sich meist von der Zusammensetzung der positiven Elektrode ab.

Häufige Kathodenmaterialien sind Kupfer und/oder Graphit.

Die am häufigsten in Elektrofahrzeugen anzutreffenden Lithium-Ionen-Akkus sind in **Tabelle 2.3** aufgelistet.

Am stark vereinfachten Beispiel des LMO-Akkus (**Bild 2.4**) wird der Aufbau der Zelle eines Lithium-Ionen-Akkus gezeigt.

Die dargestellten Schichten sind in ihren Proportionen nicht maßstäblich, um den Aufbau besser darstellen zu können. Von links beginnend hat

Abkürzung	Zusammensetzung	Nennspannung der Zelle in V	Bemerkung
LMO	Lithium-Mangan-Oxid	ca. 3,7	vergleichsweise stabile Verbindung, jedoch etwas geringere Energiedichte
NMC	Lithium-Nickel-Mangan-Cobalt-Oxid	ca. 3,7	hohe Energiedichte und hohe Leistungsfähigkeit
NCA	Lithium-Nickel-Cobalt-Aluminium-Oxid	ca. 3,6	sehr hohe Energiedichte
LFP	Lithium-Eisen-Phosphat	ca. 3,3	ungiftig und unbedenklich, stabile Verbindung, jedoch geringe Energiedichte

Tabelle 2.3 *Einige Varianten von Lithium-Ionen-Akkus*

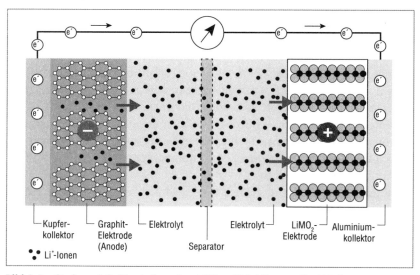

Bild 2.4 *Stark vereinfachter Aufbau einer Lithium-Nickel-Mangan-Dioxid-Zelle*

die Zelle eine dünne Kupferfolie mit einer Graphitbeschichtung, welche als Minuspol der Zelle dient. Minus- und Pluspol sind über den Elektrolyten verbunden, welcher zusätzlich mit einem Separator getrennt ist. Nur den Li$^+$-Ionen ist es möglich, durch den Elektrolyten zu wandern, wobei die Bewegungsrichtung beim Laden und Entladen genau umgekehrt ist. Im Bild 2.4 wird der Akku entladen. Die Li$^+$-Ionen verbinden sich mit der Manganverbindung und den Elektronen, welche als Strom über den Leiter außerhalb der Zelle fließen. Beim Laden findet genau der umgekehrte Prozess statt und die Lithium-Ionen wandern von rechts nach links und werden in der Graphitelektrode „eingelagert". Für den Elektrolyten werden je nach Batterietyp verschiedene Materialien eingesetzt. Bekannt sind flüssige, polymere und feste Elektrolyte.

Diese Beschreibung lässt die hochkomplexen Vorgänge an den Schichtübergängen und die elektrochemischen Vorgänge komplett außer Acht, soll aber dennoch kurz veranschaulichen, welche Anstrengungen Forschung und Entwicklung leisten müssen, um hocheffiziente Zellen mit langer Lebensdauer zu schaffen. Zur Drucklegung des Buches wurden alle Zellmaterialien für die Serienprodukte in Asien hergestellt. Der Wissensvorsprung dieser Firmen ist auf diesem Fachgebiet sehr groß. Sämtliche Batteriefabriken, auch die berühmten „Gigafactories" fügen die Zellmaterialien oder Zellen zu Akkupacks zusammen. Auch dies ist ein hochspezialisierter Prozess, um leistungsfähige Batteriepakete zu erhalten.

Interessierte Leser können tiefer und detaillierter in die Materie der Lithium-Ionen-Batterien eindringen, in dem sie sich beispielsweise das Kompendium zu Li-Ionen-Batterien [15], herausgegeben vom VDE und DKE, als zusätzliche Lektüre beschaffen, welches auch vom Autor als wertvolle Informationsquelle geschätzt wird.

Der zuvor beschriebene Schichtaufbau mit Folien wird genutzt, um Lithium-Ionen-Zellen aufzubauen.

Bei den Lithium-Ionen-Akkus findet man drei Bauformen besonders häufig an:
- die Rundzelle,
- die prismatische Zelle und
- die Pouchzelle.

Rundzellen/zylindrische Zelle

Eine Anodenfolie (negative Elektrode), ein Separator, eine Kathodenfolie (positive Elektrode) und ein weiterer Separator werden übereinandergelegt und aufgerollt.

Im Inneren dieser Rundzelle (**Bild 2.5**) entsteht ein kleiner Hohlraum, der die Wärmeausdehnung der Zelle aufnehmen kann und somit die Außen-

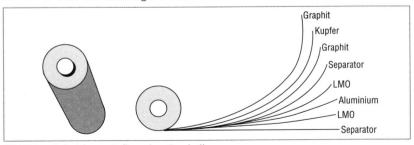

Bild 2.5 *Beispiel zum Aufbau einer Rundzelle*

maße der Zelle bei Temperaturänderungen, hervorgerufen durch Lastströme, konstant bleiben. Dies ist vor allem bei Batteriemodulen, in welchen Hunderte von Zellen zusammengeschaltet werden, von Bedeutung.

Die Rundzelle lässt sich leicht produzieren und besitzt eine hohe Energiedichte. Die Kühlmöglichkeit ist jedoch nicht optimal. Auch bei der Aneinanderreihung vieler Zellen ist die Packungsdichte nicht optimal.

Die sehr häufig eingesetzte berühmteste Baugröße ist aktuell die 18650er Zelle mit einem Durchmesser von 18 mm und einer Länge von 65 mm. Inzwischen werden immer häufiger auch 21700er Zellen mit 21 mm Durchmesser und 70 mm Länge und deutlich höherem Energiegehalt eingesetzt.

Diese zylindrischen Zellen, oder auch Rundzellen, bieten als weiteres Sicherheitsmerkmal die Möglichkeit, in der Zelle eine Verbindung einzusetzen, die bei zu starker Ausdehnung der Zelle, die meist durch Überhitzung hervorgerufen wird, abreist. Die Zelle ist dann leider zerstört, aber der Gefahr eines Brandes durch den sogenannten „thermal runaway" wird dadurch entgegengewirkt.

Prismatische Zellen

Der Aufbau einer prismatischen Zelle (**Bild 2.6**) ist dem einer Rundzelle ähnlich. Mit dem Unterschied, dass die Wicklung nicht rund, sondern rechteckig erfolgt.

Diese Bauform bietet eine höhere Packungsdichte und auch die Wärmeabfuhr ist besser als bei der Rundzelle. Das Herstellungsverfahren ist jedoch aufwendiger.

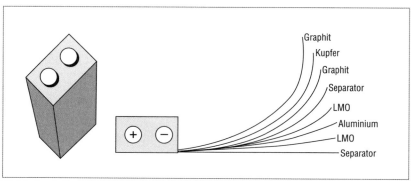

Bild 2.6 *Aufbau einer prismatischen Zelle*

Pouchzelle

Die Pouchzelle (**Bild 2.7**), auch Coffeebag-Zelle genannt, ist eine Flachzelle. Die Folien werden übereinandergeschichtet, womit mehrere Einzelzellen übereinanderliegen, welche dann parallel geschaltet eine sehr hohe Kapazität ergeben. Je nach gewünschter Kapazität, können die Flächenausdehnung und die Anzahl der Schichtfolgen in gewissen Grenzen vom Zellhersteller frei gewählt werden. Die Schichten werden meist in kunststoffbeschichteten Alufolien eingepackt und kontaktiert. Diese Zellform ist in Elektrofahrzeugen eher seltener zu finden.

In **Bild 2.8** ist das Innenleben einer geöffneten Pouchzelle zu sehen.

Pouchzellen werden aufgrund der flachen Bauform gerne in Smartphones, Laptops usw. eingesetzt.

In Tabelle 2.3 sind verschiedene Spannungswerte von Einzelzellen angegeben. Diese liegen zwischen 3,3 V und 3,7 V. Um damit ein Elektrofahrzeug zu betreiben, sind die Spannungen selbstredend viel zu niedrig.

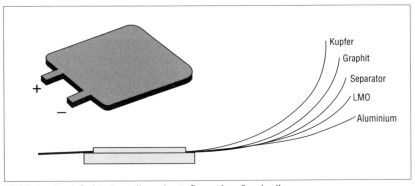

Bild 2.7 *Vereinfachte Darstellung des Aufbaus einer Pouchzelle*

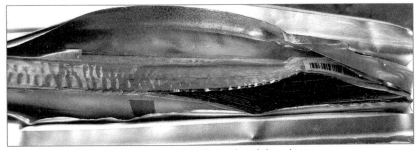

Bild 2.8 *Geöffneter Akku, der seine Lebensdauer überschritten hatte*

In der Anfangsphase lagen die Spannungen der Traktionsbatterien bei Elektrofahrzeugen im Bereich von 230 V bis 250 V. Werden Fahrleistungen von 100 kW angestrebt bedeutet dies, dass Ströme in Höhe von

$$I = \frac{P}{U} = \frac{100\,\text{kW}}{250\,\text{V}} \approx 400\,\text{A}$$

notwendig sind.

Um den Strom in Grenzen zu halten, wird bei vielen Elektrofahrzeugen eine Spannung von 400 V bis 420 V verwendet. Bei besonderen Fahrzeugen kommen bereits heute Traktionsbatterien mit Spannungen in Höhe von über 800 V zum Einsatz.

Um Traktionsbatterien mit Spannungen von 400 V bis 420 V aufzubauen, müssen bereits eine Vielzahl von Zellen in Reihe geschaltet werden:

$$\text{Zellenzahl} = \frac{U_{\text{Traktionsbatterien}}}{U_{\text{Zelle}}} = \frac{420\,\text{V}}{3{,}7\,\text{V}} \approx 114\,\text{Zellen}$$

Dieser Batterieaufbau stellt hohe Anforderungen an den Betrieb und an das Laden des Akkus. An dieser Stelle kommt das Batteriemanagementsystem ins Spiel.

2.3.2 Batteriemanagementsystem

Das Batteriemanagementsystem (BMS) erfüllt eine ganze Reihe von Aufgaben, um eine hohe Lebensdauer und lange Leistungsfähigkeit der Batterie sicherzustellen. Neben der teuren Traktionsbatterie kommt dem BMS eine Schlüsselrolle im Elektrofahrzeug zu.

Beim Laden eines Smartphones ist bestimmt auch schon aufgefallen, dass ein Ladezustand von 90 % sehr schnell erreicht wird. Bis zum vollständigen Aufladen des Akkus dauert es dann immer länger. Der Hintergrund für diesen Umstand ist die Tatsache, dass Lithium-Ionen-Zellen auf keinen Fall überladen werden dürfen, sonst wird die Zelle geschädigt.

Wenn die Traktionsbatterie nun aus über 100 in Reihe geschalteten Zellen besteht, darf nicht eine einzige davon überladen werden, ansonsten wird die ganze Batterie unbrauchbar. Folglich wird beim Laden permanent die Spannung der Zellen überwacht. Das BMS steuert die Ladeelektronik in der Art und Weise, dass zur vollständigen Ladung hin die „schwächeren" Zellen stärker und die „stärkeren" Zellen schwächer geladen werden. Diesen Vorgang nennt man balancing, was zu einem Ansteigen der Ladezeit führt. Das Balancing wird von jedem Automobilhersteller unterschiedlich gesteuert. Auch in anderen Betriebsphasen finden diese Ausgleichsvorgänge zwischen den Zellen statt. Diese Korrekturmechanismen sind unbedingt

2.3 Batterieelektrische Fahrzeuge

notwendig, da nie alle Zellen über die gesamte Lebensdauer des Akkus 100% identisch sein können.

In allen Betriebssituationen wird zudem die Temperatur intensiv überwacht. Sowohl zu hohe als auch zu niedrige Temperaturen schränken die Leistungsfähigkeit des Akkus ein. Beim Laden und Entladen muss das BMS dafür Sorge tragen, dass die Traktionsbatterie immer so betrieben wird, dass Schädigungen ausgeschlossen werden.

Ein weiterer wichtiger Aspekt ist die Tiefentladung von Lithium-Ionen-Zellen. Sind die Zellen vollständig leer, besteht die Gefahr der Bildung von Lithiumdendriten. Diese Metallnadeln binden Lithium und reduzieren somit die Kapazität des Akkus. Wesentlich bedrohlicher ist jedoch, dass diese Lithiumdendriten die Separatoren durchstoßen und damit die Zellen intern kurzschließen können. Bei einem leeren Akku passiert zwar nichts, wenn jedoch versucht wird, diesen zu laden, können diese Kurzschlüsse zu Bränden führen. Das BMS hat dafür zu sorgen, dass dies unbedingt vermieden wird. Jeder Betrieb von Lithium-Ionen-Akkus (egal ob in mobilen oder stationären Anwendungen) wird so gesteuert, dass Tiefentladungen vermieden werden. Je besser die Hersteller ihre Akkus kennen, umso geringer ist die Reserve, die sie zur Sicherheit halten. Für den Fahrer von Elektrofahrzeugen ist deshalb besonders interessant, zu wissen, ob der Hersteller die Brutto- oder Nettokapazität angibt.

Das BMS kommuniziert mit der Ladesteuerung, überwacht die Batteriezustände, steuert die Regelung des Antriebsmotors, versorgt die zentrale Fahrzeugsteuerung mit Informationen usw. (**Bild 2.9**), immer mit dem Ziel die teure Traktionsbatterie so gut zu pflegen wie möglich.

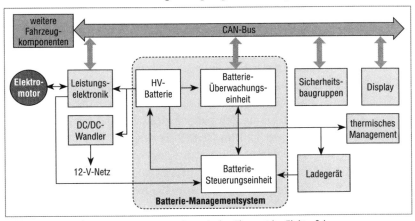

Bild 2.9 *Batteriemanagementsystem als zentrales Element im Elektrofahrzeug*

Das Know-how, das im BMS steckt, ist das Resultat jahrelanger Erfahrung zur Traktionsbatterie selbst und zur Regelungstechnik insgesamt. Ohne gut funktionierendes und ausgereiftes Batteriemanagement wären die heute bekannten Leistungsdaten und Akkulebensdauern nicht erreichbar.

Fährt man den Akku eines Elektrofahrzeuges leer, sind die Eigenschaften des BMS deutlich wahrnehmbar. Mit geringer werdender Restreichweite beginnt das BMS die Leistungsabgabe zu reduzieren.

So hat der Autor kürzlich in einem „Selbstversuch" mit dem e-Golf den Akku bis zu einer Restreichweite von 3 km leergefahren. Bei ca. 80 km Restreichweite geht die Dauerleistung schon deutlich auf ca. 70 % zurück. Für kurze Beschleunigungen steht dennoch kurzzeitig die volle Motorleistung zur Verfügung. Ab ca. 50 km ist damit jedoch endgültig Schluss. Das Infodisplay weist darauf hin, dass die Fahrzeugbetriebsart in den ECO-Modus gewechselt wurde und die Komfortfunktionen wie z. B. Heizung nur noch eingeschränkt zur Verfügung stehen. Unter 10 km waren dann noch 16 kW Motorleistung zur Verfügung (bei 100 kW Nennleistung). Unter 6 km meldete das Infodisplay schon ziemlich deutlich, „AKKU LEER bitte laden". Auch die Ladezustandsanzeige war zu diesem Zeitpunkt schon lange im roten Bereich. Bei 3 km Restreichweite gab der Autor den Warnhinweisen nach und hat die Fahrzeugbatterie wieder aufgeladen.

Ein Kollege des Autors ging noch einen Schritt weiter. Er fuhr einen VW e-UP bei bereits geringer Restreichweite solange um sein Wohnviertel, bis diese unter 2 km fiel. Anschließend fuhr er auf seinem Privatgelände mit dem Fahrzeug solange hin und her bis 0 km erreicht wurden. Dann war Ende, das Fahrzeug bewegte sich nicht mehr aus eigener Kraft. Es gibt verschiedene Fahrzeughersteller, die in einem Not-Modus nochmals einige wenige km freigeben, einige aber auch nicht.

An diesen Beispielen ist gut zu erkennen, dass das BMS alles dafür tut, um die Traktionsbatterie vor unzulässigen Betriebszuständen zu schützen.

Weiter hat das BMS die Aufgabe, sämtliche Betriebsparameter, wie Temperatur, Zellenausfall, zu starke Zellspannungsabweichung usw., der Traktionsbatterie zu überwachen und im Notfall die gesamte Batterie abzuschalten. Dies erfolgt beispielsweise auch nach einem Crash oder wenn die Beschleunigungssensoren im Fahrzeug unzulässige Fahrzustände erkennen. Somit ist das BMS ein wesentliches und entscheidendes Element, um die Sicherheit des Fahrzeugs zu erhöhen.

2.3.3 Elektromotoren und -generatoren

Nicht vergessen werden darf bei der technischen Betrachtung des Elektrofahrzeugs der Elektromotor. Von ihm und der ihn ansteuernden Leistungselektronik hängen die Fahrleistungen des Fahrzeugs ab.

Elektromotoren entwickeln auch bei sehr geringen Drehzahlen ein ziemlich starkes Drehmoment, womit die Beschleunigung aus dem Stand Verbrennungsmotoren mit gleicher Leistung immer überlegen sind. Jeder, der Elektrofahrzeuge schon gefahren ist, kennt dieses Gefühl des starken Durchzugs und unterbrechungsfreien Beschleunigens, da keine Gangwechsel durch ein Getriebe nötig sind. Es sind Fahrzeuge im Handel, die in weniger als 3 s von 0 km/h auf 100 km/h beschleunigen. Diese Fahrzeuge kosten natürlich mehr als ein Kleinwagen, aber bei weitem nicht so viel wie die Supersportwagen namhafter Hersteller.

Andererseits verbindet man Elektromobilität in Verbindung mit regenerativer Stromerzeugung mit einer umweltfreundlichen Grundeinstellung. Auch hier leistet die elektrische Maschine im Elektrofahrzeug einen wesentlichen Beitrag. Bei der Reduzierung der Geschwindigkeit wird die kinetische Energie nicht in den Bremsscheiben in Wärme umgewandelt und damit vernichtet, wie dies bei klassischen Verbrennerfahrzeugen der Fall ist. Der Motor arbeitet dann als Generator, bremst das Fahrzeug ab und speist die erzeugte elektrische Energie wieder in den Akku ein. Nur wenn die Bremswirkung durch den Generator nicht ausreicht, werden zusätzlich die Bremsscheiben bemüht.

Die Rückspeisung der Bewegungsenergie in die Traktionsbatterie wird mit dem Fachbegriff Rekuperation bezeichnet. Bei heutigen Fahrzeugen können Wirkungsgrade von über 60 % erreicht werden [16]. Bekannt ist vielleicht aus der Formel 1 der Begriff „KERS" (kinetic energy recovering system), der für den vergleichbaren Vorgang steht.

Bei den Motorbauformen sind die Hersteller sehr kreativ. Neue Materialien und Motortechnologien ermöglichen Geometrien, welche die Raumsituation im Fahrzeug optimal ausnutzen können. Bei Hybridfahrzeugen ist beispielsweise nicht nur das leistungsbezogene Zusammenspiel mit dem Verbrennungsmotor wichtig, sondern auch die mechanische Kopplung der beiden Antriebe.

Bürstenloser Drehstrom-Innenläufer

Das in **Bild 2.10** gezeigte Schnittmodell eines bürstenlosen Innenläufers stellt eine mögliche prinzipielle Bauweise vor. Gegenüber früheren Gleich-

Bild 2.10 *Schnittmodell eines bürstenlosen Drehstrommotors in Innenläuferausführung*

strom- oder Wechselmotoren mit Kohlebürsten und Kommutator-Kontakten, die für eine Drehbewegung ständig die Polarität und damit Richtung des Magnetfeldes ändern mussten, findet hier keine derartige Umschaltung statt. Die Kohlebürsten waren durch Reibung mechanischem Verschleiß unterworfen und zusätzlich wurde bei schlechter werdenden Kontakten das sogenannte „Bürstenfeuer" verursacht. Dieses erzeugte zum einen elektromagnetische Störimpulse und trug zum anderen zur schnelleren Alterung bei. In letzter Konsequenz waren bei derartigen Motoren immer wieder Wartungsarbeiten notwendig. Somit ist ein bürstenloser Motor (BLM, engl. brushless motor) die bessere Wahl.

Der gezeigte Motor zählt zu den permanenterregten Motoren, da der Läufer mit Festmagneten bestückt ist. Bei genauerer Betrachtung ist zu erkennen, dass der Teilungsabstand der Spulen nicht identisch ist mit dem Teilungsabstand der Festmagnete. Mit diesem technischen Kniff wird beim Weiterschalten des Drehfeldes nur ein kleiner Drehwinkel im Rotor hervorgerufen. Dies hat eine Drehzahlreduzierung bei gleichzeitig steigendem Drehmoment zur Folge. Besitzt der Motor beispielsweise zwölf elektromagnetische Nord- und Südpole in Verbindung mit 14 festmagnetischen Nord- und Südpolen, so wirkt dies wie eine Getriebeuntersetzung mit sieben zu eins! Gleichzeitig steigt das Drehmoment des Motors auf das 7-fache an.

Für die Festmagnete kommen Materialien zum Einsatz, mit welchen sehr starke und dauerhafte Magnetfelder erzeugt werden. Es kommen vor allem Materialien aus der Gruppe der sogenannten „seltenen Erden" (korrekter: „seltene Metalle") zum Einsatz. Beispiele dafür sind Neodym in Kombination mit Eisen-Bor (NeFeB) oder Samarium in Kombination mit Kobalt (SmCo). Diese Magnetmaterialien sind ein weiterer Beitrag zu der hohen Leistung, die diese Motoren erbringen können.

Bürstenloser Drehstrom-Außenläufer

Eine weitere Variante des permanenterregten Motors ist der, auf dem gleichen Prinzip basierende, Außenläufer (Bild 2.11). Hier sind die Spulen zum Erzeugen des elektromagnetischen Feldes im Motorinneren angeordnet. Die Festmagnete sind sozusagen am Gehäuse des Motors befestigt.

Wird bei dieser Motorvariante der Stromanschluss fest ausgeführt, bedeutet dies, dass die Welle feststeht und sich das Gehäuse dreht. Diese auf den ersten Blick etwas merkwürdige Vorstellung kann sich beispielsweise bei Radnabenmotoren als Vorteil erweisen. Ist die Achse fest mit dem Fahrzeug verbunden, dreht sich das mit dem Gehäuse fest verbundene Antriebsrad. Kommt in alle vier Fahrzeugräder ein Außenläufer, summiert sich die Motorleistung und durch intelligente Einzelradansteuerung kann das Kurvenfahrverhalten sowie die gesamte Fahrdynamik verbessert werden. Sowohl von der mechanischen Seite, wie das zusätzliche Anbringen von Bremsscheiben und -satteln, wie auch von der elektronischen Steuerung, ist dies jedoch sehr anspruchsvoll. Immer wieder kündigen Hersteller den Einsatz in Fahrzeugen an, wann dies wirklich in Fahrzeugen genutzt wird, muss abgewartet werden.

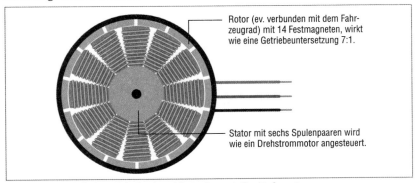

Bild 2.11 *Vereinfachtes Prinzip eines bürstenlosen Außenläufermotors*

Drehstromasynchronmotor/Induktionsmotor

Der Drehstromasynchronmotor (DASM), auch Induktionsmotor genannt, wird ohne „seltene Erden" hergestellt. Die Erfindung des Induktionsmotors wird gerne dem kroatischen Erfinder *Nikola Tesla* zugeschrieben. Wie in einer historischen Veröffentlichung des Karlsruhe Instituts für Technologie [17] nachzulesen ist, war der Italiener *Galileo Ferraris* zur gleichen Zeit oder eventuell etwas früher und unabhängig mit der gleichen Erfindung beschäftigt. Beide arbeiteten im Jahr 1885 an einem 2-phasigen Induktionsmotor, beendeten die Arbeiten aber aus verschiedenen Gründen. Als dann im Jahre 1889 der Russe *Michael Dolivo-Dobrowolsky* als Chefelektriker für AEG in der Schweiz auf Basis der Grundideen von Ferraris und Tesla den bis heute weit verbreiteten Dreiphasen-Käfigläufermotor (=Induktionsmotor) vorstellte, hat Westinghouse 1892 die Entwicklungen wiederaufgenommen und 1893 erfolgreich beendet.

Der Aufbau des Ankers (Rotors, **Bild 2.12**) ist genial wie einfach. Mit Nuten versehene Blechpakete werden mit leichtem Winkelversatz aneinandergereiht, mit Querstegen verbunden und letzlich auf beiden Seiten mit einem Kurzschlussring verbunden. Dieser Motor wird oft auch als Kurzschlussläufermotor bezeichnet.

Der Stator (**Bild 2.13**) ähnelt vom Aufbau her mehreren weiteren Elektromotortypen. Die eingelegten Spulen werden so untereinander verschaltet, dass sich bei Ansteuerung mit Drehstrom ein umlaufendes Drehfeld ergibt.

Mit einer geeigneten Werkstoffauswahl, speziell hinsichtlich der elektromagnetischen Eigenschaften und präzise gefertigtem Stator und Anker mit geringem Luftspalt, lassen sich Motoren mit sehr hohen Wirkungsgraden von über 90 % aufbauen.

Bild 2.12 *Anker eines Induktionsmotors*

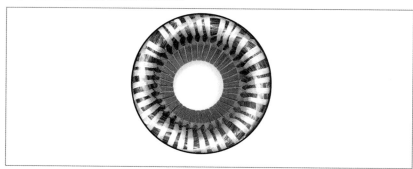

Bild 2.13 *Blick durch den Stator eines Induktionsmotors*

2.3 Batterieelektrische Fahrzeuge

Diese drei beispielhaft genannten Motoren sollen stellvertretend für die Vielzahl an möglichen Varianten ausreichen. Welchen Motortyp ein Automobilhersteller in seinen Elektrofahrzeugen einsetzt, ist den Konstrukteuren und Fachexperten überlassen. Für den Käufer des Elektrofahrzeugs ist der Motortyp eher uninteressant. Ihn interessieren Leistung, Reichweite, Preis, Fahrzeugdesign, Ladezeit usw.

Generatorbetrieb

Alle genannten Motortypen können neben ihrer Funktion als Fahrzeugantrieb auch als Stromerzeuger dienen. Warum dies notwendig und vorteilhaft ist, wurde bereits in der Einleitung zum Abschnitt 2.3.3 „Elektromotoren und -generatoren" erläutert. Je mehr Bewegungsenergie beim Bremsen in Form von elektrischem Strom zurückgewonnen werden kann, umso höher die elektrische Reichweite des Fahrzeugs.

Motorsteuerelektronik

Mit fortschreitender Entwicklung der Leistungselektronik wurde die intelligente Motorsteuerung, wie wir sie heute kennen, erst ermöglicht. Bei den in den Bildern 2.10 bis 2.13 gezeigten Motoren handelt es sich um Drehstrommotoren. Im Fahrzeug befindet sich jedoch eine Traktionsbatterie, die lediglich Gleichspannung liefert. Mit einer Leistungselektronik (Motorsteuerelektronik, **Bild 2.14**) wird ein Drehfeld zur Ansteuerung des Motors erzeugt.

Im Elektroauto sitzen, „Gas" geben und das Fahrzeug beschleunigt. So einfach dies für den Fahrer ist, desto mehr Kopfzerbrechen hat dieser Vorgang den Entwicklungsingenieuren bereitet. Zum einen ist die Motorsteuerelektronik selbst eine hochkomplexe Schaltung, zum zweiten ist sie noch

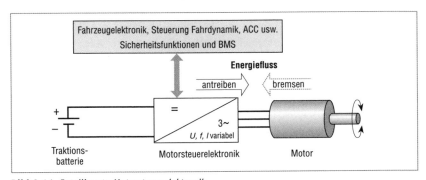

Bild 2.14 *Intelligente Motorsteuerelektronik*

einer Vielzahl von Einflussfaktoren ausgesetzt. Die Hauptaufgabe, den Motor mit der richtigen Frequenz des Drehfeldes sowie der passenden Spannung anzusteuern und dabei den fließenden Strom zu überwachen, ist dabei noch der einfachste Teil. Um maximale Sicherheit des Gesamtsystems zu erreichen, werden neben der Temperatur von Motor und Batterie, die Leistungselektronik selbst und weitere Komponenten überwacht und im Zweifelsfall die Leistung reduziert oder ganz abgeschaltet. Wird gebremst, muss die Motorsteuerung reagieren, durch genau festgelegte Wirkungsweise möglichst effektiv den Motor bremsen und die dabei gewonnene elektrische Energie in den Akku zurück speisen. Ist der Tempomat oder eine active cruising control (ACC, Geschwindigkeits- und Abstandsregelung) eingeschaltet, so wirken diese ebenfalls permanent auf die Motorsteuerelektronik ein. Zusätzlich kommt das BMS seiner Aufgabe nach und überwacht die Betriebszustände der Traktionsbatterie, was wiederum Einfluss auf die Motorsteuerung hat und z. B. eine Reduzierung der Leistung bei leerer werdender Antriebsbatterie zur Folge hat.

In jedem einzelnen der genannten Punkte steckt immens viel Erfahrung, die von den Herstellern in den vergangenen Jahren gesammelt wurde. Der Fahrer braucht sich über all die Dinge keine Gedanken machen und einfach nur einsteigen und loszufahren.

Dem Autor war es wichtig, einige wenige Einblicke in das Gesamtkunstwerk Elektrofahrzeug zu geben, damit auch das später nötige Verständnis für die Ladeinfrastruktur leichter vermittelt werden kann.

2.4 Brennstoffzellenfahrzeuge

Ein Brennstoffzellenfahrzeug ist im Grunde auch ein Elektroauto! Der wesentliche Unterschied besteht in der Speicherung des Energieträgers. Während dieser bei einem batterieelektrischen Fahrzeug im Akku gespeichert ist, wird die Energie in Form von Wasserstoff (H_2) mitgeführt. In der Brennstoffzelle verbindet sich der Wasserstoff mit dem Sauerstoff (O_2) aus der Umgebungsluft zu Wasser. Bei dieser chemischen Reaktion wird elektrische Energie und Wärme produziert, das Wasser ist sozusagen ein Abfallprodukt.

Der Reaktionsmechanismus bei der Brennstoffzelle ist dabei ein ganz anderer, wie der aus der Knallgasreaktion im Schulunterricht. Das Experiment damals diente einzig und allein dem Zweck nachzuweisen, dass Wasserstoff beispielsweise durch eine andere Reaktion erzeugt worden ist. Da Wasserstoff unser kleinstes und leichtestes chemisches Element ist, verschwindet es sofort nach oben, wenn es in Umgebungsluft entweichen kann. Zudem riecht Wasserstoff nicht, ist unsichtbar und nicht giftig, womit der Nachweis nicht ganz einfach ist.

Für diesen Nachweis hatte der Lehrer die Knallgasreaktion (**Bild 2.15**) genutzt, um zu beweisen, dass Wasserstoff vorhanden war. Er sammelte also Wasserstoff in einem Reagenzglas und während er diesen in die Umgebungsluft entweichen ließ, zündete er das Ganze mit einer offenen Flamme an. Die Reaktion, die sehr stark exotherm ablief (da Energie frei wird) war sehr gut zu hören. Was bei den Schülern im Gedächtnis blieb, ist, dass Wasserstoff sofort explodiert. Dies ist aber so nicht richtig. Wasserstoff ist bei sachgemäßer Handhabung nicht gefährlicher als viele andere Energieträger auch!

Bei der Brennstoffzelle läuft der Reaktionsmechanismus ganz anders ab, da die beiden Gase kein zündfähiges Gemisch in einem gemeinsamen Raum bilden können. Sie bleiben durch eine Membran getrennt, die nur von Ionen durchwandert werden kann. Dies soll hier am Beispiel der Polymer-Elektrolyt-Membran-Brennstoffzelle (PEMFC, polymer-electrolyte-membrane-fuel-cell) mit einfacher Darstellung (**Bild 2.16**) kurz erläutert werden.

Auf der Wasserstoffseite wird Wasserstoff eingeleitet. Durch einen Katalysator wird erreicht, dass der Wasserstoff sein Elektron abgibt. Aus einem Wasserstoffmolekül H_2 (Hydrogen) entstehen zwei Wasserstoffionen H+ (auch Protonen genannt). Nur für diese Protonen ist die PEM durchlässig. Die Elektronen, die eigentlich viel kleiner sind, können diese nicht durchdringen. Alleine schon dieser Umstand zeigt, dass die Materialeigenschaften einer Brennstoffzelle eine sehr komplexe Sache sind. Die Elektronen kön-

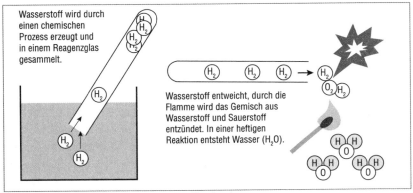

Bild 2.15 *Knallgasreaktion zum Wasserstoffnachweis*

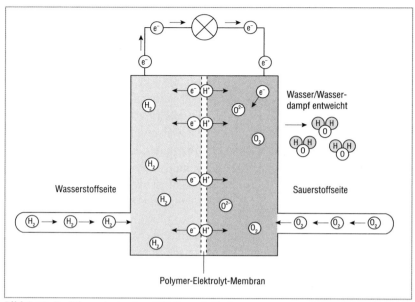

Bild 2.16 *Funktionsprinzip einer PEM-Brennstoffzelle*

nen nur über eine elektrische Verbindung außerhalb der Brennstoffzelle von der Wasserstoffseite zur Sauerstoffseite gelangen, es fließt also elektrischer Strom. Auf der Sauerstoffseite wird durch einen Katalysator erreicht, dass die Sauerstoffmoleküle O_2 (Oxygen) zwei Elektronen aufnehmen und so zwei Sauerstoffionen entstehen: O^{2-}. Im Weiteren bilden dann jeweils zwei Protonen mit einem Sauerstoffion das Element H_2O. Als Reaktionsprodukt entsteht somit Wasser. Da dies im Gegensatz zur Knallgasreaktion ohne offene Flamme abläuft, spricht man hier von einer kalten Verbrennung, woher auch der Name der Brennstoffzelle rührt. Die Reaktionsgleichung dieses Prozesses ist:

$$2 H_2 + O_2 \rightarrow 2 H_2O + \text{Energie}$$

Der Reaktionsablauf ist in **Bild 2.17** vereinfacht dargestellt.

Leider besteht die Energie nicht ausschließlich aus elektrischer Energie, sondern auch aus Wärme. Die Energie, welche im Wasserstoff steckt, wird zu ca. 50 % in elektrische Energie und zu ca. 50 % in Wärme umgewandelt. Durch Optimierungsprozesse kann der Anteil der elektrischen Energie auf ca. 60 % gesteigert werden, dennoch wird ein wesentlicher Teil in Wärme abgegeben.

Neben der PEM-Brennstoffzelle gibt es noch vier weitere wesentliche Varianten von Brennstoffzellen, welche in der **Tabelle 2.4** kurz vorgestellt werden.

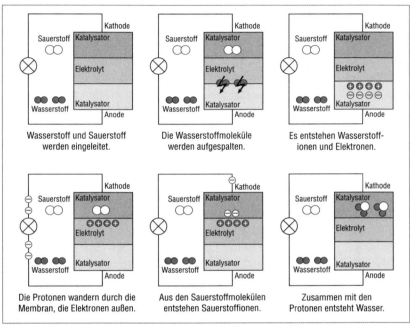

Bild 2.17 *Bildfolge zur Erläuterung des kontinuierlichen Ablaufs in einer PEM-Brennstoffzelle*

Zelltyp	Kurzbezeichnung	Arbeitstemperatur in °C	Bemerkung
alkalische Brennstoffzelle (alkaline fuel cell)	AFC	ca. 80	Gefahr des Austritts der Alkalilösung
Polymer-Elektrolyt-Membran-Brennstoffzelle (auch proton-exchange-membrane-fuel-cell)	PEMFC	ca. 80 (Hochtemperatur PEM bis ca. 120)	wahrscheinlichste Lösung für den KFZ-Bereich
Phosphorsaure Brennstoffzelle (phosphore-acid-fuel-cell)	PAFC	ca. 200	
Schmelzkarbonat Brennstoffzelle (molten-carbonate-fuel-cell)	MCFC	ca. 650	eher für Dauerbetrieb geeignet
Oxidkeramische Brennstoffzelle (solid-oxide-fuel-cell)	SOFC	ca. 800 ... 1.000	eher für Dauerbetrieb geeignet, lange Start- und Shut-Down-Zeiten
Sondervariante Direktmethanolbrennstoffzelle	DMFC	ca. 80 mit flüssigem Methanol ca. 120 mit Methanoldampf	Die DMFC ist eine Weiterentwicklung der PEM-Brennstoffzelle, aber nicht emissionsfrei.

Tabelle 2.4 *Auflistung der bekanntesten Brennstoffzellenvarianten*

Wie in der Tabelle 2.4 dargestellt, ist die am häufigsten in Brennstoffzellenfahrzeugen anzutreffende Variante die PEM-Brennstoffzelle. Die Methanol-Variante war Anfang der 2000er Jahre vielversprechendes Entwicklungsobjekt im KFZ-Bereich. Durch den Energieträger Alkohol, war diese nicht emissionsfrei und wurde dann wieder verworfen. Zu der Zeit war die Entwicklung von Brennstoffzellenfahrzeugen viel stärker in der Öffentlichkeit präsent als heute (persönlicher Eindruck des Autors).

Während bei Necar 1 (new energy car 1, **Bild 2.18a** die Brennstoffzellen noch ca. 800 kg wog und nahezu den kompletten Lagerraum des Lieferfahrzeugs belegte, war vier Jahre später, im Necar 5 (**Bild 2.18b**), die gesamte Technologie bereits im Sandwichboden des Fahrzeugs untergebracht. Das Kleinfahrzeug bot damit im Jahre 2004 schon bis zu fünf Personen Platz.

Um derartige Fahrzeuge mit Brennstoffzellen betreiben zu können, gilt ähnliches wie bei den Batteriemodulen. Eine einzelne Zelle hat eine viel zu geringe Spannung. Bei der PEM-Brennstoffzelle bewegt sich die Zellspannung in einer Größenordnung von 0,6 V bis 0,7 V.

Beim Blick auf die Sauerstoffseite einer einzelnen Brennstoffzelle (**Bild 2.19**) ist gut zu erkennen, wie der Luftsauerstoff an die eine Seite der PEM geführt wird. Der Wasserstoffanschluss auf der Rückseite ist hermetisch dicht ausgeführt, da der Wasserstoff nicht aus dem System entweichen darf. Zwischen Gaszufuhr und eigentlicher Membran sorgen Dichtungen, Gasverteilungsschichten, Katalysatoren und Kontaktelemente für eine zuverlässige Funktion. Der Aufbau ist in Wirklichkeit also etwas anspruchsvoller, als das einfache Bild vermuten lässt.

Um Spannungen von mehreren 100 V zu erreichen, wie diese in einem Fahrzeug benötigt werden, müssen hunderte von Zellen in Reihe geschaltet werden. Werden dazu Einzelzellen wie in Bild 2.19 verwendet, entsteht ein gewaltiges Bauteil, welches weder in ein Fahrzeug integrierbar noch ver-

Bild 2.18 *Brennstoffzellenfahrzeuge Necar 1 (a) und Necar 5 (b)*

2.4 Brennstoffzellenfahrzeuge

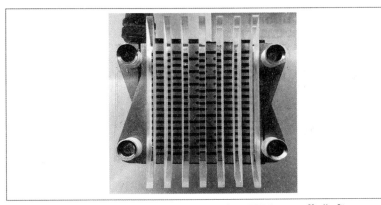

Bild 2.19 *Blick auf die Sauerstoffseite einer einzelnen PEM-Brennstoffzelle für messtechnische Übungen*

Bild 2.20 *Bipolarplatte mit PEM*

nünftig anschließbar ist. Die Ingenieure haben sich dafür eine elegantere Lösung einfallen lassen.

Rechts in **Bild 2.20** ist eine PEM-Folie mit beidseitiger Grafikschicht inklusive eingebetteten Platinkatalysator zu sehen. Links im Bild sieht man eine Bipolarplatte aus Graphit mit der Gasverteilungsstruktur für die Wasserstoffseite, welche den Minuspol einer PEM bildet. Auf der Rückseite befindet sich, nicht sichtbar, die Gasverteilungsstruktur für den Sauerstoff, an welchen die nächste PEM-Folie angelegt wird. Die Rückseite ist also mit dem Pluspol der folgenden Zelle verbunden, daher auch die Bezeichnung Bipolarplatte. Durch diesen Schichtaufbau entstehen die Brennstoffzellenstapel (**Bild 2.21**), welche gut mit der Reihenschaltung von Batterien vergleichbar sind.

Die Wirklichkeit sieht nicht wesentlich anders aus (**Bild 2.22**).

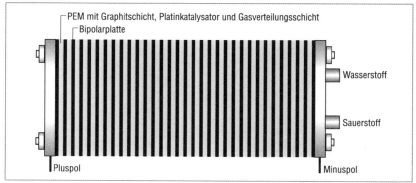

Bild 2.21 *Brennstoffzellenstapel*

Bild 2.22 *Kleiner Brennstoffzellenstapel aus einem e-Scooter*

Neben der Materialphysik stellt auch die Medienversorgung extrem hohe Anforderungen an die Regelungstechnik. Es ist schon schwierig, Sauerstoff und Wasserstoff bei einer einzelnen Zelle so zuzuführen, dass über die gesamte Fläche eine gleichmäßige Versorgung gewährleistet ist, die zum aktuell notwendigen Leistungsbedarf passt. Umso komplexer wird es bei einem Brennstoffzellenstapel mit mehreren hundert Zellen. Jede Zelle wird überwacht, um genügend Informationen für eine optimale Steuerung der gesamten Systemtechnik zu erhalten. Neben der Gasversorgung wird bei leistungsfähigen Brennstoffzellen zudem ein Kühlkreislauf integriert, um die Brennstoffzelle auch thermisch immer im optimalen Arbeitspunkt zu halten.

Wie bereits dargestellt wurde, entsteht als „Abfallprodukt" Wasser. Zuviel Wasser in der Zelle hemmt die Reaktionsprozesse, zu geringe Feuchtigkeit führt zu trockener Membran, was ebenfalls nicht gut ist. Wird ein BZ-Fahrzeug im tiefsten Winter mit feuchter Brennstoffzelle abgestellt, dehnt sich das Wasser beim Einfrieren aus und kann die Brennstoffzelle schädigen, was natürlich nicht passieren darf. Ein perfekt funktionierendes Feuchtemanagement ist von elementarer Bedeutung. Mit diesen kurzen Anmerkungen will der Autor einen Hinweis geben, dass die Entwicklung von Brennstoffzellenfahrzeugen eine umfangreiche Forschungsarbeit ist und viele Fahrzeughersteller deshalb ihre Konzentration auf batterieelektrische Fahrzeuge richten.

Die gesamte Entwicklung von Brennstoffzellenfahrzeugen ist eine hochkomplexe und auch kostenintensive Angelegenheit. Dies untermauert auch der Umstand, dass bis heute lediglich drei „Serienfahrzeuge" am Markt verfügbar sind.

Dennoch stehen die Chancen hoch, dass in nicht allzu ferner Zukunft Brennstoffzellenfahrzeuge ihren Platz im Markt erobern.

In **Bild 2.23** ist das Konzept eines reinen Brennstoffzellenfahrzeugs abgebildet. Der Wasserstoff wird im Fahrzeug mitgeführt, zusammen mit dem Luftsauerstoff wird er in der Brennstoffzelle in Strom und Wärme umgewandelt. Die gesamte Systemtechnik, inklusive Brennstoffzelle, muss dabei sehr dynamisch reagieren, da jeder Lastwechsel des Elektromotors von der Brennstoffzelle geleistet wird. Nachteilig bei dieser Lösung ist weiter, dass beim Bremsen keine Energie zurückgewonnen werden kann. Grundsätzlich kann die Brennstoffzelle invers als Elektrolysezelle arbeiten. Die ohnehin schon anspruchsvolle Systemtechnik würde in ihrer Komplexität und Beherrschbarkeit so stark anwachsen, dass wettbewerbsfähige Preise wieder in weite Ferne rücken. Zudem ist der Gesamtwirkungsgrad von Elektrolyse und erneuter Verstromung so gering, dass, zumindest öffentlich, kein namhafter Hersteller weiter über diesen Aspekt nachdenkt.

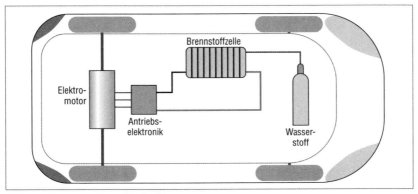

Bild 2.23 *Reines Brennstoffzellenfahrzeug*

Wesentlich wahrscheinlicher ist eine Hybridlösung, bei der eine mit Wasserstoff betriebene Brennstoffzelle und ein Batteriespeicher nach **Bild 2.24** zusammenarbeiten.

Diese Variante bietet gleich mehrere Vorteile. Zum einen kann die Batterie die kurzfristigen Lastwechsel viel leichter versorgen als die „träge" Brennstoffzelle. Das Rückspeisen von kinetischer Energie ist in gleicher Weise möglich wie bei rein batterieelektrischen Fahrzeugen. Die Brennstoffzelle kann kleiner ausfallen, da sie nicht mehr jede Leistungsspitze abdecken muss. Hat die Brennstoffzelle eine Leistung von 40 kW und die Batterie eine Leistungsabgabe von 60 kW, so kann damit eine Antriebsleistung von

60 kW + 40 kW = 100 kW

realisiert werden.

Wird im Fahrbetrieb lediglich eine Leistung von 10 kW benötigt, z. B. beim Fahren auf der Ebene mit 80 km/h, dann können die restlichen 30 kW aus der Brennstoffzelle zum Aufladen der Batterie genutzt werden. Die Brennstoffzelle kann viel gleichmäßiger arbeiten und muss nicht permanent extreme Lastwechsel ausregeln, das muss dafür die Batterie leisten. Sicher haben die Ingenieure noch weitere Ideen zur Optimierung, in Zusammenspiel mit den bereits oben gegebenen Hinweisen.

In **Bild 2.25** ist eines der ersten Brennstoffzellenserienfahrzeuge abgebildet, welches Kunden zum Kauf angeboten wird.

Es wird spannend sein, in welche Richtung die Entwicklung bei Brennstoffzellenfahrzeugen gehen wird. Mit größeren Batterien für größere rein elektrische Fahrweise wird auch bei diesen Fahrzeugen das Thema Ladeinfrastruktur interessant.

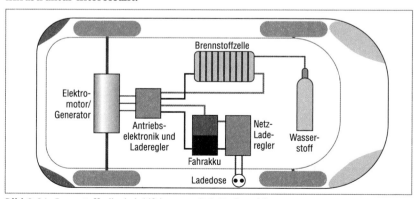

Bild 2.24 *Brennstoffzellenhybridfahrzeug mit Batteriespeicher*

Bild 2.25 *Beispiel eines Brennstoffzellenserienfahrzeugs, der Hyundai iX35*

Während bei der Ladeinfrastruktur für Elektrofahrzeuge bemängelt wird, dass es in Deutschland mit 23.840 Ladepunkten zu wenig Ladepunkte gibt (Stand 12/2019, Quelle: BDEW) [18], sind es bei öffentlichen Wasserstofftankstellen gerade mal 84! Die 77. wurde am 22.11.2019 in Passau in Betrieb genommen. Es gibt also noch viel zu tun.

2.5 Fahrzeugangebote für das Handwerk

Vor allem in Innenstädten gelten oft besonders strenge Abgasregelungen. Für Bewohner, die mit öffentlichen Verkehrsmitteln reisen, stellen diese gar kein Problem dar. Auch der PKW-Sektor ist mit zahlreichen Fahrzeugangeboten gut versorgt.

Anders sieht dies bei Lieferfahrzeugen aus. Nicht ohne Grund wurde für den Einsatz bei der Deutschen Post das Fahrzeug StreetScooter entwickelt, produziert und auf die Straße gebracht. Zum 30.11.2019 waren im Internetportal www.goingelectric.de unter der Rubrik „Transporter" fünf Fahrzeuge gelistet. Bei www.e-stations.de sind es zwei Fahrzeuge mehr.

Ein großer deutscher Automobilhersteller macht aktuell Werbung für seinen E-Transporter, der noch nicht in zuvor genannter Liste erscheint. Dieses Fahrzeug bietet entscheidend mehr Laderaumvolumen, macht dafür aber die Parkplatzsuche anstrengender.

Ist im Fahrzeug ein Innenausbau für Werkzeug, Kleinteile, häufig benutzte Standardkomponenten, wie z. B. Befestigungsmaterial vorgenommen worden, reicht das Platzangebot meist nicht aus, um sperrige Güter zum Kunden zu transportieren.

Dass der Bedarf da ist, beweist nicht zuletzt der Umstand, dass der StreetScooter inzwischen auch Einsatz bei Bäckereien, im Elektrohandwerk usw. gefunden hat.

3 Ladekonzepte von Elektrofahrzeugen

Für die Wiederaufladung der Traktionsbatterie eines Elektrofahrzeugs war von vorneherein klar, dass leistungsfähige Ladesysteme notwendig sind. Um den Käufern seiner Fahrzeuge die Möglichkeit zu geben, unterwegs schnell aufzuladen, hat ein amerikanischer Hersteller von Elektrofahrzeugen weltweit ein eigenes Netz von Schnellladestationen an strategisch wichtigen Standorten aufgebaut. Da diese Ladestationen nur von den Fahrzeugen des Herstellers genutzt werden können, ist auch klar, dass für einen großflächigen Erfolg der Elektromobilität ein Netz an Ladestationen (electric vehicle supply equipment, EVSE) benötigt wird, das von allen diskriminierungsfrei genutzt werden kann.

Grundsätzlich basieren die Lademöglichkeiten für Elektrofahrzeuge auf den international verbreiteten Spannungsversorgungssystemen, die leider nicht überall gleich sind. Aufgrund der verschiedenen Netzsysteme sind die Automobilhersteller, die für den internationalen Markt produzieren, dazu gezwungen Kompromisse einzugehen.

Unabhängig vom Ladeverfahren ist das langfristige Ziel, das Laden für den Endkunden so komfortabel wie möglich zu gestalten. Am elegantesten ist es, das Fahrzeug identifiziert sich selbst am Ladepunkt, sodass mit Authentifizierung, Abrechnung usw. alles automatisch erfolgt und dies unabhängig vom Vertragsmodell, welches der Elektromobilist hat. „Plug & Charge" ist das Schlagwort, welches zeigen soll, dass jede öffentliche Ladestation von jedem Elektrofahrzeug genutzt werden kann. In Deutschland enthält die Ladesäulenverordnung [19] die Forderung nach „diskriminierungsfreiem" Zugang.

Die verschiedenen Konzepte sind in den folgenden Abschnitten detaillierter dargestellt.

3.1 AC-Laden

AC steht für alternating current, also für Wechselstrom. Dies umfasst auch das in Deutschland und vielen anderen Ländern eingesetzte Dreiphasen-Drehstromnetz.

Die elektrische Energie wird mittels Wechsel- oder Drehstrom in das Fahrzeug übertragen, dort in Gleichstrom umgewandelt und in Zusammenspiel mit dem Batteriemanagementsystem (BMS) und dem Laderegler möglichst effektiv in der Fahrzeugbatterie gespeichert.

Sehr häufig wird beim Laden auch an einem Drehstromsystem das 1-phasige Laden praktiziert, da der Laderegler im Fahrzeug nur 1-phasig arbeitet (**Bild 3.1**).

Ist der Laderegler im Fahrzeug nur 1-phasig aufgebaut, dann kann es nur 1-phasig geladen werden, unabhängig davon ob die installierte Ladestation 1- oder 3-phasigen Strom liefern kann. Dies verursacht dann eine sogenannte Schieflast, zu der an späterer Stelle in diesem Abschnitt und in Abschnitt 5.4 weitere Regeln genannt werden.

Sehr häufig werden Fahrzeuge an Schutzkontaktsteckdosen mit dem Notladekabel aufgeladen (**Bild 3.2**).

Auch bei diesem Ladeverfahren, das einige Nachteile mit sich bringt, handelt es sich um AC-Laden.

Da ein elektrotechnischer Laie nicht beurteilen kann, ob an dem Schukosteckdosen-Stromkreis nicht noch weitere Verbraucher im Keller angeschlossen sind, kann es bei zu hoher Stromaufnahme zum Auslösen von

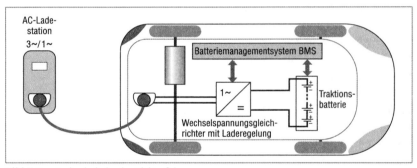

Bild 3.1 *1-phasig ladendes Elektrofahrzeug*

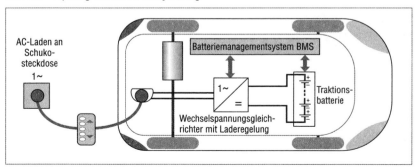

Bild 3.2 *AC-Laden mit dem Notladekabel*

3.1 AC-Laden

Überstromschutzorganen (z. B. Leitungsschutzschalter) kommen. Dass mit dem Stromausfall das Fahrzeug nicht mehr geladen wird, ist möglicherweise noch der geringste Schaden. Wenn eine mit dem Stromkreis verbundene Gefriertruhe auftaut und Lebensmittel für mehrere tausend Euro verdorben werden, hätte sich die Investition in eine fest installierte Ladestation schon bei weitem rentiert. Weiter ist eine Schutzkontaktsteckdose nicht für eine Dauerbelastung von 16 A ausgelegt, obwohl 16 A angegeben sind. Folglich laden diese Notladekabel mit maximalen Strömen von 10 A oder 13 A. Dies führt bei großen Speicherkapazitäten zu extrem langen Ladezeiten. Auch der Ladewirkungsgrad ist bei diesen Verfahren oftmals geringer, als bei optimal ausgelegter Ladeinfrastruktur. Ein weiterer Aspekt ist, dass bei dem Notladekabel unter Volllast ausgesteckt werden kann. Welche Auswirkung dies dauerhaft auf die Steckkontakte und die Fahrzeugelektronik hat, kann noch nicht verbindlich beantwortet werden.

Verstärkt findet man heute solche „Steckdosenlader" auch für 16 A (11 kW) und 32 A (22 kW) im Handel. Was dies für die Elektroinstallation bedeutet und wie der oftmals gebrauchte Slogan „ersetzt die festinstallierte Ladestation" zu bewerten ist, wird in den Abschnitten 4.2 und 4.4 näher erläutert.

Das 1-phasige Laden führt am deutschen Stromnetz zu sogenannten Schieflasten, da nicht alle drei Phasen des Drehstromnetzes gleich belastet werden. Aktuell ist die maximal erlaubte Schieflast bei 20 A zwischen der am stärksten und der am schwächsten belasteten Phase.

Aus elektrotechnischer Sicht ist das 1-phasige Laden für das in Deutschland genutzte Drehstromsystem nicht ideal. Aus deutscher Sicht wäre es wünschenswert, wenn alle Fahrzeughersteller 3-phasige Laderegler in ihre Fahrzeuge (**Bild 3.3**) einbauen würden, da damit eine symmetrische Netzbelastung sichergestellt wäre.

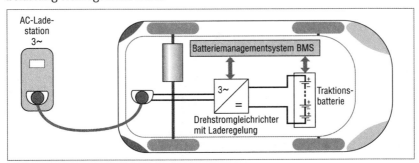

Bild 3.3 *AC-Laden mit Drehstrom*

Neben der symmetrischen Netzbelastung hat diese Variante zusätzlich den Vorteil, dass vergleichsweise große Leistungen übertragen werden können, da nicht nur über eine Phase, sondern über drei Phasen gleichzeitig Strom geliefert werden kann.

Ein Fahrzeughersteller hatte in einem seiner Fahrzeuge einen Drehstromladeregler verbaut, der bis zu 43 kW Ladeleistung (3ph 63 A) bot, wenn die Ladeinfrastruktur dies liefern konnte. Dies ist mehr als bei den meisten Hausversorgungsanschlüssen für das gesamte Wohnhaus bereitgestellt wird! Die gängigsten 3-phasigen Laderegler bieten aktuell Ladeleistung von 11 kW bis 22 kW. Damit kann auch ein 100 kWh großer Fahrzeugakku über Nacht bequem aufgeladen werden.

Dazwischen gibt es noch den Sonderfall, dass manche Fahrzeughersteller das AC-Laden mit zwei Phasen praktizieren. Damit ist die mögliche Ladeleistung zwar doppelt so hoch wie beim 1-phasigen Laden, aber das Schieflastproblem bleibt.

Bei allen AC-Ladeverfahren ist identisch, dass die gesamte Regelungselektronik mit dem Gleichrichter und Leistungselektronik im Fahrzeug sitzt. Dies bringt zum einen Gewicht und natürlich Kosten mit sich, welche bei Massenprodukten von den Herstellern aus nachvollziehbaren Gründen gerne niedrig gehalten werden. Somit bieten die Hersteller gerne „schwache" AC-Ladeleistungen an. Wer schnell oder superschnell laden möchte, erhält als Option eine DC-Lademöglichkeit.

AC-Ladestationen sind sowohl als Wandladestationen, sogenannte Wallboxen, wie auch als Ladesäulen im Handel. Beispiele sind in den **Bildern 3.4** bis **3.10** dargestellt, alle Hersteller zu zeigen ist an dieser Stelle nicht möglich. Zum AC-Ladeverfahren gibt es in Abschnitt 4.4 weitere Hinweise.

Bild 3.4 *Beispiele für AC-Ladesäulen*

Bild 3.5 *AC-Wallbox der Firma KEBA*

Bild 3.6 *AC-Wallbox der Firma Mennekes*

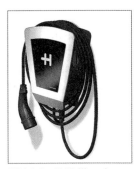

Bild 3.7 *AC-Wallbox der Firma Heidelberger*

Bild 3.8 *AC-Wallbox der Firma ABL*

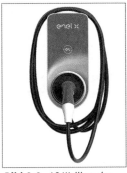

Bild 3.9 *AC-Wallbox der Firma Enel X*

Bild 3.10 *AC-Wallbox der Firma Walther Werke*

3.2 DC-Laden

Möchte man beim AC-Laden immer höhere Ladeleistungen realisieren, bedeutet dies, dass immer größere, leistungsstärkere, schwerere und natürlich auch teurere Laderegler benötigt werden. Diese in jedes Fahrzeug einzubauen, würde in jedem Fahrzeug mehr Platzbedarf, höhere Kosten und einige weitere Nachteile mit sich bringen.

Vor diesem Hintergrund wurden Ladeverfahren entwickelt, bei welchen die Leistungselektronik und die Laderegelung in die Ladestation eingebaut wird. Die externe Ladestation ist dann nahezu direkt mit den Anschlüssen der Fahrzeugbatterie verbunden und die Energie wird mittels Gleichstrom in das Fahrzeug übertragen. Daher der Begriff „DC-Laden" (direct current = Gleichstrom). Häufig wird deshalb mit dem DC-Laden gleichzeitig der Begriff „Schnellladen/Schnellladestation" genannt.

Bei den DC-Ladestationen ist das Ladekabel immer fest mit der Ladestation verbunden. Dadurch werden zusätzliche Übergangswiderstände durch Steckkontakte vermieden, was besonders bei sehr hohen Strömen für die Funktionssicherheit ein entscheidender Vorteil ist. Auch die Handhabung profitiert davon, da diese Ladekabel entsprechend große Kupferquerschnitte benötigen und damit entsprechend schwer und unhandlich sind. Müsste man beim DC-Laden jedes Mal sein eigenes (teures) Ladekabel aus dem Kofferraum holen, würde dies sicher Kritik der Anwender nach sich ziehen.

Das in **Bild 3.11** gezeigte Fahrzeug ist mit einer Ladesteckvorrichtung für das in Europa übliche CCS-Ladeverfahren (combined charging system) ausgestattet. Dieser Ladestecker basiert auf der Grundform des Ladesteckers vom Typ 2 (siehe Abschnitt 4.3 „Steckernormung nach IEC 62196"). Zusätzlich verfügt der CCS-Stecker über zwei hochstromfähige DC-Kontakte, über die der Ladestrom direkt auf die Batterie geführt wird.

Vor allem im asiatischen Raum ist das DC-Laden mit dem sogenannten CHAdeMO-Stecker anzutreffen. Leider sind CCS und CHAdeMO weder vom Steckerdesign noch von der Kommunikation zwischen Fahrzeug und Ladestation kompatibel. Damit dies beim Laden im öffentlichen Raum nicht zu Problemen führt, werden an Autobahnraststätten, Supermärkten, Tankstellen usw. sehr häufig sogenannten Triple-Charger installiert. Diese besitzen drei unabhängige Ladeleitungen:

- DC-Ladeleitung für CCS-Laden,
- CHAdeMO Ladeleitung und
- AC Ladeleitung mit Typ 2 Stecker (meist 22 kW oder 43 kW Ladeleistung).

Dadurch ist an diesen Ladestationen das Aufladen der Fahrzeugbatterie praktisch für jedes Elektrofahrzeug möglich.

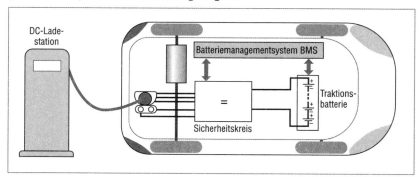

Bild 3.11 *DC-Ladestation mit schnellladefähigem Elektrofahrzeug*

Die Kommunikation zwischen dem Fahrzeug und der Ladestation ist hier besonders wichtig, da praktisch direkt auf die Batterie im Fahrzeug zugegriffen wird. Dies ist im Gegensatz zum AC-Laden von besonderer Bedeutung, da dort der Fahrzeughersteller den eingebauten Laderegler im Zusammenspiel mit seinem Fahrzeugakku und dem Batteriemanagementsystem optimieren kann. Der Laderegler in einer DC-Ladestation muss jedoch mit den Elektrofahrzeugen aller Hersteller zusammenarbeiten können, ohne dass dies zu Funktions- oder Sicherheitsproblemen führt. Da gleichzeitig noch enorme Leistungen übertragen werden, ist eine ausgereifte, unabhängige Kommunikation zwischen dem Batteriemanagementsystem und der Ladestation nötig. Die in den **Bildern 3.12** und **3.13** gezeigten Ladestationen haben bis zu 50 kW Leistung (mehr als ein normaler Hausanschluss), dazu ist die Leistungselektronik und der Netzanschluss entsprechend dimensioniert. Somit ist es nicht weiter verwunderlich, dass eine DC-Ladestation in dieser Größenordnung ca. das 20-fache einer AC-Ladestation kostet.

Prinzipiell ist es auch möglich, DC-Lader mit kleineren Ladeleistungen zu entwerfen. Durch die enormen Systemkosten ist dies aktuell nicht in einem wirtschaftlichen Geschäftsmodell abbildbar. Viele Entwicklungen im Bereich der Elektronik haben in der Vergangenheit gezeigt, dass im Laufe der Zeit durch Serienproduktion und cleveres Produktdesign enorme Preisreduzierungen möglich waren. Ein Beispiel soll zeigen, warum DC-Ladestationen auch mit geringerer Leistung sinnvoll sein können, wohingegen allgemein der Trend zu immer höheren Ladeleistungen geht:

Bild 3.12 *Triple-Charger in Freiburg*   **Bild 3.13** *Triple-Charger vor einem Supermarkt*

Viele Elektrofahrzeuge besitzen für das AC-Laden lediglich einen 1-phasigen Lader mit bis zu 16 A. Dies entspricht einer Ladeleistung von 3,68 kW. Viele dieser Fahrzeuge bieten als Option eine DC-Lademöglichkeit mit beispielsweise 40 kW oder 50 kW. Wenn es für diese Kunden möglich wäre eine preiswerte DC-Ladestation mit bspw. 11 kW zu erhalten, so könnten sie zu Hause immerhin drei Mal so schnell laden.

Ein weiterer Vorteil dieser „kleinen" DC-Ladestation wäre der 3-phasige Anschluss an das Stromversorgungsnetz und somit eine gleichmäßige Belastung aller drei Phasen ohne Schieflast.

3.3 HPC (High Power Charging)

Die Tendenz geht jedoch zu immer höheren Ladeleistungen. Dies ist vor allem an Autobahnraststätten, Tankstellen und ähnlichen Orten besonders wichtig, weil der Aufenthalt dort nur sehr kurze Zeit dauern soll. Um 100 km Reichweite in weniger als 5 min nachladen zu können, sind Ladeleistungen von ca. 200 kW notwendig, bei 3 min über 300 kW. Diese Zahlen wirken auf jeden, der mit normalen Hausinstallationen beschäftigt ist, vorsichtig formuliert utopisch. Denn nicht nur die Ladeinfrastruktur und die Versorgung muss entsprechend dimensioniert werden, sondern auch die Fahrzeugbatterien und die Zusatzschaltkreise müssen für die Leistungen ausgelegt sein. Die besondere Herausforderung liegt zudem in der Tatsache, dass diese Technologie nicht nur kurzzeitig zuverlässig arbeiten soll, sondern über viele Jahre hinweg, am besten über die gesamte Fahrzeuglebensdauer, ohne nennenswerten Kapazitätsverlust der Fahrzeugbatterie funktionieren soll.

Die Technologie, mit der dieses Hochleistungsschnellladen möglich gemacht wird, nennt sich High Power Charging, kurz HPC. Damit der Querschnitt der Ladeleitung und damit auch deren Gewicht nicht unverhältnismäßig ansteigen muss, ist die Ladeleitung mit einem Kühlkreislauf ausgestattet und wird flüssigkeitsgekühlt. Das dazu notwendige Kühlaggregat befindet sich in der Ladestation.

Eine Ladeleitung, die zu dem in **Bild 3.14** dargestellten Ladeprinzip passt, ist in **Bild 3.15** dargestellt. Gut zu erkennen sind neben den querschnittsstarken DC-Leitungen die Schläuche für den Kühlkreislauf und die weiteren Leitungen für die Kommunikation sowie Temperaturüberwachung usw. Die im Bild gezeigte Ladeleitung gehört zu einem 150 kW HPC-Lader.

3.3 HPC (High Power Charging)

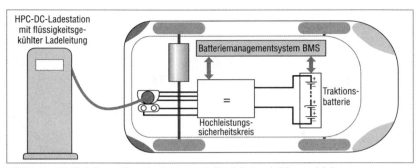

Bild 3.14 *DC High Power Charging System mit flüssigkeitsgekühlter Ladeleitung*

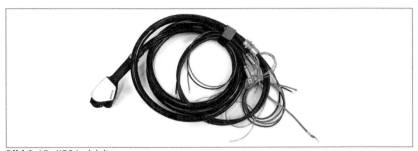

Bild 3.15 *HPC-Ladeleitung*

Der Kühlkreislauf der Ladestation erstreckt sich bis in die Ladebuchse des Ladekabels. Für die eventuell notwendige weitere Kühlung innerhalb des Fahrzeugs ist dieses selbst verantwortlich.

Wie bereits zuvor erwähnt, arbeiten die Entwickler intensiv an dem Ziel, die Ladezeiten der Elektrofahrzeuge immer weiter zu verkürzen, dazu sind noch höhere Ladeleistungen nötig.

Um noch höhere Ladeleistungen zu ermöglichen, arbeiten die Entwickler an entsprechenden Lösungen. Aktuell sind Ladeleistungen bis zu 350 kW (praktisch das ca. 10-fache eines normalen Hausanschlusses!) möglich! Die DC-Schnellladung eines Elektrofahrzeugs an einer 350-kW-Ladestation zeigt **Bild 3.16**.

Die hohe Kunst liegt nicht alleine in dem Umstand diese Ladeleistung am Anschlusspunkt bereitzustellen, sondern vielmehr darin, die Batteriezellen und die Leistungselektronik inklusive Batteriemanagementsystem im Fahrzeug so zu bauen, dass diese Leistungen dauerhaft über viele Jahre/Ladezyklen genutzt werden kann. Bei zu schnellem Leistungs-/Kapazitätsverlust oder zu frühem Ausfall der Batterie wäre der Erfolg des Systems nur von kurzer Dauer.

Bild 3.16 *Acht mal 300 kW HPC Ladepark*

Bei Redaktionsschluss des Buches hatten einige Fahrzeughersteller bereits Ladeleistungen über 270 kW freigegeben!

In dem Projekt „FastCharge" werden Ultraschnellladestationen mit Ladeleistungen bis zu 450 kW erprobt!

3.4 Induktives Laden

Die drei bereits vorgestellten Ladeverfahren haben in den Augen vieler Anwender den Nachteil, dass immer mit einem Ladekabel hantiert werden muss. Hierbei wird gerne vergessen, dass beim Tanken von Benzin/Diesel/ LPG oder CNG auch die Notwendigkeit eines Schlauches besteht.

Vor diesem Hintergrund hat das induktive Laden natürlich den entscheidenden Vorteil, dass zum Laden des Fahrzeugs nicht mit einem Ladekabel gearbeitet werden muss. Eine im Boden eingelassene Primärspule erzeugt, wenn sich die Sekundärspule eines Fahrzeugs darüber befindet und das Fahrzeug laden möchte, ein elektromagnetisches Feld.

Bei den früheren Systemen war die Ladeleistung auf 3,6 kVA begrenzt, da es konstruktiv schwierig ist, die Systeme so zu bauen, dass die Störfelder einen Grenzwert von 6,25 µT (Mikrotesla) einhalten. Inzwischen sind jedoch leistungsfähigere Systeme entwickelt worden, die bis in den zweistelligen kW-Bereich vorstoßen und damit akzeptable Ladezeiten bei größeren Standzeiten erlauben.

Inwieweit solche Systeme das Aufladen während der Fahrt oder bei kurzen Stopps vor einer roten Ampel ermöglichen, bleibt abzuwarten.

Auf alle Fälle stellen diese eine attraktive Lösung für komfortables Laden ohne „lästiges" Kabel dar.

Um einen hohen Wirkungsgrad bei der Energieübertragung zu erzielen, ist es wichtig, die Primärspule im Boden und die Sekundärspule im Fahrzeug (**Bild 3.17**) in möglichst gute Überdeckung zu bringen. Hierbei wird der Fahrer durch elektronische Einparkhilfen unterstützt oder durch vollautomatisiertes Einparken entlastet. Je geringer der Luftspalt zwischen den beiden Spulen, umso besser. Anheben der Primärspule oder Absenken der Sekundärspule sind dabei vorstellbare Lösungen, die eingehend untersucht und erprobt werden.

Auch die im Boden versenkte oder auf dem Boden fixierte Primärspule muss mit dem Stromnetz verbunden werden und fällt damit in den Aufgabenbereich eines in die Installateurverzeichnisse der Verteilnetzbetreiber eingetragenen Elektrofachbetriebs.

Weiterer entscheidender Vorteil des induktiven Ladens ist eine geringe Angriffsmöglichkeit für Vandalen. Es gibt kein Kabel zum Abschneiden, keine Ladedosen zum Beschädigen, keine Ladesäulen zum Umreißen usw.

Auch wenn die induktive Ladung noch nicht häufig anzutreffen ist, die Entwicklungsanstrengungen, sowohl der Hersteller von Ladesystemen als auch der Automobilindustrie, lassen die Prognose zu, dass zukünftige Fahrzeuggenerationen die Möglichkeit der induktiven Ladung, und sei es nur als aufpreispflichtige Option, bieten werden.

Bild 3.17 *Induktives Ladesystem, vorgestellt auf der EVS 30 in Stuttgart*

Neben der reinen Energieübertragung eignet sich das induktive, wie das konduktive/leitungsgebundene Laden auch, für die Übertragung von Zusatzinformationen mittels erweiterter Kommunikation zwischen Ladeinfrastruktur und Fahrzeug. Somit ist das bereits erwähnte „Plug & Charge" auch hier implementierbar.

3.5 Batteriewechsel

Man fährt an eine Batteriewechselstation, die entladene Batterie wird als Ganzes ausgebaut, eine andere vollgeladene Batterie wird eingesetzt und der vollautomatische Prozess dauert gerade mal 2 min, Authentifizierung, Abrechnung, alles inklusive.

Zu schön um wahr zu sein? In einem sehr frühen Stadium der aufkommenden batteriegetriebenen Elektromobilität hat die Firma Betterplace genau an einer derartigen Lösung gearbeitet und Pilotanlagen betrieben. Dass dies technologisch möglich ist, wurde bewiesen, doch leider war es damals nicht machbar, Erträge zu erwirtschaften und die Firma Betterplace musste aufgeben.

Ob sich Batteriewechselsysteme für die allgemeine, private Mobilität eignen könnten, ist schwer zu sagen. Jedes Fahrzeug hat eine andere Geometrie. Jeder Fahrzeughersteller optimiert an verschiedenen Stellen. Jeder Fahrzeughersteller hat viel Know-how in seine Batterieentwicklung gesteckt, wobei die Batteriesysteme untereinander nicht kompatibel sind. Auch ist es leicht zu verstehen, dass ein Kleinwagen sicher andere Batterieabmessungen besitzen wird, als eine große Limousine.

Die heutigen Tankstellenbetreiber leben davon, dass die Tankeinfüllstützen bei allen Fahrzeugherstellern in gleicher Weise gestaltet sind und von allen genutzt werden können.

Wie sieht es aber nun mit Batteriewechselsystemen aus?

Alle Fahrzeughersteller davon zu überzeugen, dass sie die gleiche Batterie in ihre Fahrzeuge einzubauen, ist ein Ansatz, der von vornherein zum Scheitern verurteilt ist. Neben vielen technischen und sachlichen Gründen, steht diesem Vorschlag auch der Know-how-Schutz im Weg.

Ein Batteriewechselstationsbetreiber würde sich folgende Fragen stellen:
- Wie viele verschiedene Batteriesysteme von den verschiedenen Fahrzeugherstellern muss ich bevorraten?
- Wie lade ich ausgebaute Fahrzeugbatterien sicher und schnell wieder auf?

- Wie sieht das Equipment für den Batteriewechsel aus?
- Brauche ich für jedes Fahrzeug ein anderes vollautomatisches System?
- Wer zahlt das alles?

Ein Elektromobilist müsste sich folgende Punkte überlegen:
- Ich habe ein neues Auto mit neuer Batterie, dann bekomme ich eine „Alte", reicht mir die Reichweite?
- Wer übernimmt die Garantie?
- Was ist, wenn an der Batteriewechselstation keine volle Batterie verfügbar ist?

Es gibt dennoch durchaus Anwendungen, in denen Batteriewechselsysteme ihre Vorteile ausspielen können. Nehmen wir beispielsweise einen Flottenbetreiber. Er hat viele gleiche Fahrzeuge, mit denen am besten dann gut Geld zu verdienen ist, wenn sie möglichst lange und viel fahren und dabei immer wieder an einen zentralen Standort zurückkehren, um neue Ware zu laden. Dabei könnte gleichzeitig die Batterie getauscht werden und volle Reichweite steht wieder zur Verfügung. Während das Fahrzeug unterwegs ist, kann am zentralen Betriebshof die ausgebaute Batterie aufgeladen werden.

Besonders interessant kann dies auch für Speditionen sein. Während ein Privat-PKW am Tag ca. 1 h fährt und 23 h steht, sollte das bei Spediteuren am liebsten umgekehrt sein. Nur ein fahrender LKW verdient Geld. Vorschriften für Lenkzeiten müssen dabei natürlich eingehalten werden. Wird ein LKW an einer Frachtverteilzentrale umgeladen, so könnte nach Fahrer- und Batteriewechsel auch ein Elektro-LKW in Minutenschnelle wieder unterwegs sein.

Somit finden sich immer wieder findige Forscher und Start-ups, welche das Thema Batteriewechsel neu denken und Lösungen entwickeln. Es bleibt spannend, diese Entwicklungen weiter zu beobachten.

3.6 Elektrolytaustausch (Redox-Flow-Batterien)

Ähnlich spannend ist das Batteriethema Redox-Flow. Während es bei den stationären Batteriespeichersystemen schon Lösungen im Markt gibt, wird im mobilen Sektor äußerst kontrovers darüber berichtet.

Grundsätzlich hat der Gedanke Charme, abends mit dem leer gefahrenen Akku nach Hause zu kommen und in der Garage die Schläuche für den Elektrolytwechsel an das Fahrzeug anzuschließen. In wenigen Minuten wird der „leer gefahrene" Elektrolyt abgepumpt und frisch „aufgeladener" Elektrolyt ins Fahrzeug gepumpt. In wenigen Minuten besitzt das Fahrzeug wieder volle Reichweite und dies alles ohne umweltschädliche Substanzen oder besondere Gefahrgutauflagen. Der abgepumpte Elektrolyt wird anschließend wieder aufgeladen, am besten am nächsten Tag über die eigene PV-Anlage.

Die Batterie besteht aus zwei Tanks mit „positivem" und „negativem" Elektrolyt, der durch Pumpen bei Bedarf in die Zelle geleitet (**Bild 3.18**) wird. Der entladene Elektrolyt wird in die Tanks zurückgeführt. Die Vanadium-Elektrolyte besitzen eine vernachlässigbar geringe Selbstentladung und sollen nahezu keinen Kapazitätsverlust haben. Aufgrund der vergleichsweise geringen Energiedichte ist diese Technologie für Fahrzeuganwendungen nicht geeignet.

In jedem Fall ist es zu begrüßen, wenn andere Technologien erforscht werden.

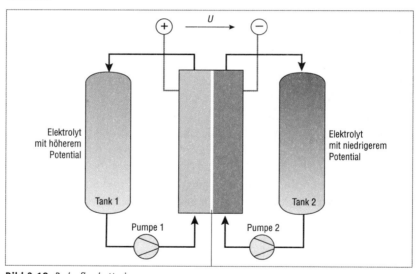

Bild 3.18 *Redoxflowbatterie*

4 Sicheres Laden durch normative Vorgaben

Inzwischen wurde viel über nahezu unglaubliche Ladeleistungen und verschiedene Ladeverfahren berichtet. Damit trotzdem ein Maximum an Sicherheit, bei gleichzeitig möglichst einfacher Bedienung durch jeden Endkunden gegeben ist, wurde speziell für die Elektromobilität normativ einiges auf den Weg gebracht. Wie bei jeder neuen Technologie mussten auch hier Erfahrungen gesammelt werden, die in präzisere und klarere Beschreibungen Einzug gehalten haben. Von der Stromerzeugung, über den Zählerplatz bis hin zum Elektrofahrzeug bestehen Regeln, die sowohl die Hersteller als auch die Elektroinstallateure gut kennen und einhalten.

Darum schon vorab an dieser Stelle: Bastler und Laien haben bei dem Aufbau und der Installation von Ladepunkten nichts verloren. Sie besitzen keine Berechtigung, diese Arbeiten auszuführen, kennen weder die Regeln und Vorschriften, die es einzuhalten gilt, noch sind sie sich der Gefahr bewusst, der sie sich selbst und andere Menschen aussetzen!

Darum der Appell an alle, die dieses Buch lesen und nicht Elektrofachkraft sind: Vertrauen Sie bei der Installation von Ladeinfrastruktur ausschließlich auf die Kompetenz des gut ausgebildeten und erfahrenen Fachhandwerks!

4.1 Rückblick: Steckervielfalt in Europa und der Welt

Andere Länder, andere Sitten. Dieser Spruch gilt nicht nur für die verschiedenen Lebensweisen und Wertvorstellungen unterschiedlicher Kulturkreise, sondern leider auch für die elektrischen Versorgungsnetze und die landestypischen Stecker (**Bild 4.1**). Wer viel in der Welt reist, ist es gewohnt,

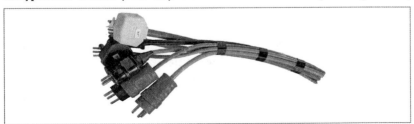

Bild 4.1 *Blumenstrauß einer kleinen Auswahl der in Europa üblichen Netzstecker*

Adapter für alle möglichen Netzsysteme mitzunehmen. Das gilt bereits bei Reisen in Europa und umso mehr für Reisen in die große weite Welt.

Wobei hier immer gilt: in der Regel geht es um die Versorgung kleiner elektrischer Verbraucher, wie beispielsweise dem Laptop, dem Ladegerät fürs Smartphone, den Rasierapparat usw., sodass die zusätzlichen Übergangswiderstände und die geringen Ströme nicht zu Sicherheitsproblemen führen.

Die meisten dieser Steckverbindungen sind ungeeignet, um die beim Laden von Elektrofahrzeugen notwendigen Energiemengen dauerhaft übertragen zu können. Zudem wäre es für die Hersteller von Elektrofahrzeugen fatal, wenn das Fahrzeug für jedes Zielland mit einem anderen Stecksystem ausgestattet werden muss. Wie geht der Fahrer eines Elektrofahrzeugs mit dieser Herausforderung um, wenn er mit seinem Fahrzeug mehrere Länder bereist? Muss er für jedes Land das „richtige" Ladekabel dabeihaben?

Um hier eine tragfähige, leicht und von allen bedienbare Lademöglichkeit zu schaffen, bei der gleichzeitig noch die Sicherheit erhöht wird und der Ladevorgang steuerbar wird, wurden Stecksysteme entwickelt, welche all diese Forderungen berücksichtigen (Abschnitt 4.3)

4.2 Ladeleistungen im Vergleich

Bevor nun in die Details der Ladetechnik eingestiegen wird, vorab noch ein Wort zu den Ladeleistungen im Allgemeinen.

Da die Daten gerne vermischt werden und dadurch falsche Interpretationen entstehen, soll dies an einem Praxisbeispiel verdeutlicht werden. Ein Kunde hat sich einen VW e-UP gekauft, der an „jeder Steckdose" und mit bis zu 40 kW schnell geladen werden kann. Bei dem eingebauten Akku mit 18,7 kWh geht der Kunde davon aus, das in ca. 30 min das Fahrzeug wieder vollständig aufgeladen ist:

$$t = \frac{W}{P} = \frac{18,7\,\text{kWh}}{40\,\text{kW}} < 0,5\,\text{h}$$

Nachdem er seine ersten Fahrerprobungen hinter sich hat und der Akku beinahe leer ist, steckt er das Fahrzeug zu Hause an seine Garagensteckdose an. Nach 30 min kontrolliert er den Ladezustand und stellt fest, dass nicht mal 10 % des Akkus aufgeladen wurden. Natürlich ruft er sofort bei dem Autoverkäufer an, um mitzuteilen, dass etwas nicht stimmen kann. Er bekommt die Erklärung, dass das Ladekabel für die Schukosteckdose nur mit 12 A lädt und das vollständige Aufladen an der Schukosteckdose damit knapp 7 h dauert. Um schneller laden zu können, braucht er eine fest installierte Ladestation, eine sogenannte Wallbox. Die Installation dieser Wallbox darf aber nur ein eingetragener Elektroinstallateur vornehmen. Er fragt bei seinem Elektrofachbetrieb nach, ob es möglich ist, bei ihm zu Hause eine Ladestation mit 40 kW zu installieren. Er erhält zur Antwort, dass dies eher nicht infrage kommen wird, da dies mehr ist, als sein Wohnhaus insgesamt als elektrischen Anschlusswert hat. Möglich sind üblicherweise 11 kW, maximal jedoch 22 kW Ladeleistung. Beim Verteilnetzbetreiber (VNB) anmelden muss man sowieso beide, bei 22 kW ist die vorherige Zustimmung einzuholen. Der Kunde rechnet kurz und kommt zu dem Ergebnis, dass ein 18,7 kWh Akku bei 22 kW in ca. 1 h vollgeladen sein muss. Das wäre ein akzeptables Ergebnis. Er beauftragt seinen Elektriker mit der Anfrage beim VNB. Die Antwort des Netzbetreibers fällt positiv aus, ist jedoch an eine Leistungserhöhung gebunden. Dies bedeutet, gegen einen Baukostenzuschuss gewährt der VNB dem Kunden die höhere Leistung, die zum Betrieb der 22 kW-Ladestation notwendig ist. Der Kunde entscheidet sich dafür, die Kosten zu tragen und beauftragt den Elektrofachbetrieb mit der Installation der 22 kW-Ladestation. Nach erfolgter Installation freut er sich, sein Auto in 1 h aufladen zu können. Als er nach dem ersten Ladeversuch feststellt, dass nach 1 h nicht mal 20 % geladen wurden, schlägt seine Freude in Zorn um!

Fazit:
Bei diesem Beispiel ist jetzt alles schiefgegangen, was aus Unkenntnis schiefgehen kann. Wie bei jeder Kette bestimmt auch beim Laden von Elektrofahrzeugen das schwächste Glied in der Kette, was maximal möglich ist. Die angegebenen 40 kW Ladeleistung gelten für DC-Schnellladestationen. Sowohl die Notladung über die Schukosteckdose, als auch die Wallboxen sind Wechsel-/Drehstromladestationen. Da der VW e-UP lediglich einen 1-phasigen Wechselstromlader besitzt, der mit maximal 16 A, also knapp 3,7 kW laden kann, ist dieser hier das schwächste Glied in der Kette. Eine 22 kW-Ladestation kann zwar mit Blick auf ein zukünftiges Fahrzeug mit stärkerem Laderegler sinnvoll sein, aber bei dem VW e-UP dauert die volle Ladung dann trotzdem über 5 h.

Aus Sicht eines Elektrofachbetriebes ist das alles völlig logisch. Aus der Sicht eines elektrotechnischen Laien, der einfach nur die Zahlen vergleicht, ist Aufklärung notwendig, um nicht, wie im Beispiel passiert, im Nachhinein verärgerte Kunden beruhigen zu müssen. Inzwischen ist der Informationsstand auch in der breiten Öffentlichkeit deutlich angestiegen, sodass solche Fehlinterpretationen immer seltener werden.

Oftmals bieten Fahrzeughersteller lediglich nur eine leistungsschwache 1-phasige Lademöglichkeit an, da diese Laderegler preisgünstiger sind. Zum Aufladen des Fahrzeugs über Nacht reicht dies dann oftmals aus. Die Option einer DC-Schnelllademöglichkeit ist von Vorteil, wenn man unterwegs nach einem kurzen Stopp schnell weiterfahren will.

Bei neueren Fahrzeugmodellen geht der Trend aus mehreren Gründen, vor allem um auch mit Wechsel- oder Drehstrom die größer werdenden Akkus in praxistauglichen Zeitspannen laden zu können, zu 2- oder 3-phasigen Fahrzeugladereglern. Wobei aus Sicht der VNB die 3-phasige Variante aus Symmetriegründen die optimale Lösung darstellt.

Einige Zahlenbeispiele für Ladezeiten laut Herstellerangaben oder eigener Messung finden sich in **Tabelle 4.1**.

Fahrzeug	Ladeart							
	Schuko-Ladekabel 12 A		Wallbox 11 kW		Wallbox 22 kW		DC-Schnelllader 50 kW	
	Ladeleistung in kW	Ladezeit in h	Ladeleistung in kW	Ladezeit in h	Ladeleistung in kW	Ladezeit in h	Ladeleistung in kW	Ladezeit in h
VW e-UP Akku 18,7 kWh AC 3,7 kW		6,8		5,1		5,1		–
VW e-UP Akku 18,7 kWh AC 3,7/DC 40 kW	2,76	6,8	3,7	5,1	3,7	5,1	40	ca. 0,5
VW e-Golf Akku 31,5 kWh AC 7,2/DC 40 kW	2,76	13	3,6	4,5	7	4,5	40	ca. 0,5
Renault ZOE Akku 22 kWh AC 22 kW	2,76	9,4	11	2,4	22	1,2	–	–
Renault ZOE Akku 41 kWh AC 22 kW }	2,76	14,9	11	3,7	22	1,9	–	–
Porsche Taycan Akku 93,4 kWh AC 11/DC 270 kW	2,76	29	11	9	11	9	50 (Sonderfall HPC)	ca. 2,0 (270 kW/ 0,5 h)
Tesla Model S Akku 100 kWh AC 11/DC 120 kW	2,76	36,2	11	9,1	11	9,1	50 (Sonderfall Tesla Supercharger)	ca. 2,5 (120 kW/ 0,8 h)

Tabelle 4.1 *Ladezeiten ausgewählter Elektrofahrzeuge in Abhängigkeit von verschiedenen Rahmenbedingungen*

Anhand dieser wenigen Fahrzeugbeispiele ist schon gut zu erkennen, dass bei größeren Akkukapazitäten der Wunsch nach höherer Ladeleistung durchaus berechtigt ist, da ansonsten die Ladezeiten unangenehm lange Zeitspannen umfassen.

Die Rechnung Kapazität/Ladeleistung = Ladezeit stimmt laut Tabelle 4.1 ebenfalls nicht! Ein weiterer Grund sind Ladeverluste und eventuelle Schutzfunktionen durch das Batteriemanagementsystem. Einen wesentlich stärkeren Einfluss hat das, bereits erwähnte, sogenannte Balancing. Da sich das Balancing beim Laden mit hohen Leistungen im Zeitanteil viel stärker bemerkbar macht, wird beim DC-Laden gerne die Ladezeit bis 80 % SOC (state of charge) angegeben. Wenn der Akku in 0,5 h zu 80 % geladen ist, klingt dies viel besser als die Angabe, der Akku ist in 1,5 h ganz vollgeladen, wenn das Balancing eine 1 h dauert. Da das AC-Laden ohnehin langsamer ist, fällt die Zeit durch das Balancing dort nicht so sehr ins Gewicht.

Noch einmal zurück zu der Aussage „das schwächste Glied in der Kette bestimmt die Ladeleistung". Angenommen das Elektrofahrzeug besitzt einen Laderegler mit 22 kW, auch die Ladestation kann 22 kW liefern, dennoch dauert das Laden doppelt so lange wie erwartet! Grund dafür ist ein wichtiges Sicherheitsmerkmal, welches für das Laden von Elektrofahrzeugen entwickelt worden ist, um Überlastsituationen zu vermeiden. Die Ladestation erkennt, welche Stromtragfähigkeit eine angeschlossene Ladeleitung besitzt. Wird die maximal erlaubte Ladeleistung reduziert, erhöht sich die Ladezeit entsprechend. Es liegt also hier kein Fehler oder Defekt vor.

Um all die genannten Sicherheitsmerkmale und funktionalen Aspekte in die Ladeinfrastruktur zu implementieren, sind die klassischen „Haushaltssteckdosen" ungeeignet. Es wurden die in den nachfolgenden Abschnitten vorgestellten Stecksysteme und Anforderungen definiert.

Noch eine Bemerkung zu den Ladeleistungen: Bei den genannten Werten handelt es sich immer um Maximalwerte, die das Ladesystem insgesamt (Ladestation, Ladekabel, Laderegler im Fahrzeug oder in DC-Ladestation) zulässt. Dieser Wert darf vom System unter keinen Umständen überschritten werden. Der Ladestrom, der tatsächlich fließt, kann dennoch deutlich niedriger sein, wenn das Batteriemanagementsystem (BMS) dieses vorgibt. Ist der Akku beispielsweise nahezu voll, dann wird die Ladeleistung reduziert. Wurde das Fahrzeug in der vorausgegangenen Fahrt extrem belastet und der Akku ist demzufolge zu heiß, dann wird das BMS die Ladeleistung ebenfalls auf sinnvolle Grenzen reduzieren. Genau das gleiche kann der Fall sein, wenn das Fahrzeug in kalten Wintermonaten im Freien steht und der

Akku zu kalt für die volle Ladeleistung ist. So gibt es eine ganze Reihe weiterer Einflussfaktoren, welche alle vom BMS berücksichtigt werden, um die teure Traktionsbatterie möglichst gut zu schützen und eine lange Lebensdauer zu erzielen.

4.3 Steckernormung nach IEC 62196

Grundsätzlich ist es nicht die Aufgabe von Normengremien, die Produkte einzelner Firmen zu zertifizieren. Vielmehr gilt es, die Spezifikationen festzulegen, die ein Produkt erfüllen muss, um für eine bestimmte Aufgabe als tauglich zu gelten. Bei den Stecksystemen sind dies im Wesentlichen die Anforderungen an elektrische und mechanische Eigenschaften, wie auch die Spannungsfestigkeit, die Beständigkeit gegen chemische Einflüsse, die Abmessungen der einzelnen Bauteile, die Eignung für häufige Steckzyklen usw.

So sind in der IEC 62196 Teil 1 die allgemeinen Anforderungen definiert. Teil 2 enthält die detaillierte Spezifikationen für Stecksysteme für das AC-Laden und Teil 3 für das DC-Laden.

Die Steckersysteme sind derart gestaltet, dass Verlängerungsleitungen, Adapterlösungen usw. nicht zulässig sind. Manipulierte Ladekabel, selbstentworfene Bastlerlösungen usw. hebeln die gesetzten Sicherheitsmerkmale außer Kraft und gefährden Beteiligte wie auch Unbeteiligte. Der Autor bittet alle Leser eindringlich: Verwenden Sie nur zertifizierte Systeme und wenn Sie im Vertrieb/in der Beratung arbeiten, empfehlen Sie Ihren Kunden auch nichts Anderes.

4.3.1 Stecksysteme für das AC-Laden

Für das AC-Laden sind in der IEC 62196 Teil 2 drei Stecksysteme (**Bild 4.2**) ausgewiesen:
- Typ 1,
- Typ 2,
- Typ 3.

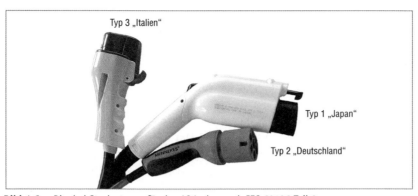

Bild 4.2 *Die drei Steckertypen für das AC-Laden nach IEC 62196 Teil 2*

Typ 1

Der Stecker vom Typ 1 (**Bild 4.3**) wurde von Yazaki in Japan entwickelt und wird auch gerne noch als Yazaki-Stecker bezeichnet. Offiziell trägt er die Bezeichnung SAE J1772/2009 von der Society of Automotive Engineers. Neben Japan ist er in Amerika weit verbreitet und wurde als Typ 1 in die IEC 62196 Teil 2 übernommen.

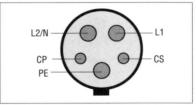

Bild 4.3 *Anschlussbelegung beim Ladestecker vom Typ 1*

Bei diesem Stecker handelt es sich um ein 1-phasiges Bauteil, welches bis 32 A, also bis 7,4 kW geeignet ist. Da im deutschen Drehstromsystem eine maximale Schieflast von 4,6 kVA zulässig ist, können bei uns nur bis zu 20 A genutzt werden. Mit dem control pilot (CP) findet die Basiskommunikation zwischen Ladestation und Elektrofahrzeug statt. Der CS dient zur Erkennung der Stromtragfähigkeit der Ladeleitung (vergleichbar zum proximity pilot PP beim Stecker Typ 2).

Typ 2

Das Bestreben in Deutschland war es, ein Stecksystem zu entwickeln, welches sowohl für den 1-phasigen wie auch den 3-phasigen Betrieb mit möglichst hohen Strömen geeignet ist. So ist es gelungen ein Steckersystem zu entwickeln, welches im AC-Betrieb bis 63 A eingesetzt werden kann! Dies entspricht einer Ladeleistung von maximal 43,5 kW.

Zum Vergleich: der Zählerplatz in vielen Einfamilienhäusern in der Bundesrepublik Deutschland ist lediglich mit 35 A (ca. 24 kW) oder 50 A (ca. 35 kW) abgesichert. Dies bedeutet, dass dieser „kleine" Stecker (**Bild 4.4**) weit mehr Energie übertragen kann, als ein Haus in Deutschland benötigt!

Im Foto ist zu erkennen, dass der Anschlussstift des PP-Kontaktes (proximity pilot) noch leicht an der rechten Kante der Öffnung zu sehen ist, wohingegen beim CP-Kontakt (control pilot) anscheinend ein leeres Loch vorliegt. Dies ist absichtlich so konstruiert. Der CP-Anschlussstift sitzt deutlich tiefer, damit er beim Einstecken als letzter eine Verbindung herstellt. Über ihn findet die Kommunikation zwischen Ladestation und Fahrzeug statt. Solange der Stecker nicht vollständig eingesteckt ist, gibt es keine Kommunikation und somit auch kein Laden.

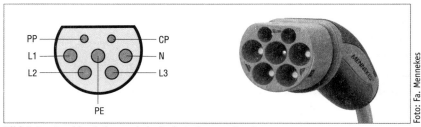

Bild 4.4 *Anschlussbelegung beim Ladestecker vom Typ 2*

Typ 3

In Italien entwickelte die Firma Scame ebenfalls ein Stecksystem für das Laden von Elektrofahrzeugen, das sowohl für 1-phasiges als auch für 3-phasiges Laden eingesetzt werden sollte. Hintergrund der Entwicklung war die Tatsache, dass zehn europäische Länder für von Laien bedienbare Steckdosen einen zusätzlichen Berührungsschutz vorschreiben. Diesen hatte das System nach Typ 2 nicht vorzuweisen. Wie in Bild 4.2 zu erkennen ist, hat das Stecksystem vom Typ 3 einen Klappdeckel vor den Kontakten.

Ein großer Nachteil des Systems vom Typ 3 ist jedoch der Umstand, dass nicht eine einzige Geometrie für die verschiedenen Ladeleistungen Anwendung findet, sondern dass drei unterschiedliche Geometrien (**Bild 4.5**) definiert wurden, welche untereinander nicht kompatibel sind! Da zwischen Ladeinfrastruktur und Elektrofahrzeug keine Adapter oder sonstige Verbindungsstücke zugelassen sind, bedeutet dies für den Fahrer eines Elektrofahrzeugs, dass er im schlimmsten Fall drei verschiedene Ladekabel mitführen muss, um an jeder Ladestation laden zu können.

4.3 Steckernormung nach IEC 62196

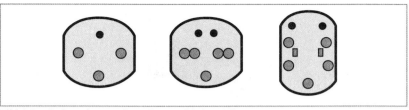

Bild 4.5 *Ladestecker vom Typ 3 für verschiedene Leistungen*

Ein weiterer Nachteil gegenüber dem Stecksystem vom Typ 2 ist die maximale Ladeleistung von 22 kW (32 A).

Gemeinsamkeiten

Für alle drei Stecksysteme finden die gleichen Kommunikationsprotokolle Anwendung, sodass von dieser Seite eine Kombination der verschiedenen Systeme denkbar wäre. Das Wirr-Warr an Kombinationsmöglichkeiten wäre dennoch schädlich. Ein normaler Endkunde verliert dann sofort das Vertrauen in die Technologie und hält von der Elektromobilität Abstand, wenn das so kompliziert sein muss.

Im Vergleich dazu ist es bei Fahrzeugen mit Verbrennungsmotor ganz einfach: Für Benzin, Diesel, CNG oder LPG gibt es ein Tanksystem, welches von allen Fahrzeugherstellern angewendet wird. So muss es auch ein Stecksystem geben, welches für das Laden von Elektrofahrzeugen von allen Herstellern gleichermaßen angewendet wird. Deshalb hatte die EU-Kommission die Aufgabe, einen Standard für Europa festzulegen. Typ 1 war aufgrund der geringen elektrischen Leistung und der Einphasigkeit nicht die erste Wahl. Typ 2 hatte die besseren elektrischen Daten bei einer einzigen Geometrie, erfüllte aber die Forderung nach dem zusätzlichen Berührungsschutz nicht. Diese Entscheidungsfindung dauerte dann letztlich mehrere Jahre und wurde nur dadurch gelöst, dass die Firma Mennekes im November 2012 einen Vorsatz für die Ladedosen vom Typ 2 (**Bild 4.6**) vorstellte, welcher die Forderung nach zusätzlichem Berührungsschutz erfüllte.

Der Ladestecker wird 45° versetzt in die Öffnung gesteckt, nach links gedreht, womit die Verschlussblende geöffnet und das vollständige Einstecken ermöglicht wird. Dadurch ist auch bei diesem System eine einfache Handbedienung möglich.

Die EU-Kommission hat daraufhin am 24.01.2013 das Stecksystem als Standard für Europa empfohlen. Dies bedeutet für alle Fahrzeughersteller, die seit 2017 neu entwickelte Fahrzeuge auf dem europäischen Markt ab-

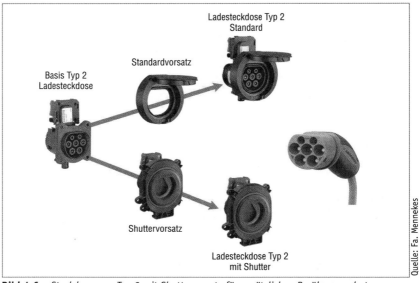

Bild 4.6 *Steckdose vom Typ 2 mit Shuttervorsatz für zusätzlichen Berührungsschutz*

setzen wollen, dass sie diese mit einer Ladeeinrichtung vom Typ 2 ausstatten müssen. Für Ladeinfrastrukturhersteller bedeutet dies, dass für alle öffentlichen AC-Ladestationen wenigstens eine Steckmöglichkeit vom Typ 2 vorzusehen ist. Die präzise Formulierung ist in der Ladesäulenverordnung vom 01.06. 2017 [20] unter § 3 Absatz 2 nachzulesen.

Für die Fahrer von älteren Fahrzeugen mit Ladesteckvorrichtung von Typ 1 bedeutet dies im Grunde keine Einschränkung. Sie benötigen lediglich ein Ladekabel, das auf der Ladeinfrastrukturseite einen Stecker vom Typ 2 besitzt und auf der Fahrzeugseite mit Typ 1 ausgestattet ist. Da die Kommunikation beim AC-Laden vom Steckertyp unabhängig ist, funktioniert das Laden problemlos. Somit wird kein im Markt befindliches Fahrzeug vom Laden an öffentlichen Ladestationen ausgegrenzt.

4.3.2 Stecksysteme für das DC-Laden

Anders als beim AC-Laden befinden sich DC-Lade-Systeme am Markt, welche nicht nur von der Steckergeometrie, sondern zusätzlich auch vom Kommunikationsprotokoll her nicht kompatibel sind. Allen voran, sind die bereits in Abschnitt 3.2 erwähnten Systeme CCS und CHAdeMO zu nennen. Da hier die Steckersysteme auf dem internationalen Markt noch etwas vielfältiger vertreten sind, beschränkt sich die vorliegende Beschreibung auf die für den europäischen Markt relevanten Stecksysteme. Da bei DC-Ladestationen die Ladeleitung immer fest an der Ladestation angeschlossen ist, sind solche Zwischenlösungen wie beim AC-Laden (von Typ 2 auf Typ 1) nicht möglich.

In der IEC 62196 Teil 3 sind die Stecksysteme für das DC-Laden definiert.

Typ 2 DC low

Das Stecksystem vom Typ 2 kann natürlich nicht nur für Wechsel- und Drehstrom eingesetzt werden, es eignet sich genauso für Gleichstrom (**Bild 4.7**).

Zwei Hochstromkontakte werden für + und − des Gleichstromkreises genutzt und können bis zu maximal 80 A belastet werden. Der mögliche Einsatz für Ladeleistungen unterhalb von 50 kW ist in der Praxis jedoch sehr selten anzutreffen.

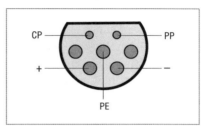

Bild 4.7 *Ladebuchse vom Typ 2 für DC low-Ladung*

CCS auf Basis Typ 2

Um höhere Ladeströme zu ermöglichen, wurde in Europa der CCS-Standard (combined charging system) eingeführt. Das Stecksystem dafür beruht in Europa auf Typ 2 und besitzt zusätzlich zwei hochstromfähige Kontakte (**Bild 4.8**).

Dieses Stecksystem besitzt den Vorteil, dass mit einem einzigen Fahrzeuginlet sowohl das DC-Schnellladen als auch das AC-Laden möglich ist. Erkennt das Fahrzeug den CCS-Stecker, so wird mittels der Kommunikation über CP das DC-Laden gesteuert. Ist lediglich ein Typ-2-Stecker eingesteckt, wird das AC-Laden genutzt. Der CCS-Standard wurde ursprünglich für Ladeleistungen

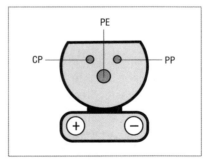

Bild 4.8 *Combined Charging System (CCS) mit Hochstromkontakten*

bis 150 kW entwickelt, erstreckt sich inzwischen auf bis zu mehreren 100 kW.

In **Bild 4.9** ist das Fahrzeuginlet eines e-Golfs, 2017er Modell, abgebildet. Neben den Hochstromkontakten sind die Anschlussstifte für PE, CP und PP für die Kommunikation usw. sowie für die AC-Energieübertragung N, L1 und L2 bestückt.

Bild 4.9 CCS-Fahrzeuginlet eines VW e-Golfs

Gut zu erkennen ist der unbestückte L3-Anschluss sowie der tieferliegende Kommunikationsanschluss CP. Wird die DC-Ladung mittels CCS-Stecker genutzt, kann mit bis zu 40 kW Ladeleistung geladen werden. Wird eine 3-phasige AC-Ladestation mit Typ-2-Stecker genutzt, dann ist nur der obere Teil des Inlets im Einsatz. Der VW e-Golf arbeitet hier mit einem 2-phasigen Laderegler mit maximal 7,2 kW Ladeleistung.

Das CCS hat sich in Europa als Standard durchgesetzt und wird für die DC-Ladung von den europäischen Fahrzeugherstellern implementiert.

Das CCS-Stecksystem wird auch für das High Power Charging (siehe auch Abschnitt 3.3) eingesetzt, wobei bei dieser Anwendung die Ladeleitung und der Ladestecker flüssigkeitsgekühlt werden, damit die angestrebten hohen Ladeleistungen von über 400 kW möglich werden, ohne dass die Leiterquerschnitte immens anwachsen müssen.

CHAdeMO

Bereits zu einem sehr frühen Stadium der neu auflebenden Elektromobilität wurde im Jahr 2010 in Japan der DC-Ladestandard CHAdeMO entwickelt und ein geeignetes Stecksystem (**Bild 4.10**) entworfen.

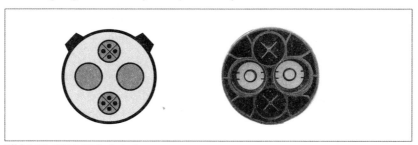

Bild 4.10 CHAdeMO-Ladestecker

Die Abkürzung wird gerne aus der Bezeichnung Charge de Move hergeleitet. Sinngemäß wird immer wieder die japanische Übersetzung von *„Wie wäre es mit einer Tasse Tee"* als Namensgeber angeführt: *„Ocha wa ikagadesu ka"* oder *„Ocha demo ikaga desuka"*. Was wörtlich zwar nicht ganz passt, dennoch aber sehr schön den Zusammenhang darstellt: Bis die Tasse Tee getrunken ist, ist auch das Elektrofahrzeug wieder aufgeladen.

Neben den beiden Hochstromkontakten gibt es eine Reihe weiterer Kontakte für die Kommunikation zwischen Ladestation und Elektrofahrzeug, Temperaturüberwachung, Schutzfunktionen usw.

Ursprünglich für Ladeleistungen bis 100 kW entwickelt, werden zukünftig bis zu 400 kW Ladeleistung angestrebt.

Der CHAdeMO-Standard wurde von den Entwicklern von Anfang an für bidirektionales Laden entworfen und soll damit einen Beitrag zur Stabilisierung des Stromversorgungsnetzes leisten.

Da viele, vor allem aus dem asiatischen Raum importierte, Elektrofahrzeuge für das DC-Schnellladen den CHAdeMO-Standard nutzen, sind auch viele Schnellladestationen in Deutschland mit CHAdeMO ausgestattet. Meist werden im öffentlichen Raum, wie bereits erwähnt, sogenannte Triple Charger (siehe Abschnitt 3.2) aufgestellt.

Neben den hier vorgestellten Systemen gibt es vor allem im ferneren Ausland noch verschiedene CCS-Steckervarianten, welche hier nicht weiter berücksichtigt werden.

4.4 Anforderungen an Ladesysteme und Elektrofahrzeuge nach VDE 0122 (IEC 61851)

Neben der Bedeutung eines einheitlichen Stecksystems ist eine weitere elementare Rahmenbedingung die einheitlichen Anforderungen an die Ladesysteme und die Elektrofahrzeuge für das leitungsgebundene/konduktive Laden von Elektrofahrzeugen. Die bereits mehrmals und zuletzt in 12/2019 überarbeitete internationale Norm DIN EN IEC 61851-1 ist unter VDE 0122-1 in das deutsche Normenwesen übernommen worden. Behandelt werden die Ladeeinrichtungen und alle zusätzlichen Betriebsfunktionen des Fahrzeugs für, nach IEC 60038 genormten, Wechselspannungen bis 1.000 V und Gleichspannungen bis 1.500 V, wenn das Elektrofahrzeug mit dem Stromversorgungsnetz verbunden ist. Die Norm gilt neben der Aufladung von reinen batterieelektrischen Fahrzeugen auch für Plug-in-

Hybrid-Fahrzeuge, wenn diese über das Stromversorgungsnetz aufgeladen werden. Beschrieben werden dabei nicht nur die elektrischen Parameter und Kenngrößen, sondern auch die Schnittstellen der Systeme. Bezüglich der Gleichstromladung wurden Ergänzungen auf Basis der Vorschläge aus der Industrie aufgenommen.

4.4.1 Ladebetriebsarten im Überblick

Ein ganz wesentlicher Aspekt in der DIN EN IEC 61851-1 (VDE 0122-1):2019-12 ist die Klassifizierung des Ladens von Elektrofahrzeugen mit Wechsel- und Gleichspannung in vier Betriebsarten (engl. Mode). Allen Wechselstrom-Betriebsarten wurden neben den technischen Anforderungen und des erreichbaren Sicherheitsniveaus entsprechende Grenzwerte zugeordnet. **Tabelle 4.2** gibt einen Kurzüberblick, bevor sich eine ausführlichere Beschreibung einer jeder Betriebsart anschließt.

Aus Sicht deutscher Verteilnetzbetreiber wäre es ideal, wenn alle Fahrzeughersteller ihre Elektrofahrzeuge mit 3-phasigen Ladereglern ausstatten würden, da dies automatisch eine symmetrische Netzbelastung bedeutet und das Thema „maximal zulässige Schieflast" (siehe Tabelle 4.2, Zeile 6) keine Bedeutung mehr hätte. Da die Stromversorgungsnetze weltweit jedoch verschieden sind, ist es schwer, diesen Wunsch durchzusetzen.

Parameter	Mode 1	Mode 2	Mode 3	Mode 4
Spannung	AC	AC	AC	DC
Kommunikation	–	PWM-Modul im Ladekabel [21]	PWM-Modul in der Ladestation	Erweiterte Kommunikation in Ladestation
Verriegelung	im Fahrzeug (evtl. fest mit Fahrzeug verbunden)	im Fahrzeug	im Fahrzeug und in der Ladestation	im Fahrzeug und in der Ladestation fest angeschlossen
max. Strom in A	16	32	63/80 (Wertebereich des PWM-Signals)	mehrere 100 (kein Grenzwert in DIN EN 61851-1)
Leistung in kW 1-/3-phasig	3,7/11	(7,4)/22 1-phasig in D max. 4,6	(14,5)/43,5 1-phasig in D max. 4,6	Ziel: 500 [22] [23]

Tabelle 4.2 *Die vier Ladebetriebsarten nach VDE 0122-1 (IEC 61851-1) im Überblick*

4.4.2 Ladebetriebsart 1 (Mode 1)

In der Ladebetriebsart 1 findet das Laden an einer Standardsteckdose statt. Dieses Ladeverfahren wird aktuell nur bei Kleinfahrzeugen wie e-Bikes, e-Scootern usw. eingesetzt. Beispielsweise hat auch der Renault Twizy ein fest eingebautes 230-V-Ladekabel und wird zum Laden direkt in eine Standardsteckdose mit vorgeschaltetem RCD gesteckt.

Bei diesem Ladeverfahren gibt es keinerlei Kommunikation zwischen Stromversorgung und dem „Elektrofahrzeug". Der Stecker wird in der Steckdose nicht verriegelt und kann selbst während das Laden in vollem Gange ist, aus der Steckdose gezogen werden. Zudem ist dem Nutzer meist nicht bekannt, ob noch weitere Verbraucher am gleichen Steckdosenstromkreis angeschlossen sind, was bei Überlast zum Auslösen der Schutzorgane führen kann.

Diese Ladebetriebsart weist das geringste Sicherheitsniveau aus. In Deutschland findet die Ladebetriebsart 1 beim Laden von Elektrofahrzeugen keine Anwendung.

4.4.3 Ladebetriebsart 2 (Mode 2)

Bei der Ladebetriebsart 2 (**Bild 4.11**) findet das Laden ebenfalls an einer Standardsteckdose statt. Der Unterschied zu Mode 1 besteht in der im „Ladekabel" integrierten Kommunikations- und Sicherheitsbaugruppe. Für diese Baugruppe werden verschiedene Bezeichnungen in der Literatur verwendet u. a.:

- ICCB in cable control box
  (ladeleitungsintegrierte Funktionsbox),
- IC-CPD in cable control and protection device
  (ladeleitungsintegrierte Steuerungs- und Schutzeinrichtung).

Bei diesem Ladeverfahren findet zwischen der ICCB/IC-CPD und dem Elektrofahrzeug eine Basiskommunikation mittels pulsweitenmoduliertem Sig-

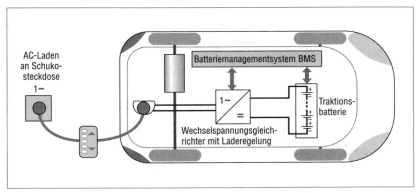

Bild 4.11 *Ladebetriebsart 2 mit Notladekabel an einer Schukosteckdose*

nal (PWM-Signal) statt. Diese Kommunikation ist identisch zur Kommunikation in der Ladebetriebsart 3. Dadurch kann gegenüber Ladebetriebsart 1 ein etwas höheres Sicherheitsniveau erreicht werden.

Bei dieser Ladebetriebsart wird die Ladebuchse des Ladekabels im Fahrzeug verriegelt. Wenn das Elektrofahrzeug nicht ladebereit ist (z. B., weil der Akku zu voll oder zu heiß ist), wird keine Spannung auf die Ladebuchse geschaltet.

Bei modernen, normkonformen Mode 2 Ladekabeln findet zusätzlich eine Überwachung auf Gleichstromfehler statt, bei Überschreiten der Grenzwerte erfolgt ein Abbruch des Ladens.

Weiter wird oftmals auf Netzanschlussseite die Temperatur der Kontaktstifte gemessen. Wird eine erhöhte Temperatur gemessen, weist die ICCB/IC-CPD den Laderegler im Fahrzeug an, die Strom-/Leistungsaufnahme zu reduzieren. Steigt die Temperatur trotzdem weiter an, so wird der Ladevorgang letztlich ganz unterbrochen.

Viele ICCB/IC-CPD geben dem Nutzer darüber hinaus die Möglichkeit, den Ladestrom von vornherein auf einen niedrigeren Wert einzustellen, die Frage ist nur, welcher Nutzer will die Ladeleistung reduzieren?

Warum hat der Autor in der Bildunterschrift von Bild 4.11 das Wort „Notladekabel" verwendet?

Trotz all dieser erweiterten Sicherheitsmerkmale ist auch bei diesem Ladeverfahren ein Ausstecken unter Volllast auf Netzseite möglich, da nur auf der Fahrzeugseite eine Steckerverriegelung erfolgt.

Das Laden eines Elektrofahrzeugs stellt eine Dauerlast dar. Dies bedeutet, dass der Strom über viele Stunden fließt und eine entsprechende Verlustwärme in den Komponenten produziert wird (siehe **Bild 4.12**).

Auf Schukosteckdosen werden zwar meist 16 A als Maximalstrom angegeben. Dies gilt in aller Regel aber nur für den Kurzzeitbetrieb, wie dieser

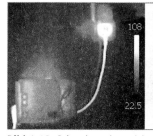

Bild 4.12 *Schutzkontaktsteckdose bei 16 A Dauerlast, kurz nach dem Ausstecken, nach längerer Betriebszeit*

beispielsweise beim Haare föhnen gegeben ist. Die lange Hitzeeinwirkung bringt nicht nur optisch einen negativen Effekt mit sich. Auch die Zuleitung wird durch die starke Hitze beeinflusst, über die zulässigen Grenzwerte erhitzt, was zur Versprödung der Isolierung und schlechteren Isolationswerten führen kann. Für 16 A Dauerstrom wurden zwar auch bereits Schukosteckdosen entwickelt, diese sind in klassischen Hausinstallationen dennoch nicht verbaut.

Vor diesem Hintergrund hat der Autor den Begriff „Notladekabel" verwendet. Denn durch die Mode 2-Ladung ist man in der Lage, auch an Standardsteckdosen laden zu können. Dies ist vor allem dann wichtig, wenn man keine festinstallierte Ladestation antrifft. In der Not kann man damit immer laden und darum ist es auch gut und wichtig, dass es die Mode 2-Ladebetriebsart gibt. Aber sie als permanente Lademöglichkeit zu nutzen, ist keine Ideallösung.

Auch hier ist dem elektrotechnischen Laien in der Regel nicht bekannt, ob noch weitere Verbraucher am gleichen Steckdosenstromkreis angeschlossen sind. Wird die Leitung überlastet, schalten die vorgeschalteten Schutzorgane (z. B Leitungsschutzschalter) ab, was einen Ladeabbruch zur Folge hätte. Zwar wäre damit die elektrotechnische Sicherheit gegeben, ist aber beispielsweise eine Gefriertruhe am gleichen Stromkreis angeschlossen und wertvolle Lebensmittel tauen auf/verderben, dann wäre doch ein Schaden eingetreten.

Bei einem 1-phasigen Mode 2 Ladekabel liegt der maximale Ladestrom meist bei 12 A oder 13 A. Dadurch ergeben sich die in Tabelle 4.2 vorgestellten Ladezeiten. Vor allem bei größeren Akkukapazitäten dauert es dann schon unattraktiv lange.

In der Norm DIN EN IEC 61851-1 (VDE 0122-1):2019-12 (siehe Tabelle 4.2 dieses Buches) ist die Ladebetriebsart 2, da das Sicherheitsniveau gegenüber Mode 1 in gewisser Weise verbessert ist, mit bis zu 32 A definiert. Mit 3-phasigen Mode 2 Ladekabeln können damit Ladeleistungen bis 22 kW realisiert werden. Angeschlossen werden diese Ladekabel dann an CEE-Steckdosen mit entsprechender Leistung. Alle bereits zuvor angeführten Argumente gelten auch für diese Anwendungen. Damit diese Ladekabel auch an „normale" Haushaltssteckdosen angeschlossen werden können, bieten die Hersteller Adapter für alle erdenklichen Konstellationen an. Gerne wird mit Formulierungen geworben, die beispielsweise lauten: „... *ersetzt die festinstallierte Wallbox.*", „... *an jedem beliebigen Ort problemlos laden können.*" usw.

Mit diesen kritischen Worten will der Autor nicht die Mode 2-Ladung kritisieren, es ist gut, dass es diese *Notlademöglichkeit* gibt. Sein Ziel ist es, Situationen wie in **Bild 4.13** zu vermeiden.

Eine Situation wie in Bild 4.13 würde auch entstehen, wenn viele Haushalte in einem Straßenzug mit Mode 2 laden, ohne dass der Verteilnetzbetreiber darauf vorbereitet ist. Dies ist besonders gravierend, wenn dazu Mode 2-Ladegeräte höherer Leistung eingesetzt werden.

Steckdosen, die installiert werden, um Elektrofahrzeuge damit zu laden, müssen nach heutigem Stand beim Energieversorger angemeldet werden. Über 12 kW gilt auch hier, dass vorher die Zustimmung des Verteilnetzbetreibers einzuholen ist. Somit unterliegen auch diese Ladekabel den gleichen Bedingungen wie festinstallierte Ladestationen. Zu guter Letzt sind inzwischen gute preisgünstige Wallboxen am Markt, womit ein wichtiger Wettbewerbsvorteil dieser Systeme weitgehend entfällt.

Bild 4.13 *Leistungsmäßig nicht kontrollierbares Laden*

4.4.4 Ladebetriebsart 3 (Mode 3)

Die AC-Ladebetriebsart mit der höchsten elektrischen Sicherheit und der bestmöglichen Funktionssicherheit ist die Ladebetriebsart 3. Hier kommen fest installierte Ladestationen zum Einsatz, die über eine eigene, korrekt berechnete Zuleitung fest mit dem Stromnetz verbunden sind. Das, von einem qualifizierten Elektrofachbetrieb installierte, Gesamtsystem ist normkonform ausgelegt und mit den vorgeschriebenen Schutzorganen ausgestattet.

Ladestationen für die Mode 3-Ladung können sowohl als Wandladestationen, sogenannte Wallboxen (**Bild 4.14**), als auch als Ladesäulen mit einem oder mehreren Ladepunkten ausgeführt sein. Einige am Markt verfügbare

4.4 Anforderungen an Ladesysteme und Elektrofahrzeuge nach VDE 0122 (IEC 61851)

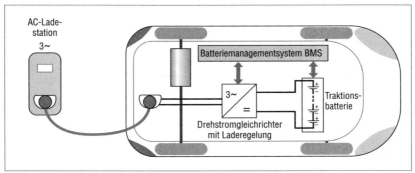

Bild 4.14 Fest installierte Wallbox und beidseitig eingestecktes Ladekabel

Beispiele zeigen die Bilder 3.4 bis 3.10. Darüber hinaus gibt es noch zahlreiche weitere Modelle. Neben der Ausstattung mit einer Ladedose werden Wallboxen gerne mit fest angeschlossenem Ladekabel in privaten Garagen installiert. Das Ladekabel wird dann einfach an der Wallbox aufgerollt und muss nicht umständlich im Kofferraum verstaut werden. Damit wird der gesamte Ladevorgang noch komfortabler.

Das Kommunikationsmodul und die Sicherheitseinrichtungen befinden sich nicht im Ladekabel, sondern in der Ladestation. Bei ganz einfachen Wallboxen fehlt oftmals der RCD, dieser wird dann bei der Installation in die Unterverteilung, aus der die Wallbox versorgt wird, mit installiert. Die Kommunikation mit dem PWM-Signal zwischen Wallbox und Elektrofahrzeug ist identisch mit der bei Ladebetriebsart 2.

Wie in Abschnitt 4.3.1 bereits dargestellt wurde, ist der Kommunikationsstift des Ladesteckers verkürzt ausgeführt. Erst wenn der Ladestecker vollständig in die Wallbox und die Ladekupplung in das Elektrofahrzeug eingesteckt sind, kann die Kommunikation zwischen Wallbox und Elektrofahrzeug stattfinden. Ladestecker und Ladebuchse werden verriegelt und können somit nicht aus Versehen abgesteckt werden. Erst wenn die Ladestation mittels der PWM-Kommunikation erkennt, dass ein Fahrzeug angeschlossen ist und tatsächlich laden möchte, wird die Spannung eingeschaltet, vorausgesetzt, alle weiteren Sicherheitsmerkmale sind erfüllt! Die Verriegelung öffnet erst wieder, wenn die Ladung durch Fahrer oder das Elektrofahrzeug beendet wird, erst dann kann das Ladekabel wieder ausgesteckt werden. Somit ist auch das Ausstecken mit eingeschalteter Spannung unter Volllast normal nicht möglich. Selbst wenn Vandalen die Stecker mit Gewalt aus der Verriegelung reißen, wird als erstes die Kommunikation unterbrochen und die Spannung abgeschaltet, bevor eine Gefahr entstehen kann. Mechanische Beschädigungen bleiben dabei jedoch nicht erspart, aber das gilt für alle anderen Systeme auch.

Neben den Ausstattungen mit den allgemeinen Sicherheitsmerkmalen können Mode 3-Ladestationen je nach beabsichtigtem Einsatzzweck noch viele weitere Leistungsmerkmale besitzen. Einige davon werden hier ohne Wertung einfach aufgezählt, da in Abschnitt 4.4.4.3 bei den verschiedenen Anwendungen detailliertere Beschreibungen folgen:

- einfacher Ladepunkt mit automatischer Freigabe ohne Autorisierung,
- Freigabe mittels externem Schaltkontakt,
- Freigabe mittels Schlüsselschalter,
- Freigabe mittels RFID-Karten (radio frequency identification),
- Freigabe mittels Smartphone (NFC, near field communication),
- LED-Anzeige/LCD-Display,
- verriegelte Blende vor Ladedose,
- Bedienbarkeit per Smartphone-APP,
- Vernetzbarkeit mit weiteren Ladepunkten,
- Anbindung an eine zentrale Steuerung oder an ein „Backendsystem",
- eingebaute geeichte Stromzähler,
- eichrechtskonforme Energiekostenerfassung/-abrechnung,
- integrierter Hausanschlusskasten,
- GSM-Modul für drahtlose Anbindung an eine Zentrale.

Entsprechend vielfältig sind auch die Produktangebote im Markt. Die Installation eines einfachen Ladepunktes ist an entsprechende rechtliche und normative Rahmenbedingungen gebunden, stellt aber keine außergewöhnlichen Anforderungen an das qualifizierte Elektrohandwerk. Wenn es jedoch um komplexere Funktionen, wie Energiemanagement, Einbindung von Erneuerbaren Energien, APP-Steuerung, RFID-Freigabe, Backendlösungen usw. geht, ist eine hohe Beratungskompetenz notwendig. Nur so können die für den Kunden beste und wirtschaftlichste Lösung gefunden und Fehlkäufe durch ungeeignete Hardware vermieden werden.

4.4.4.1 Erkennung der Ladeleitung bei Ladebetriebsart 3

Ein weiteres Sicherheitsmerkmal dieser Ladebetriebsart ist mit der Erkennung der Stromtragfähigkeit des Ladekabels realisiert. Durch einen Widerstand zwischen dem „Annäherungskontakt" PP (proximity pilot) und dem Schutzleiterkontakt PE kann die Ladestation erkennen, welches Ladekabel eingesteckt wurde (**Bild 4.15**).

4.4 Anforderungen an Ladesysteme und Elektrofahrzeuge nach VDE 0122 (IEC 61851)

Für den Wert des Widerstandes wurden vier Widerstandswerte entsprechend den vier verschiedenen Ladekabeln festgelegt (**Tabelle 4.3**). Durch die in der Ladesteuerung integrierte Elektronik, kann man damit präzise identifizieren, ob eine geeignete Ladeleitung eingesteckt wurde, welche Ladeleitung vorliegt und die maximale Stromwertvorgabe für den Laderegler im Elektrofahrzeug bei Bedarf entsprechend anpassen.

Bild 4.15 *Typ-2-Stecker mit Widerstand zwischen PP und PE*

	Stromtragfähigkeit der Ladeleitung in A			
	13	20	32	63
Widerstandswert in Ω	1.500	680	220	100
Leiterquerschnitt in mm²	1,5	2,5	6	16
Anmerkung	in Deutschland als Ladekabel nicht üblich			nur fest installiert

Tabelle 4.3 *Widerstandswerte für den PP-Widerstand nach VDE 0122-1 (IEC 61851-1:2019-12)*

4.4.4.2 Ladesteuerung mittels PWM-Signal

Die Kommunikation mittels PWM-Signal ist ein ganz entscheidendes Kriterium für eine erhöhte Sicherheit gegenüber der einfachen Stromentnahme aus einer Standardsteckdose. Mittels PWM-Signal kann die Ladestation den Ladebetriebszustand sowie verschiedene Fehler erkennen. Weiter gibt die Ladestation dem Laderegler vor, welcher Stromwert nicht überschritten werden darf. Dies gibt der Ladestation die Möglichkeit, den Stromwert auch während des aktuell laufenden Ladevorgangs an verschiedene Rahmenbedingungen anzupassen, zum Beispiel bei veränderter solarer Stromerzeugung zu erhöhen oder zu reduzieren.

Zur Kommunikation wird der bereits mehrfach genannte CP (control pilot) genutzt. Da, wie hinlänglich bekannt ist, jeder Stromkreis geschlossen sein muss, wird für die Rückleitung der PE-Leiter genutzt. Damit ist automatisch eine permanente Überwachung des Schutzleiters realisiert. Ist der Schutzleiter unterbrochen, gibt es keine Kommunikation, damit auch keine Freigabe für die Spannung, somit ist für hohe Sicherheit gesorgt.

Im Wesentlichen werden fünf Fahrzeugzustände unterschieden (**Tabelle 4.4**).

Ist kein Fahrzeug angeschlossen (A) oder möchte ein angeschlossenes Fahrzeug nicht laden (B, z. B. weil die Batterie voll ist) oder im Fehlerfall

Fahrzeugstatus		Beschreibung
A	(„Aus")	kein Fahrzeug angeschlossen
B	(„Bereit")	Fahrzeug angeschlossen, nicht ladebereit
C	(„Clean")	Fahrzeug angeschlossen, ladebereit ohne Lüftungsanforderung
D	(„Dirty")	Fahrzeug angeschlossen, ladebereit mit Lüftungsanforderung wegen gasender Antriebsbatterie
E	(„Error")	Fehler

Tabelle 4.4 *Die fünf Fahrzeugzustände nach VDE 0122-1 (IEC 61851-1:2019-12)*

(E), wird die Spannungszufuhr zum Fahrzeug *nicht* eingeschaltet beziehungsweise getrennt.

Möchte ein angeschlossenes Fahrzeug laden (C) und alle weiteren Rahmenbedingungen sind auch in Ordnung, dann schaltet die Ladestation die Spannungszufuhr zum Elektrofahrzeug ein und informiert dieses mit dem PWM-Signal wieviel Strom der Laderegler des Elektrofahrzeugs maximal „ziehen" darf. Betriebszustand C ist bei allen Fahrzeugen möglich, welche mit Antriebsbatterien ausgestattet sind, welche beim Laden keine entzündlichen Gase erzeugen. Derzeit gilt dies für alle Serien-Fahrzeuge, die nach der UN ECE 100-Regel gebaut und für den Straßenverkehr zugelassen sind.

Anders sieht es aus, wenn Elektrofahrzeuge mit Antriebsbatterien ausgestattet sind, welche beim Laden entzündliche Gase bilden. Wenn diese Fahrzeuge laden möchten (D), dann ist während des Ladens in geschlossenen Räumen eine festgelegte Lüftung erforderlich! Im Freien darf das Laden problemlos erfolgen, da dort ausreichender Luftaustausch gewährleistet ist. Da es aktuell keine Fahrzeuge im „normalen" Markt gibt, auf die dieses zutrifft, ist das Thema im Moment weniger relevant. Da aber niemand sagen kann, welche Fortschritte die Batterieentwicklung macht und welche neuen Technologien hervorgebracht werden, kann der Betriebszustand D wieder an Bedeutung gewinnen.

Wie sind die Betriebszustände durch das PWM-Signal abgebildet? Diese Frage beantwortet **Bild 4.16**.

Das Schaltbild der zugehörigen Elektronik in der Ladestation und dem Elektrofahrzeug nach DIN EN IEC 61851-1 (VDE 0122-1):2019-12 wird unterstützend gezeigt, um leichter erläutern zu können, wie diese Signale generiert werden (**Bild 4.17**).

4.4 Anforderungen an Ladesysteme und Elektrofahrzeuge nach VDE 0122 (IEC 61851)

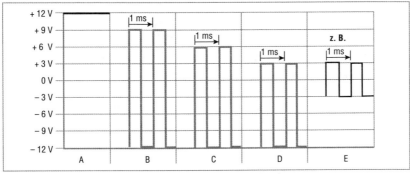

Bild 4.16 *Kodierung der Betriebszustände mit dem PWM-Signal*

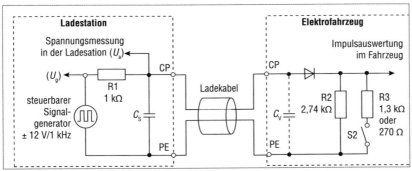

Bild 4.17 *Schaltungsteile zur Erzeugung und Veränderung des PWM-Signals*

In Bild 4.17 ist gut zu erkennen, das zur Erzeugung und zur Veränderung des PWM-Signals nur ganz wenige Bauteile zum Einsatz kommen. Je weniger Bauteile, umso ausfallsicherer ist ein System in der Regel. Bei Ausfall oder Fehlern in den Bauteilen kann dies erkannt werden. Berücksichtigt man zusätzlich, dass die Spannungsbereiche der jeweiligen Betriebszustände einen Toleranzbereich von 1 V haben (z. B. $U_C = +6\,V \pm 1\,V$) und die Frequenz von 1 kHz nachrichtentechnisch ein sehr langsames Signal darstellt, so ist das Ergebnis eine sehr robuste, störungssichere Datenübertragung. Vom dargestellten Ladekabel sind aus Übersichtsgründen nur PE und CP gezeichnet, selbstverständlich enthält das Kabel zusätzlich die querschnittsstarken stromführenden Leiter.

Um das Verständnis für das PWM-Signal zu vertiefen und damit die späteren Abschnitte zu Lastmanagement, Fehlersuche usw. besser verstehen zu können, wird die Entstehung des PWM-Signals in Abhängigkeit von den Betriebszuständen kurz erläutert.

Betriebszustand A – Kein Fahrzeug angeschlossen
Der Stromkreis über den CP-Anschluss ist nicht geschlossen, wenn kein Ladekabel eingesteckt ist. Dementsprechend fließt kein Strom durch R1 und es entsteht kein Spannungsfall. Da die Spannung nach R1 auch in der Ladestation gemessen wird, erkennt die Ladesteuerung das und stellt den Signalgenerator auf die Dauerspannung +12 V ein. Mit einem hochohmigen Spannungsmesser kann diese Spannung zwischen CP und PE gemessen werden.

Betriebszustand B – Fahrzeug angeschlossen, jedoch nicht ladebereit
Gründe für den Zustand „nicht ladebereit" wurden bereits einige genannt. Der wohl häufigste wird sein, der Fahrzeugakku ist voll. In diesem Betriebszustand benötigt das Fahrzeug keine Energie zum Laden, also bleibt die Spannungszufuhr zum Fahrzeug ausgeschaltet.

Aber wie kann die Ladestation das erkennen?

Wird mit dem Ladekabel die Verbindung zwischen Ladestation und Fahrzeug hergestellt, so wird der Stromkreis von CP nach PE über die Diode und den Widerstand R2 geschlossen. Der Schalter S2 ist im Elektrofahrzeug in Betriebszustand B geöffnet (wie in Bild 4.17 gezeichnet). Dadurch fließt ein elektrischer Strom. Die Elektronik in der Ladestation erkennt dies und erzeugt eine Rechteckspannung, die mit einer Frequenz von 1 kHz zwischen +12 V und −12 V wechselt.

R1, die Diode und R2 sind in Reihe geschaltet. Vereinfacht gesprochen wirken R2 und die Diode zusammen wie ein 3-kΩ-Widerstand. Die Spannung teilt sich bei eingeschalteten +12 V deshalb ¼ zu ¾ auf, in Zahlen ausgedrückt bedeutet dies, 3 V fallen am Widerstand R1 in der Ladestation ab und 9 V über die Diode und R2 im Fahrzeug. Schaltet der Signalgenerator die Spannung −12 V ein, dann befindet sich die Diode in Sperrichtung im Stromkreis und es kann kein Strom fließen, dadurch gibt es keinen Spannungsfall am R1 und am CP kann gegenüber PE eine Spannung von ca. −12 V gemessen werden (siehe Bild 4.16). Sowohl im Elektrofahrzeug als auch in der Ladestation wird das PWM-Signal ausgewertet und beide Systeme können erkennen, dass kein Fehler vorliegt.

Betriebszustand C – Fahrzeug angeschlossen, ladebereit ohne Lüftungsanforderung
Ist im Fahrzeug ein Antriebsakku eingebaut, der beim Laden keine entzündlichen Gase erzeugt (derzeit ist das bei allen Lithiumionenakkus der Fall), so wird in der oben gezeigten Schaltung für R3 ein Widerstand mit 1,3 kΩ im Fahrzeug eingebaut.

Möchte das Elektrofahrzeug seinen Antriebsakku laden, so schließt es den Schalter S2. Durch die Zusammenschaltung von R3, R2 und der Diode entsteht jetzt, wieder vereinfacht ausgedrückt, ein Schaltkreis der ca. 1 kΩ Gesamtwiderstand hat.

In der Reihenschaltung mit R1 teilt sich die Spannung bei eingeschalteten +12 V im Verhältnis ½ zu ½ auf. Dies bedeutet, 6 V fallen am Widerstand R1 ab und + 6 V können zwischen CP und PE gemessen werden. Wie bereits zuvor, ist auch hier, bei eingeschalteten −12 V die Diode in Sperrrichtung im Stromkreis und es kann kein Strom fließen. Dadurch gibt es auch hier keinen Spannungsfall am R1 und am CP kann gegenüber PE eine Spannung von ca. −12 V gemessen werden (siehe Bild 4.16). Sowohl im Elektrofahrzeug wie auch in der Ladestation wird das PWM-Signal ausgewertet und beide Systeme können erkennen, dass kein Fehler vorliegt.

Die Ladestation schaltet die Spannungszufuhr zum Elektrofahrzeug ein und dieses kann laden. Gleichzeitig wird mit dem PWM-Signal noch übertragen, wieviel Strom der Laderegler im Fahrzeug maximal „ziehen" darf. Dazu jedoch später mehr.

Betriebszustand D − Fahrzeug angeschlossen, ladebereit mit Lüftungsanforderung

Ist im Fahrzeug ein Antriebsakku eingebaut, der beim Laden *entzündliche Gase erzeugen kann* (derzeit ist das bei *keinem* nach UN ECE 100-Regel gebauten und für den Straßenverkehr zugelassenem Fahrzeug der Fall), so wird in Bild 4.17 gezeigten Schaltung für R3 ein Widerstand mit 270 Ω eingebaut.

Möchte das Elektrofahrzeug seinen Antriebsakku laden, so schließt es den Schalter S2. Durch die Zusammenschaltung von R3, R2 und der Diode entsteht jetzt, wieder vereinfacht ausgedrückt, ein Schaltkreis der ca. 330 Ω Gesamtwiderstand hat.

In der Reihenschaltung mit R1 teilt sich die Spannung bei eingeschalteten +12 V im Verhältnis ¾ zu ¼ auf. Dies bedeutet, 9 V fallen am Widerstand R1 ab und + 3 V können zwischen CP und PE gemessen werden. Wie bereits zuvor, ist auch hier, bei eingeschalteten −12 V die Diode in Sperrrichtung im Stromkreis und es kann kein Strom fließen. Dadurch gibt es auch hier keinen Spannungsfall am R1 und am CP kann gegenüber PE eine Spannung von ca. −12 V gemessen werden (siehe Bild 4.16). Sowohl im Elektrofahrzeug als auch in der Ladestation wird das PWM-Signal ausgewertet und beide Systeme können erkennen, dass kein Fehler vorliegt.

Damit die Ladestation die Spannungszufuhr zum Elektrofahrzeug einschalten kann, erwartet sie die Rückmeldung, dass die Belüftungssituation in Ordnung ist. Steht die Ladestation im Freien, wird dies einfach durch Konfiguration in der Ladestation erreicht. Befindet sich die Ladestation jedoch in einem geschlossenen Raum, so muss eine eingeschaltete Lüftung an die Ladestation melden, dass die Lüftung eingeschaltet ist. Erst dann wird die Spannungszufuhr zum Elektrofahrzeug eingeschaltet und das Fahrzeug kann laden. Gleichzeitig wird mit dem PWM-Signal noch übertragen, wie viel Strom der Laderegler im Fahrzeug maximal „ziehen" darf. Dazu jedoch im Unterabschnitt Kodierung des maximalen Stromwerts im PWM-Signal weiter unten in diesem Abschnitt mehr.

Wie bereits erwähnt, sind die derzeit im Markt befindlichen Elektrofahrzeuge alle hiervon nicht betroffen, jedoch kann nicht ausgeschlossen werden, dass dieser Betriebszustand mit neu entwickelten Batterietechnologien wieder an Bedeutung gewinnen könnte.

Betriebszustand E – Fehler
Weicht das PWM-Signal sowohl in der Frequenz ($\pm 5\%$) als auch von den Spannungswerten ($\pm 1\,V$) zu stark von den genannten Werten ab, wird dies als Fehler erkannt und der Ladevorgang wird abgebrochen.

Der in Bild 4.16 gezeigte Spannungsverlauf für den Fehler könnte beispielsweise durch einen inneren Kurzschluss in der Diode verursacht worden sein. Zusätzlich führen darüber hinaus falsche Widerstandswerte, Unterbrechung des PE oder des CP sowie Sabotage durch Abtrennen des Ladekabels immer zum Ausschalten der Spannungszufuhr zum Elektrofahrzeug und erhöhen damit die Sicherheit.

Sonderfall Zustand F – Ladestation (EVSE) nicht verfügbar
Mit einer konstanten Spannung von $-12\,V$ ($\pm 1\,V$) zeigt die Ladestation dem Elektrofahrzeug an, dass sie (momentan) nicht verfügbar ist. Dieser Zustand ist unabhängig von den Fahrzeugbetriebszuständen.

Sonderfall Betriebszustand „Pausieren"
Oftmals ist es bei vorhandenem Energie-/Lastmanagement oder solargeführter Ladesteuerung notwendig, das Laden zwischenzeitlich zu pausieren. Wird die Sonneneinstrahlung zu schwach, um genügend Energie zum Laden des Fahrzeugs bereit zu stellen, der Nutzer möchte aber ausschließlich mit „Sonnenenergie" laden und die Ladezeit spielt für ihn keine Rolle, dann

wäre es ungünstig, wenn das Laden komplett abgebrochen wird. Aus diesem Grund gibt es den Sonderfall „Pausieren" (**Bild 4.18**), das Elektrofahrzeug bleibt dann ladebereit und kann das Laden fortsetzen, wenn das PWM-Signal wieder in den Betriebszustand C wechselt.

Um dem Elektrofahrzeug mitzuteilen, dass die Ladung nur vorübergehend unterbrochen und nicht ganz abgebrochen ist, hebt der steuerbare Signalgenerator die negative Schulter des Rechtecksignals auf 0 V an. Daran erkennt das Elektrofahrzeug, dass der Ladevorgang später wieder fortgesetzt werden kann und „schläft nicht ein".

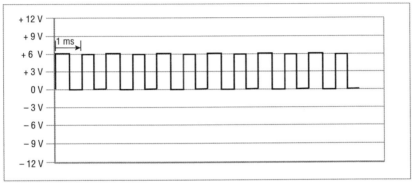

Bild 4.18 *PWM-Signalbeispiel für den Betriebszustand „Pausieren"*

Kodierung des maximalen Stromwerts im PWM-Signal
Parallel zur Erfassung der Betriebszustände des Elektrofahrzeugs wird das PWM-Signal dazu genutzt, dem Laderegler in der Ladestation mitzuteilen, welchen Stromwert er maximal über seinen Ladeanschluss „ziehen" darf. Bei den Betriebszuständen war bisher von Pulsweitenmodulation nichts erkennbar, die gezeigten Signalformen waren von Einschalt- zu Ausschaltdauer immer identisch. In Wirklichkeit wird das Verhältnis von Einschaltdauer zu Periodendauer (duty cycle) jedoch dazu genutzt, um die Stromwerte zu übertragen. In **Bild 4.19** sind drei Beispiele für verschiedene Stromwerte dargestellt. Gut zu erkennen ist der Zusammenhang, dass eine längere Einschaltdauer einen höheren Stromwert repräsentiert. Da dieser Zusammenhang jedoch nicht einfach von 0 % bis 100 % linear aufgebaut ist, wird dieser in **Tabelle 4.5** genauer dargestellt.

Bei Messung des PWM-Signals mit einem Oszilloskop stellt sich dieses wie in **Bild 4.20** gezeigt dar.

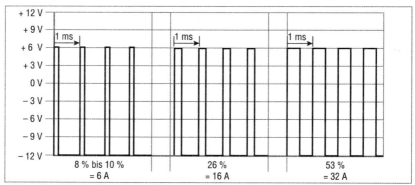

Bild 4.19 Drei Beispiele für das PWM-Signal für 6 A, 16 A und 32 A

Einschalt-/Periodendauer des PWM-Signals D_{in} (duty cycle) in %	Stromwert, den das Elektrofahrzeug aufnehmen darf	Bemerkung
$D_{in} < 3$	0 A	Stromaufnahme nicht zulässig
$3 \leq D_{in} \leq 7$ (meist werden 5 % genutzt)	Stromwert wird mit digitaler Kommunikation übertragen	Dies bedeutet, dass eine erweiterte Kommunikation zwischen Fahrzeug und Ladestation nach IEC 61851-1 erforderlich ist (siehe Abschnitt 4.4.4.4). Oder es wird die Kommunikation nach ISO/IEC 15118 genutzt (siehe Abschnitt 4.7). Ohne digitale Kommunikation darf *keine* Stromaufnahme erfolgen.
$7 < D_{in} < 8$	0 A	Stromaufnahme nicht zulässig
$8 \leq D_{in} < 10$	6 A	
$10 \leq D_{in} \leq 85$	$D_{in} \cdot 0{,}6$ A	entspricht 6 A bis 51 A
$85 < D_{in} \leq 96$	$(D_{in} - 64) \cdot 2{,}5$ A	entspricht 51 A bis 80 A in der Praxis meist bis 63 A genutzt (3-phasig 63 A entspricht 43,5 kW)
$96 < D_{in} \leq 97$	80 A	
$97 < D_{in} \leq 100$	0 A	Stromaufnahme nicht zulässig

Tabelle 4.5 Definition der PWM-kodierten Stromwerte nach IEC 61851-1 (VDE 0122-1) [24]

Im Bild deutlich zu erkennen sind die Spannungswerte +6V und −12V, welche den Betriebszustand C repräsentieren. Aus dem Verhältnis der Einschaltdauer zur Periodendauer (duty cycle) den Stromwert abzuleiten, ist jedoch etwas schwieriger und aufgrund der Ablesegenauigkeit auch nicht wirklich präzise. Hier steckt die eigentliche Leistung des steuerbaren Oszillators in der Ladestation, dieses Signal normkonform zu erzeugen, und im Elektrofahrzeug dieses Signal präzise auszuwerten und den Laderegler so zu steuern, dass dieser vorgegebene Stromwert nicht überschritten wird.

4.4 Anforderungen an Ladesysteme und Elektrofahrzeuge nach VDE 0122 (IEC 61851)

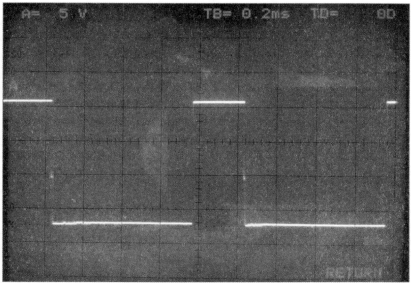

Bild 4.20 *Mit Oszilloskop gemessenes PWM-Signal in Betriebszustand C*

Ein weiterer wichtiger Hinweis zu dieser Stromwertvorgabe beim AC-Laden nach Mode 3 (gilt auch für Mode 2):
Die Ladestation gibt per PWM-Signal den maximalen Stromwert vor, der fließen darf. Sie schaltet lediglich die Spannungszufuhr zum Elektrofahrzeug ein und der Laderegler im Fahrzeug muss dafür sorgen, dass dieser maximale Stromwert nicht überschritten wird! Hat das Fahrzeug beispielsweise einen 3-phasigen Laderegler mit 22 kW (3 x 32 A) und wird an eine 1-phasige Ladestation angeschlossen, welche per PWM maximal 16 A freigibt, dann darf nur mit 1 x 16 A (entspricht maximal 3,68 kW) geladen werden, dies *muss* das Elektrofahrzeug einhalten! Welcher Strom beim Laden tatsächlich fließt, ist nur bekannt, wenn dieser gemessen wird. Da, wie bereits beim Batteriemanagement erläutert wurde, die Ladeleistung so gesteuert wird, wie dies am besten für die „teure Antriebsbatterie" ist. Er darf also kleiner sein als der durch das PWM-Signal vorgegebene Wert, aber *nie* größer.

Als kleinstmöglicher Vorgabewert für das PWM-Signal wurde in der IEC 61851-1:2019-12 ein Wert von 6 A festgelegt.

In welcher Weise diese Stromvorgabewerte mittels PWM-Signal kodiert werden, ist in Tabelle 4.5 wiedergeben.

Sollte der Eindruck entstanden sein, dass der Aufbau von Tabelle 4.5 kompliziert ist, wäre dem entgegen zu halten, er ist einfach und „genial".

Ein Kurzschluss vom CP-Signal, könnte dauerhaft den Zustand „eingeschaltet" oder „ausgeschaltet" zur Folge haben. Diese Bereiche sind mit 0% bis 3% und mit 97% bis 100% so definiert, dass kein Laden stattfinden kann.

Der Bereich von 3% bis 7% ist sehr großzügig definiert, dies bedeutet, auch wenn der Wert um 5% etwas schwankt, es wird immer erkannt, dass eine zusätzliche digitale Kommunikation zur Steuerung des Ladestroms erforderlich ist.

Wenn unabhängige Bereiche direkt aneinander grenzen, ist das oft störungsanfällig. Aus diesem Grund befindet sich zwischen dem Bereich „digitale Kommunikation" und „Stromwertvorgabe mittels PWM" eine Lücke von 7% bis 8%, bei der Laden nicht erlaubt ist.

Erst der Bereich 8% bis 10% beginnt mit 6A (siehe auch Bild 4.19 und **Bild 4.21**, steigt mit verschiedenen Steilheiten bis 96% an und endet mit 96% bis 97% für den Stromwert 80A.

Diese Stromwertvorgabe darf während des Ladens verändert werden und der Laderegler im Fahrzeug muss dies berücksichtigen. Wird der Vorgabewert unter die aktuelle Stromaufnahme des Fahrzeugs fallen, muss der Laderegler die Stromaufnahme reduzieren. Wird die Vorgabe erhöht, darf er seine Stromaufnahme wieder bis zu dem vorgegebenen Maximum erhöhen. Dadurch wird Energie- und Lastmanagement erst möglich.

Wer das PWM-Signal noch genauer kennenlernen möchte, dem sei die DIN EN IEC 61851-1 (VDE 0122-1):2019-12 [25] empfohlen.

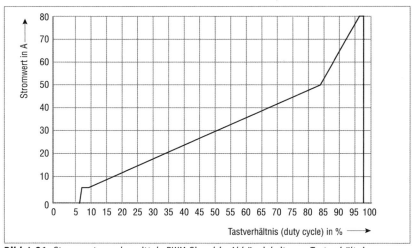

Bild 4.21 *Stromwertvorgabe mittels PWM-Signal in Abhängigkeit vom Tastverhältnis*

Für den Endkunden bedeutet dies, dass automatisch eine sehr hohe, zukunftssichere Systemsicherheit gegeben ist. Es wurden die Voraussetzungen dafür geschaffen, dass der Endkunde außer dem Anstecken des Fahrzeugs und evtl. dem Authentifizieren nichts weiter berücksichtigen muss.

4.4.4.3 Prinzipieller Aufbau einer Ladestation Mode 3

Grundsätzlich ist zu unterscheiden, ob es sich um eine Wandladestation/Ladesäule mit einem Ladepunkt (**Bild 4.22**) oder mit mehreren Ladepunkten (**Bild 4.23**) handelt.

Bei einer Ladestation (electric vehicle supply equipment, EVSE) mit nur einem Ladepunkt können die Schutzorgane wie Leitungsschutzschalter und Fehlerstromschutzschalter (RCD, residual current protective device) entweder in der Ladestation selbst oder in der Unterverteilung installiert sein, aus der dieser Ladepunkt mit eigener Zuleitung versorgt wird.

Je nach Funktionalität können in der Ladestation darüber hinaus Komponenten für Vernetzung, RFID, WLAN, GSM, Strommesssysteme usw. eingebaut sein.

Auf die speziellen Anforderungen der DC-Fehlererkennung, des RCD und des Leitungsschutzschalters wird in Abschnitt 5.3 eingegangen.

Handelt es sich jedoch um eine Ladestation mit mehreren Ladepunkten und einer Zuleitung, dann müssen DC-Fehlererkennung, RCD und Leitungsschutzschalter für jeden Ladepunkt vorhanden sein (eingeschränkte Ausnahmen können in IEC 61851 [26] nachgelesen werden).

Mehrere Ladepunkte sind häufig an Ladesäulen im öffentlichen Bereich anzutreffen. Da dort eine gemeinsame Zuleitung für die Spannung genutzt wird, muss jeder Ladepunkt individuell mit den Schutzorganen für DC-Fehlererkennung, RCD und Leitungsschutzschalter ausgestattet werden. Auf die verschiedenen Möglichkeiten und die speziellen Anforderungen an diese elektrischen Betriebsmittel wird, wie bereits zuvor erwähnt, in Abschnitt 5.3 eingegangen.

Meist sind Ladesäulen noch deutlich umfangreicher ausgestattet als in Bild 4.23 dargestellt. Zur Ausstattung gehören zum Beispiel:
- geeichte Energiezähler zur Erfassung der abgegebenen elektrischen Energie,
- Temperaturüberwachung zur Steuerung einer Lüftung gegen Überhitzung und/oder eine Steckdosenheizung gegen Festfrieren des Steckers bei Minustemperaturen,
- Vernetzungskomponenten zur Vernetzung von Ladepunkten untereinander und/oder zur Anbindung an ein Backend-Portal,

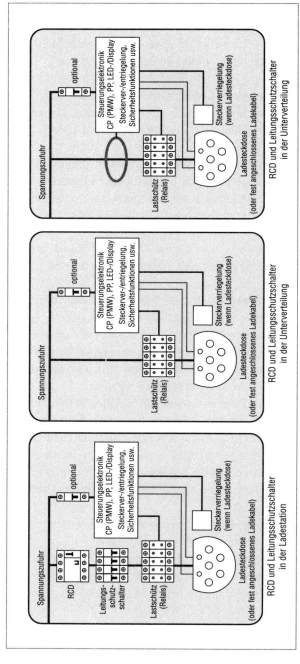

Bild 4.22 Beispielhaft drei prinzipielle Varianten einer einfachen Ladestation

4.4 Anforderungen an Ladesysteme und Elektrofahrzeuge nach VDE 0122 (IEC 61851)

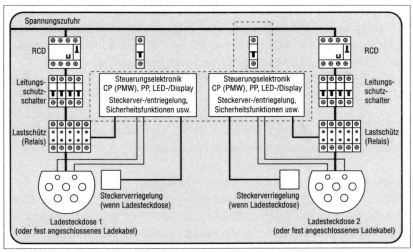

Bild 4.23 *Ladestation mit zwei Ladepunkten*

- GSM-Mobilfunkeinheit,
- ein kompletter Hausanschluss bei „im Feld" stehenden Anlagen,
- RFID-/NFC-Lesegerät oder
- LED-Anzeigen/elektronisches Display für Status und weitere Informationen.

4.4.4.4 Zusammenfassung Ladebetriebsart 3 (Mode 3)

In punkto Funktionssicherheit und elektrischer Sicherheit ist die Ladebetriebsart 3 (fest installierte Ladestation) für die AC-Ladung die optimale Lösung.

Die eigens dimensionierte und installierte Zuleitung vermeidet Überlastsituationen, wie diese bei Ladebetriebsart 2 nicht auszuschließen sind. Ungewollte Ladeabbrüche und weitergehende Schäden sind dadurch nahezu ausgeschlossen.

Durch die Kommunikation mit dem Fahrzeug werden viele Sicherheitsmerkmale permanent überwacht und nur dann die Spannungszufuhr zum Elektrofahrzeug eingeschaltet, wenn alle überprüften Parameter korrekt sind und das Fahrzeug selbst auch tatsächlich laden will. Auch das erhöht die Sicherheit.

Durch die konstruktive, normkonforme Gestaltung der Stecksysteme sind „Verlängerungsleitungen" nicht möglich. Dadurch werden zu hohe Spannungsfälle an der Ladeleitung vermieden. Natürlich gibt es „findige Bastler", die intelligent die Sicherheitssysteme überlisten, das hat aber nichts mit einem bestimmungsgemäßen Gebrauch zu tun und gefährdet sie selbst und auch andere unschuldige Personen. Ein Ladepunkt ist zur Versorgung eines Elektrofahrzeugs bestimmt! Alles andere ist verboten!

Wie in den vorangegangenen Abschnitten erläutert, sind in der Ladebetriebsart 3 viele normative Vorgaben zu beachten und technische Anforderungen einzuhalten. Diese machen die Systeme funktionssicher und die Anwendung für den „Elektromobilisten" möglichst einfach, außer Ladeleitung einstecken und eventuell noch autorisieren braucht er nichts zu tun.

Kurzer Hinweis zur erweiterten Kommunikation:
Wird beim AC-Laden mit einer erweiterten Kommunikation (D_{in} = 5 %) gearbeitet, so wird zur Kommunikation ebenfalls der Pilotstromkreis mit CP und PE als Rückleiter (in der Norm bezeichnet mit LIN-CP) genutzt. Die Signale werden auf das CP-Signal „aufmoduliert". Eine Beschreibung des Protokolls ist bereits in der DIN EN IEC 61851-1 (VDE 0122-1):2019-12 [27] enthalten. Die gesamte Spezifikation dieser LIN-Kommunikation (local interconnect network) ist in der ISO 17987 definiert. Sie arbeitet mit einer Kommunikationsgeschwindigkeit von 20 kbit/s, ist auf geringe Kosten, geringe Komplexität und hohe Zuverlässigkeit ausgelegt. Weitere Beispiele für bereitgestellte Funktionen sind:

- digitale, bidirektionale Kommunikation zur lokalen Steuerung zwischen Elektrofahrzeug und Ladestation,
- Steuerung der Stromgrenzwerte,
- Stromanforderungsmitteilung des Fahrzeugs, um Energiemanagementsystemen bessere Optimierungsmöglichkeiten zu bieten,
- klare Definition des Kommunikationsablaufs und der Betriebszustände,
- die Möglichkeit, Diagnoseinformationen zwischen Fahrzeug und Ladestation auszutauschen usw.

Die digitale Kommunikation kann auch in Verbindung mit DC-Laden genutzt werden.

4.4.5 Ladebetriebsart 4 (Mode 4)

Die höchsten Ladeleistungen werden mit dem DC-Laden erreicht. In der Norm wird dies mit Ladebetriebsart 4 bezeichnet. Wie bereits erwähnt, wird mit zunehmender Ladeleistung auch die Leistungselektronik für den Laderegler immer aufwendiger, teurer, schwerer und auch der Platzbedarf steigt. Zum einen sind da die Kosten, zum anderen das Gewicht und die weiteren Nachteile, die man nicht in jedes Fahrzeug einbauen will. Aus diesem Grund befindet sich bei diesem Ladeverfahren die gesamte Leistungselektronik zur Steuerung des Ladestroms und der Ladespannung in der Ladestation.

In Deutschland und in vielen weiteren Ländern ist das Ladekabel an der DC-Ladestation fest angeschlossen. Dadurch werden zusätzliche Übergangswiderstände vermieden und die Funktionssicherheit erhöht.

Im Abschnitt 2.3.2 zum Batteriemanagementsystem wird ausführlich berichtet, welche Anstrengungen die Fahrzeughersteller unternehmen, um eine hohe Lebensdauer und Leistungsfähigkeit der Antriebsbatterie zu gewährleisten. Würde dies beim DC-Laden alles nicht berücksichtigt, wäre diese Technologie schon längst gescheitert. Notwendig ist somit eine ausgereifte Kommunikation zwischen der Ladestation und der Ladesteuerung/ Batterieüberwachung (hier Batteriemanagementsystem, BMS genannt).

In der Automobilindustrie und bei den Ladeinfrastrukturherstellern sind für den europäischen Markt zwei verschiedene DC-Ladesysteme zu finden. Vor allem Fahrzeuge aus dem asiatischen Raum nutzen für das DC-Schnellladen das CHAdeMO-System. Das CCS wird von den europäischen Automobilherstellern genutzt und beruht auf einer Ladesteckverbindung vom Typ 2 mit zwei zusätzlichen hochstromfähigen Kontakten für den Gleichstrom. Da diese beiden Systeme weder von der Steckergeometrie (siehe Abschnitt 4.3.2) noch vom Kommunikationsprotokoll her kompatibel sind, existieren beide Systeme im Markt parallel zueinander. Viele DC-Ladestationen im öffentlichen Raum verfügen deshalb über zwei Ladeleitungen, von denen dann entweder CCS oder CHAdeMO genutzt werden kann. Beides gleichzeitig zu nutzen ist aufgrund der hohen Leistung nicht üblich.

Trotz der massiven Unterschiede der beiden Systeme ist der grundsätzliche Aufbau von DC-Ladestationen in gewisser Weise ähnlich **Bild 4.24**. Beim, in Europa präferierten, CCS wird für die Kommunikation der Pilotstromkreis mit CP genutzt, bei CHAdeMO (siehe Bild 4.10) gibt es mehrere weitere Kontakte für die Kommunikation, das Starten/Stoppen der Ladung, für das Überprüfen der Ladeleitung usw.

Die speziellen Anforderungen an DC-Ladestationen sind in der IEC 61851-23 definiert, und die digitale Kommunikation zwischen der Ladestation und dem „Batteriemanagementsystem"/Ladesteuerung im Elektrofahrzeug sind in der IEC 61851-24 enthalten. Diese sind jedoch vor allem für die Entwickler von DC-Ladestationen, DC-ladefähigen Elektrofahrzeugen so-

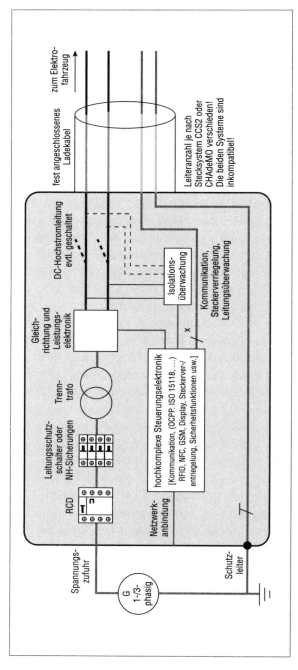

Bild 4.24 Stark vereinfachtes Blockschaltbild einer DC-Ladestation

wie den dazugehörigen Prüfgeräten interessant. Nur so kann herstellerübergreifend Interoperabilität sichergestellt werden. Auch hier möchte der normale Anwender außer dem Einstecken der Ladeleitung und der eventuellen Autorisierung sowie dem Starten des Ladevorgangs nicht weiter mit technischen Details konfrontiert werden.

Das High Power Charging (HPC) ist DC-Laden nach Ladebetriebsart 4. Mit Ladeleistungen von 150 kW aufwärts, stellt dieses immense Anforderungen an die Fahrzeugbatterie und die gesamte Systemtechnik. Damit die Leitungsquerschnitte für die dabei fließenden hohen Ströme nicht enorm vergrößert werden müssen, wird die Ladeleitung mit einer aktiven Flüssigkeitskühlung bis zu den Steckkontakten ausgestattet. Dadurch werden sehr schwere und unhandliche Ladesysteme vermieden. Zum Zeitpunkt der Drucklegung dieses Buches waren bereits HPC-Ladestationen mit 350 kW in Betrieb. Fahrzeuge, welche davon bis zu 270 kW nutzen konnten, waren bereits auf dem Markt und welche mit 350 kW Nutzung angekündigt. Welche Maßnahmen die Ingenieure ergreifen, um die Batterien selbst und das Batteriemanagementsystem für diese Leistung zu ertüchtigen, bleibt zum Teil ihr Geheimnis. Die hohe Kunst dabei ist, dass die Lebensdauer der Antriebsbatterie unter diesen gewaltigen Strapazen nicht leiden darf.

Neben dem Trend zu immer höheren Ladeleistungen gibt es auch bei der Ladebetriebsart 4 mobile Ladestationen, welche an Standardsteckdosen angeschlossen werden. In aller Regel werden dort im europäischen Markt Geräte mit CEE 3ph 16 A oder 32 A angeboten. Einige der in Ladebetriebsart 2 angesprochenen Punkte gelten entsprechend auch hier, wie beispielsweise die Möglichkeit, unter Volllast den Netzstecker zu ziehen. Aktuell sind diese Systeme noch vergleichsweise teuer. Mit steigenden Stückzahlen und Weiterentwicklung der Leistungselektronik wird sich der Preis in den nächsten Jahren sicherlich deutlich nach unten bewegen.

Vor dem Hintergrund fallender Preise können sicher auch DC-Ladesysteme mit kleinerer Leistung für den Privatkunden interessant werden. Besitzt er beispielsweise ein Fahrzeug mit einem 1-phasigen AC-Laderegler mit 3,7 kW Ladeleistung, dann dauert das Laden immer vergleichsweise lange (siehe Abschnitt 4.2). Hat er im Fahrzeug eine DC-Schnellademöglichkeit mit 50 kW, so kann er diese Leistung in einem Privathaus in den allermeisten Fällen nicht realisieren. Gäbe es am Markt nun aber „preiswerte" DC-Ladesysteme mit einem Anschlusswert von 11 kW, so lässt sich damit eine Ladeleistung von ca. 9 kW realisieren, was die Ladezeit um ca. den Faktor 2,5 verkürzen würde. Bei dem im AC-Bereich viel zitierten Leistungsbereich von 22 kW, ginge es nochmals doppelt so schnell. Man darf gespannt sein, welche Produkte in den nächsten Jahren hervorgebracht werden.

Grundsätzlich wäre es aus Sicht der Verteilnetzbetreiber immer vorteilhaft, wenn unser Stromversorgungsnetz auf allen drei Phasen gleich belastet wird. Diese Anforderung ist mit DC-Ladestationen wesentlich leichter zu erfüllen, als mit AC-Ladestation. Denn selbst bei einer installierten 3-phasigen AC-Ladestation wird ein Fahrzeug mit 1-phasigem Lader zuverlässig geladen und damit das Versorgungsnetz asymmetrisch belastet.

4.5 Sondervarianten

Beispiel Tesla

Der amerikanische Fahrzeughersteller Tesla Motors macht bekannterweise verschiedene Dinge immer etwas anders als die etablierten Hersteller. Selbstverständlich sind die Fahrzeuge für den europäischen Markt mit einem Ladestecker vom Typ 2 ausgestattet und können mit 1- und 3-phasigen AC-Ladestationen geladen werden. Für das DC-Laden steht bei den neuen Fahrzeugen auch bei diesem Hersteller das CCS zur Verfügung. Somit können diese Fahrzeuge alle Lademöglichkeiten nutzen, die in Europa Standard sind.

Darüber hinaus hat Tesla die Möglichkeit, mit einem modifizierten Typ-2-Stecker über die, sonst für das Laden mit Drehstrom, genutzten Kontakte seine Fahrzeuge an den sogenannten Superchargern mit DC zu laden. Zwei Kontaktstifte werden für den Pluspol genutzt und weitere zwei Kontaktstifte für den Minuspol (**Bild 4.25**).

Dieses System kann so nur von Teslafahrzeugen genutzt werden. Über Kommunikation können die Fahrzeuge erkennen, ob Wechsel-, Dreh- oder Gleichspannung bereitgestellt wird und schalten intern die Strompfade passend um.

Die in **Bild 4.26** gezeigte Superchargerstation mit 18 Ladeplätzen kann nur von Teslas genutzt werden. Aktuell werden die Supercharger zusätzlich mit CCS-Ladeleitungen ausgestattet. Wann diese für jedes andere Elektrofahrzeug nutzbar sind ist noch nicht bekannt.

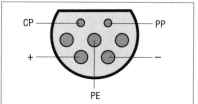

Bild 4.25 *Sonderfall Tesla, modifiziertes Typ2 Stecksystem für hohe DC-Ladeleistungen*

4.5 Sondervarianten

Bild 4.26 *Supercharger "Tesla only"*

Beispiel Oberleitung

Elektrofahrzeuge während der Fahrt mit Strom zu versorgen, und damit „unendliche" Reichweiten zu erzielen, ist ein technischer Ansatz, der immer wieder in Fachzeitschriften vorgestellt wird. Meist wird dort das induktive Laden als mögliche Lösung genannt. Es gibt Pilotversuche zur Erprobung der Praxistauglichkeit.

Ein anderer Ansatz ist die Nutzung von Oberleitungen (**Bild 4.27**). Jahrzehnte waren in verschiedenen deutschen Städten Elektro-Omnibusse im Öffentlichen Personennahverkehr (ÖPNV) auf festen Linien unterwegs und wurden über Oberleitungen versorgt. Mit der Zeit verschwanden die meisten jedoch wieder aus dem Stadtbild, sodass es aktuell nur noch wenige Oberleitungs-Buslinien gibt.

Vor dem Hintergrund der Schadstoffbelastung in der Luft vieler Städte wird dieses Thema wieder vermehrt und auch kontrovers diskutiert.

Daneben gibt es wenige Strecken, auf denen die Oberleitungstechnik für Überlandfahrten eingesetzt wird (Ausnahme: die Bahn). Im Moment finden

Bild 4.27 *Oberleitungsbus im Linienverkehr in Esslingen*

Erprobungen in der Nähe des Frankfurter Flughafens auf der A5 zwischen den Anschlussstellen Langen/Möhrfelden und Weiterstadt statt (**Bild 4.28**). Ziel ist es, die Praxistauglichkeit für den Güterverkehr zu testen.

Die Strecke ist seit Mai 2019 in Betrieb. Ein Thema ist dabei auch das Aufladen von Hybrid-LKW, welche die Autobahn nutzen, um die Distanz zu überwinden und mit der geladenen Energie von der Anschlussstelle zur Zieladresse rein batterieelektrisch auszukommen. Bis 2022 sollen Daten erfasst und ausgewertet werden. Neben Alltagstauglichkeit, Auswirkungen auf die Mobilität und Wirtschaftlichkeit werden dabei auch Themen wie der Einfluss auf die Schadstoffbelastung, Auswirkungen für Rettungskräfte usw. untersucht.

Es wird interessant sein, die Oberleitungstechnologie weiter zu beobachten.

Bild 4.28 *Versuchsstrecke für Oberleitungs-Elektronutzfahrzeuge südlich von Frankfurt*

4.6 Eichrechtskonformität

Die Eichrechtskonformität im Bereich der Elektromobilität umfasst viel mehr als das alleinige Erfassen von Energiedaten mit geeichten Zählern und ist in Deutschland Pflicht!

Ein wesentlicher Bestandteil sind die Bestimmungen der Preisangabenverordnung (PAngV). In einem vom Bundesministerium für Wirtschaft und Energie in Auftrag gegebenem Rechtsgutachten zur Anwendung von §3 PAngV [28] wird eindeutig festgestellt, dass die kWh die korrekte Größe zur Abrechnung ist, um die „Preiswahrheit" und „Preisklarheit" zu gewährleisten. Nur so hat der Verbraucher eine Möglichkeit, die Preisangebote verschiedener „Fahrstromanbieter" zu vergleichen. Reine Pauschalgebühren ohne verbrauchsabhängigen Preis (Kosten je kWh) sind danach nicht mehr (oder waren noch nie) zulässig.

4.6 Eichrechtskonformität

Ausnahme bilden sogenannte Flatrate-Tarife. Für einen bestimmten Zeitraum wird ein Fixpreis für eine unbegrenzte Menge Strom vertraglich vereinbart. Mindestlaufzeit ist hierbei ein Monat. Erst danach kann für einen weiteren Zeitraum ein neuer Flatratepreis vereinbart werden, rückwirkende Änderungen sind nicht erlaubt. So hat der Verbraucher im Voraus die Möglichkeit, Preisvergleiche der verschiedenen Anbieter durchzuführen. Flatratepreise für einzelne Ladevorgänge (sogenannte session fees) sind, wie bereits oben genannt, nicht erlaubt.

Weiter nicht erlaubt sind reine Minutenpreise, da der gleiche Preis verlangt wird, unabhängig wie lange das Laden letztlich dauert. An einer Ladestation mit 22 kW Leistung benötigt ein Fahrzeug mit 22-kW-Lader ca. 0,5 h um 11 kWh zu laden. Besitzt das Fahrzeug hingegen nur einen 3,7 kW-Lader, dauert es ca. 3 h, um die gleiche Energiemenge zu laden. Dieser Verbraucher müsste dann an dem gleichen Ladepunkt für die gleiche Energiemenge den *6-fachen Preis* bezahlen. Weitere Einflussfaktoren auf die bezogene Energiemenge sind Rahmenbedingungen wie beispielsweise die Batterietemperatur oder der Ladezustand, welche die Ungleichbehandlung verschiedener Verbraucher noch verstärken können.

Hauptantrieb zur Nutzung einer Ladestation ist der Bezug von elektrischer Energie, somit muss die Abrechnung im Zusammenhang mit der kWh stehen.

Eine Möglichkeit, um das Problem der Eichrechtskonformität einfach zu lösen, wäre, den Strom zu verschenken. Das ist für die Betreiber von Ladestationen (charge point operator, CPO) kein wirtschaftlich sinnvolles Geschäftsmodell. Parkplatzbetreibern, die nun auf die Idee kämen, zwei verschiedene Preise für Parkplätze mit und ohne Lademöglichkeit zu verlangen, sei an dieser Stelle gesagt, dass auch das nicht erlaubt ist (gleicher Preis für alle Parkplätze).

4.6.1 Ablauf einer eichrechtskonformen Abrechnung

Zum Vergleich: ein eichrechtskonformer Abrechnungsvorgang beim Bezug von Benzin für ein Verbrennerfahrzeug an einer normalen Tankstelle ist den meisten bekannt:
- Die Zapfsäule besitzt einen geeichten Zähler mit Zulassungszeichen.
- Am aktuellen Prüfsiegel der Behörde ist die Einhaltung erkennbar.
- Ein Sichtfenster zum Ablesen der Zählerwerte zu Beginn und Ende des Tankvorgangs ist vorhanden.

▌ Käufer und Verkäufer sind beide gleichzeitig vor Ort.
▌ Der Zählerstand wird so lange im Display angezeigt bis bezahlt wurde.
▌ In der Zwischenzeit kann kein weiterer Kunde tanken.

Ein Kunde fährt an die Zapfsäule, tankt, geht in den Verkaufsraum und bezahlt. Danach wird der Zählerstand für die abgegebenen Liter und den Preis wieder auf Null gesetzt.

Geht der Kunde zum Bezahlen und wundert sich über einen falschen Preis, so können Käufer und Verkäufer an der Zapfsäule die korrekten Werte gemeinsam ablesen, Einigkeit herstellen:

▌ entweder hat sich der Kunde getäuscht, Liter und Preis verwechselt oder
▌ der Mitarbeiter hat z. B. die falsche Taste gedrückt

und mit der Bezahlung den eichrechtskonformen Abrechnungsprozess abschließen.

Wie sieht dieser gesamte Vorgang nun beim Laden von Elektrofahrzeugen aus?

Natürlich bedarf es ebenfalls der geeichten Zähler und einer korrekten Erfassung von Datum und Uhrzeit, sowie der zugehörigen Daten des Nutzers, da bei diesem Geschäftsvorgang der Käufer und der Verkäufer in den allermeisten Fällen nicht gemeinsam vor Ort sind. Die Schwierigkeit, die dies mit sich bringt, ist folgende: wie kann eine Abrechnung, die eventuell mit der monatlichen Abrechnung der Handygebühren verknüpft ist, im Nachhinein sinnvoll überprüft und im Zweifelsfall angefochten werden. Der Käufer ist in Stuttgart zu Hause, war in Frankfurt unterwegs, hat dort sein Elektrofahrzeug geladen und stellt mit der Abrechnung, die ihm drei Wochen später zugestellt wird, fest, dass diese von seinen selbst festgehaltenen Werten abweicht. An der Ladesäule in Frankfurt haben zwischenzeitlich weitere Ladevorgänge stattgefunden, da es keinen Sinn macht einen Ladepunkt so lange zu blockieren, bis bezahlt wurde, die aktuellen Zählerwerte sind also bedeutungslos. Der gesamte Mess- und Abrechnungsprozess muss nicht nur transparent und auch im Nachhinein nachvollziehbar sein, sondern darüber hinaus jedwede Verfälschung oder Manipulation der Daten verhindern und einen Missbrauch der Daten ausschließen.

Um diesen Vorgang rechtssicher zu gestalten, haben das Bundesamt für Sicherheit in der Informationstechnik (BSI) und die Physikalisch-Technische Bundesanstalt in Braunschweig (PTB) hohe Anforderungen an die Hersteller von Ladeinfrastruktur und Abrechnungsdienstleister gestellt. Die hohen Anforderung an die Messsysteme in AC- und DC-Ladestationen wurden in der VDE-AR-E 2418-3-100 „Elektromobilität – Messsysteme für Ladeeinrichtungen" definiert, deren baldige Veröffentlichung in der Pressemitteilung des VDE/DKE vom 18.12.2019 [29] angekündigt wurde. Der theoretische Sachverhalt, der wirklich sehr komplex ist, soll den Endkunden nicht belasten. Die Eichrechtskonformität soll sicherstellen, dass der bestmögliche Verbraucherschutz gewährleistet wird. Das Ziel ist: Einstecken, Laden, Weiterfahren.

4.6.2 Zertifizierte Verfahren der eichrechtskonformen Abrechnung

Welche Lösungen für eichrechtskonformes Laden gibt es bereits in Deutschland?

Bisher ist die Eichrechtskonformität, wie diese von der PTB und BSI sowie PAngV verlangt wird, nur in Deutschland relevant. Es wird von Experten aber erwartet, dass diese, in der Anfangsphase von einem sehr schwierigen Entwicklungsprozess begleitete, Abrechnungsmethode auch von anderen Ländern übernommen wird. Bisher sind dem Autor als Konformitätsbewertungsstellen die PTB und der VDE bekannt. Beide haben aufgrund der Vielzahl von Anträgen lange Wartezeiten.

S.A.F.E. e.V. Software Alliance for E-Mobility
In der Initiative S.A.F.E. e.V. haben sich Firmen aus den Bereichen Hersteller von Ladeinfrastruktur, Abrechnungsdienstleistung, Ladestationsportalbetrieb, Energieversorgung, Softwareentwicklung usw. zusammengeschlossen. Ziel war es, eine Transparenzsoftware als Standard zu entwickeln, die es den Fahrern von Elektrofahrzeugen ermöglicht, die Korrektheit ihrer Abrechnung auch im Nachhinein räumlich unabhängig zu prüfen. Diese Software soll allen Unternehmen, die im Feld Elektromobilität aktiv sind, zur Verfügung gestellt werden, um einen einheitlichen Standard zu schaffen, der auch langfristig aufrechterhalten werden kann.

Die Transparenzsoftware, welche vom VDE mit Prüfbericht vom 18.04.2019 – 5024855-1470-0001/254265 TL4/shf geprüft und zertifiziert wurde, kann bei S.A.F.E. e.V. [30] kostenlos heruntergeladen werden.

Mennekes
Mennekes ist auch Mitglied in der S.A.F.E.-Initiative, hat darüber hinaus aber eine eigene Transparenzsoftware entwickelt, um früh im Markt eine komplette Lösung von der Ladestation bis zur Abrechnung anbieten zu können.

Innerhalb der Ladestation werden die Nutzerdaten, mit denen sich der Kunde an der Ladestation angemeldet hat, mit den Werten des eichrechtskonformen Stromzählers inklusive Datum und Uhrzeit zu Beginn und Ende der Ladung in einem signierten Datensatz gespeichert. Dieser Datensatz wird mit gesicherter Übertragung an den Abrechnungsdienstleister gesendet, der die Daten auswertet und die Kosten mit dem Nutzer abrechnet. Der signierte Datensatz kann gelesen werden, ohne dass eine Veränderung stattfindet. Wird der Datensatz verändert, durch wen auch immer, wird die Signatur verfälscht. Geht also bei der Abrechnung etwas schief, erkennt die Transparenzsoftware dies an der verfälschten Signatur. Ähnlich wie früher wichtige Briefe mit Siegeln versehen wurden, um zu erkennen, ob diese unzulässig geöffnet wurden, nur eben viel besser und sicherer. So hat der Kunde im Nachhinein mithilfe der Transparenzsoftware, wie bei S.A.F.E., auch hier die Möglichkeit, die Korrektheit zu überprüfen, ohne erneut an die Ladestation fahren zu müssen. Auch diese Transparenzsoftware kann im Internet kostenlos heruntergeladen werden [31]. Die PTB hat der Mennekes Transparenzsoftware die Zertifizierung erteilt.

Compleo Charging Solutions GmbH
Einen anderen Weg geht die Firma Compleo Charging Solutions GmbH. Die Ladevorgänge mit sämtlichen für das Eichrecht relevanten Daten werden in der Ladestation in einem Speicher- und Anzeigenmodul fälschungssicher gespeichert. Der Speicher ist groß genug, um sämtliche Ladevorgänge über mehrere Jahre aufzunehmen. Zweifelt ein Kunde die Abrechnung an, so besteht die Möglichkeit, an der Ladestation gemeinsam mit dem Betreiber die Daten auszulesen und so die Korrektheit der Abrechnung zu überprüfen. Auch dieses Verfahren ist von der PTB als eichrechtskonform zertifiziert worden.

4.6.3 Erfüllung der Eichrechtskonformität auf anderen Wegen

Voraussetzung ist in allen Fällen immer ein geeichtes Messsystem, außer der Strom wird verschenkt!

Verkäufer und Käufer sind gleichzeitig vor Ort
Beide erfassen den Zählerwert vor Beginn und nach Ende der Ladung gemeinsam, die Rechnung wird erstellt und anerkannt. Dies entspricht im Wesentlichen dem Verfahren, wie es vom Tanken an Zapfsäulen für fossile

Treibstoffe bekannt ist und könnte somit an klassischen Tankstellen in den Normalbetrieb integriert werden.

Im Hotelbereich, wo der Kunde mit dem Concierge zweimal zur Ladestation gehen müsste, oder extra Personal beschäftigt werden müsste, um die Abrechnung eichrechtskonform zu gestalten, ist eine derartige Lösung eher unwahrscheinlich.

Ladepunkt wird nur durch einen einzigen Kunden genutzt
Wenn sichergestellt ist, dass alle Ladevorgänge nur einem einzigen Kunden zuzurechnen sind, kann das Verfahren einfacher gestaltet werden.

Dazu ein Beispiel: Die Energieabgabe eines Ladepunkts in der Tiefgarage eines Mehrfamilienhauses wird über einen eigenen geeichten Zähler erfasst. Der Ladepunkt befindet sich am Stellplatz eines bestimmten Bewohners und kann nur von diesem benutzt und freigeschaltet werden. Eine Fremdnutzung ist ausgeschlossen. Somit können die Energiekosten, beispielsweise über die Hausverwaltung, mit einem Nutzer direkt in bestimmten Intervallen abgerechnet werden. Vergleichbar findet ja auch die Abrechnung der Heizkosten in solchen Liegenschaften statt.

Wie zu erkennen ist, gibt es einige Möglichkeiten, die eichrechtskonform sind, sich aber im öffentlichen Bereich mit ständig wechselnder „Kundschaft" nicht anwenden lassen. Dort braucht es unbedingt die Transparenz mit der Möglichkeit der Überprüfbarkeit im Nachhinein.

4.6.4 Anforderung an eichrechtskonforme Ladestationen

Neben der bereits ausführlich angesprochenen eichrechtskonformen Abrechnung und späteren Überprüfbarkeit derselben, müssen eichrechtskonforme Ladestationen noch weitere Anforderungen erfüllen. So muss beispielsweise gewährleistet werden, dass dem Kunden nur die tatsächlich an das Elektrofahrzeug abgegebene Energie in Rechnung gestellt wird. Der Eigenverbrauch der Ladestation darf dazu nicht pauschal abgezogen werden, da dies zu inkorrekten Werten führt. Um die Überprüfung der Korrektheit der abgegebenen Energiemenge durchführen zu können, werden die angezeigten Werte der, in die Ladesäule integrierten Energiezähler, mit zertifizierten Prüfequipment verglichen (**Bilder 4.29** und **4.30**).

Vor allem bei DC-Ladestationen wurde der pauschale Abzug gerne angewendet, da es bis kurz vor Ende 2019 keinen einzigen zertifizierten DC-Zähler gegeben hat. Darum wurde AC-seitig gemessen und ein pauschaler

Bild 4.29 Prüfequipment zum Nachweis der korrekten Energieerfassung bei AC-Ladestationen

Bild 4.30 Prüfequipment zum Nachweis der korrekten Energieerfassung bei DC-Ladestationen

Prozentsatz für den Eigenverbrauch der Säule abgezogen. Übergangsfristen wurden immer wieder verlängert und Ladestationen sind so noch zahlreich in Betrieb. Dies ist nicht eichrechtskonform und muss von den Betreibern geändert werden. Dem steht die Verfügbarkeit von DC-Zählern noch etwas entgegen, da nicht auf einen Satz die nötige Anzahl an DC-Zählern zur Verfügung gestellt werden kann. Das eingeleitete Verfahren sieht nun vor, dass alle Betreiber mit pauschalierten Abzügen, einen Zeitplan zur Umrüstung vorlegen, um konkrete Zielvorgaben zu erreichen. Auf Basis dieser Daten können dann Entscheidungen zum Weiterbetrieb bis zur Umrüstung getroffen werden. Nach der Umrüstung wird in einem Konformitätsbewertungsverfahren bei positivem Ergebnis die Eichrechtskonformität zertifiziert.

Die Zahl der eichrechtskonform bewerteten DC-Zähler nimmt zu, sodass sich auch der weitere Aufbau öffentlicher DC-Ladeinfrastruktur beschleunigen wird.

Die Modellanzahl an verfügbaren eichrechtskonformen AC-Ladestationen im Markt erhöht sich auch stets, sodass der Aufbau eichrechtskonformer Ladelösungen keine Frage der Verfügbarkeit mehr sein wird. Wer Ladestrom verkaufen will, muss eichrechtskonform sein.

Um Ladesysteme als eichrechtskonform vermarkten zu dürfen, muss der Hersteller dieser Systeme neben der eichrechtskonformen Messung der Ladestation, welche im Konformitätsbewertungsverfahren (KBV) Modul B geprüft und zertifiziert wird, darüber hinaus den gesamten Produktionsprozess zertifizieren lassen. Eine erfolgreiche Zertifizierung nach Modul D des KBV bescheinigt die Konformität zur Qualitätssicherung des Produktionsprozesses.

4.6.5 Schlussbemerkung zu eichrechtskonformen Ladelösungen

Bezüglich der Eichrechtskonformität hat Deutschland in dieser Konsequenz einen Alleingang unternommen. In vielen anderen Ländern wird dies aktuell nicht in dieser Strenge umgesetzt. Der Verbraucher erhält durch den konsequenten Weg jedoch die Sicherheit, dass das Laden der elektrischen Energie und deren Abrechnung die gleichen Qualitätskriterien erfüllt, wie der Einkauf anderer Produkte. Die Vergleichbarkeit der Angebote hinsichtlich Preisklarheit und Preiswahrheit im Voraus ist gegeben und die Überprüfungsmöglichkeit im Nachhinein jederzeit möglich.

Nachdem auch die Eichrechtskonformität einen langen und schwierigen Entwicklungsprozess hinter sich hat, wird sie schon sehr bald den Standard bei der Ladeinfrastruktur in Deutschland bilden und für den Endverbraucher selbstverständlich sein. Nur wer für den Verkauf und die Abrechnung von Ladestrom eichrechtskonforme Ladelösungen anbieten kann, wird zukünftig ein Geschäft machen können, da die Betreiber der Ladeinfrastruktur nur so die Sicherheit haben, unnötigen Rechtsstreitigkeiten aus dem Wege gehen zu können.

Es gibt Angebote von Ladeinfrastrukturhersteller, die mit folgenden oder ähnlich lautenden Formulierungen Werbung machen:

- *„... unsere Ladeinfrastruktur erfüllt alle Voraussetzungen des deutschen Eichrechts ..."*

- „... unsere Ladestationen sind bald eichrechtskonform ..."
- „... uns wurde bestätigt, dass unsere Ladestationen eichrechtskonform sind ..."
- „... unsere Ladestationen befinden sich im Konformitätsbewertungsverfahren ..."

So gibt es noch eine Vielzahl weiterer, gut formulierter Werbeaussagen. Bei der vierten genannten Aussage ist eventuell nach Abschluss des Konformitätsbewertungsverfahren die Eichrechtskonformität zertifiziert. Die ersten drei Aussagen sind diesbezüglich wenig belastbar.

Nur wer die Zertifikate der Konformitätsbewertungsstellen vorlegen kann, darf Ladesysteme als eichrechtskonform im Markt anbieten und verkaufen! Die Komplexität dieses Themas wurde im obigen Abschnitt mit einfachen Worten dargestellt, das Verfahren ist für die Hersteller ein aufwendiger Prozess. Da inzwischen aber das Wissen um die Möglichkeiten der Umsetzung und der Blick auf vergleichbare Lösungen stark zugenommen hat, sowie das Recht und der Markt die Eichrechtskonformität fordern, wird es immer mehr Angebote geben. Im Vorfeld kommt damit noch viel Arbeit auf die Konformitätsbewertungsstellen zu.

Wie bereits erwähnt, wird das Thema „Abrechnung von Ladestrom" in anderen Ländern etwas großzügiger gehandhabt. Einige europäische Staaten haben inzwischen bereits Interesse bekundet, das System nach deutschem Vorbild (welches im Grunde nur das EU-Recht konsequent umsetzt) im eigenen Land umzusetzen.

Der Endverbraucher braucht sich um die ganzen Abläufe im Hintergrund nicht zu kümmern. Für ihn bleibt es beim Einstecken, eventuell Autorisieren, Laden, Weiterfahren, mit dem sicheren Gefühl, dass alles korrekt ist.

4.7 Erweiterte Kommunikation nach ISO 15118

Ein weiteres, sehr großes Thema im Bereich der Ladeinfrastruktur ist die Kommunikation zwischen Fahrzeug, Ladestation und eventuell mit einer übergeordneten Leitstelle. Wobei die übergeordnete Leitstelle eine einfache Kundenverwaltung vor Ort, ein lokales Energiemanagementsystem, eine größere Parkhausverwaltung oder eine Cloudlösung sein kann.

Die im Abschnitt 4.4.4.2 beschriebene Ladesteuerung mit dem PWM-Signal wird gerne auch als Basiskommunikation bezeichnet. Sie bietet die Möglichkeit, dem Laderegler im Fahrzeug mitzuteilen, welchen Maximalstrom es aufnehmen darf. Ebenso hat die Ladestation die Möglichkeit, zu erkennen, in welchem Betriebszustand sich das Fahrzeug befindet (B, C, D, E). Damit lassen sich bereits einfache Energiemanagementsysteme aufbauen. Wenn der Stromfluss jedes Ladepunktes und im Gebäude für jede einzelne Phase mit einbezogen werden, lässt sich das Energiemanagement noch weiter optimieren.

Viele Funktionen, die einen erhöhten Nutzerkomfort, eine bessere Optimierung des Energiemanagements, netzdienliche Aspekte berücksichtigen usw. sind mit der Basiskommunikation nicht möglich. Diese Aspekte können beispielsweise sein:

- Automatische Erkennung des Nutzers beim Anschluss des Fahrzeugs an die Ladestation (Plug & Charge, PnC).
- Bei AC-Ladestationen ist keine Erkennung des Ladezustands möglich.
- Wie lange darf das Laden dauern?
- Welche Energiemenge wird benötigt?
- Welche maximale AC-Ladeleistung (1/3ph.) bietet der Laderegler im Fahrzeug?
- Kann das Fahrzeug DC-Laden (max. Spannung, Strom, Leistung)?
- Welche Gesamtkapazität hat der Fahrzeugakku?
- Ist Energieabgabe zurück ins Stromnetz möglich?

Nur wenn umfangreichere Informationen vorhanden sind, kann das Laden von Elektrofahrzeugen optimiert werden. Ist bekannt, dass an einer 22-kW-Ladestation ein Fahrzeug mit 1-phasigem 3,7-kW-Laderegler angeschlossen wird, so kann ein intelligentes Energiemanagement gezielt nur diese Leistung freigeben, die verbleibende Leistung kann anderen Ladepunkten zugewiesen werden, an denen höhere Leistung genutzt wird. Ist dem Energiemanagementsystem darüber hinaus noch bekannt, wieviel Energie jedes einzelne Fahrzeug benötigt und wann der Fahrer wieder weiterfahren möchte, kann es die Leistungsverteilung noch weiter optimieren. Das geht allerdings nur, wenn diese Informationen auch zur Verfügung stehen.

Für den Fahrer eines Elektrofahrzeugs wäre es doch ideal, wenn er das Fahrzeug einfach nur an die Ladestation anschließen müsste und weiter gar nichts zu tun bräuchte. Identifizierung des Fahrzeugs, Laden, Abrechnung alles läuft automatisch. Genau das verbirgt sich hinter dem Begriff Plug & Charge (PnC) [32]. Erste Fahrzeuge und Ladeinfrastruktur, die diese Möglichkeit bieten, gibt es bereits.

Die Lösung für diese Anforderungen wird mit der ISO 15118 (mit den Teilen 1 bis 8, 2016 bis 2019) [33] erreicht. Nur durch einen internationalen Standard, der von „allen" Herstellern Anwendung findet, können diese Ziele erreicht werden. Da hierbei verschiedene Interessen von Abrechnungsdienstleistern, Energieversorgern, Fahrzeugherstellern, Ladeinfrastrukturherstellern, Ladepunktbetreibern (charge point operator, CPO) und Fahrstromanbietern (e-mobility provider, EMP) auf einen gemeinsamen Nenner gebracht werden mussten, hat auch die Entwicklung dieser Norm, die jetzt Anwendung findet, mehrere Jahre gedauert. Viel einfacher hatte es da ein amerikanischer Elektrofahrzeughersteller, der dies an seinen Ladestationen für seine Fahrzeuge schon lange praktiziert. Wenn alles aus einer Hand ist, ist vieles einfacher. Für die öffentlich gleichberechtigte Nutzung von Ladeinfrastruktur musste jedoch ein allgemeiner, weltweit angewendeter Kommunikationsstandard geschaffen werden, der mit der ISO 15118 jetzt vorliegt. Auch beim induktiven Laden ist die Anwendung von ISO 15118 möglich.

Bieten sowohl die Ladestation wie auch das Elektrofahrzeug die Kommunikation nach ISO 15118 und die Plug and Charge-Möglichkeit (**Bild 4.31**), dann steckt der Fahrer einfach nur das Ladekabel ein und alles Weitere findet automatisch statt. Beim induktiven Laden ist dies noch komfortabler, da das Einstecken des Ladekabels entfällt (siehe auch Abschnitt 3.4). Im Moment ist noch das konduktive Laden mit dem Ladekabel Standard.

Eine ausführliche Vorstellung möglicher Varianten für Lastmanagementsysteme wird in Kapitel 8 erfolgen. Dennoch wird hier an einem einfachen Beispiel dargestellt, welche Qualitätsunterschiede dadurch erreicht werden können, wenn die Managementsysteme aufgrund entsprechender Kommunikation mit intelligenteren Funktionen ausgestattet werden können.

Auf einem Parkplatz sind sechs Ladepunkte mit maximal 22 kW installiert. Als Anschlusswert stellt der Betreiber insgesamt 22 kW bereit. Somit kann an jedem Ladepunkt einzeln mit maximal 22 kW geladen werden,

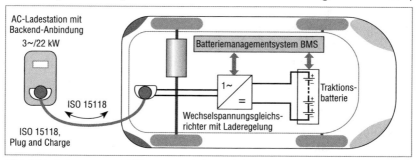

Bild 4.31 *Ladevorgang mit ISO 15118 und Plug and Charge*

kommen mehrere, muss die Leistung aufgeteilt werden. Der Elektroinstallateur hat bei der Installation darauf geachtet, dass die Phasen des Versorgungsnetzes gleichmäßig getauscht auf die Ladepunkte geführt werden. An zwei Ladepunkten wurde L1 des Versorgungsnetzes auf L1 des Ladepunktes geführt, bei zwei L2 auf L1 und bei weiteren zwei L3 auf L1. Damit wird eine symmetrischere Netzbelastung sichergestellt, wenn mehrere Fahrzeuge mit 1-phasigem Lader angeschlossen sind.

Ein Nutzer hat die VIP-Rolle und die Berechtigung, mit bis zu 22 kW zu laden. Wenn dieser Nutzer ein Fahrzeug mit 1-phasigem Laderegler mit 3,7 kW Leistung an einen Ladepunkt anschließt, bekommt er 22 kW bewilligt und für die anderen Ladepunkte steht keine Leistung mehr zur Verfügung (**Bild 4.32**). Erst wenn erkannt wird, dass das „VIP-Fahrzeug" vollgeladen ist, können die anderen Fahrzeuge wieder Leistung erhalten. Das kann sehr lange dauern, wenn der VIP einen großen Akku hat.

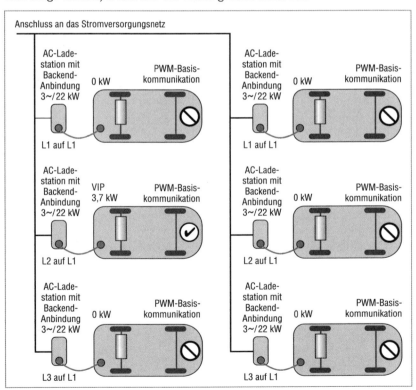

Bild 4.32 *Sechs Fahrzeuge mit 1-phasigem 3,7 kW-Lader an Energiemanagementsystem ohne ISO 15118*

Betriebsfall ohne ISO 15118

Über die PWM-Basiskommunikation ist es nur möglich, dem Laderegler im Fahrzeug mitzuteilen, welchen Maximalstrom er „ziehen" darf. Ob er diesen tatsächlich benötigt und ob er 1- oder 3-phasig lädt, ist vorab nicht bekannt. Wenn es nun so ungünstig läuft, wie im Beispiel in Bild 4.32, dann werden für die VIP 22 kW bereitgestellt und die anderen bekommen nichts.

Betriebsfall mit ISO 15118

Mit der erweiterten Kommunikation nach ISO 15118 kann die Ladeinfrastruktur zielgerichtet die Bereitstellung der Leistung an die Leistungsfähigkeit der Fahrzeuge anpassen. In **Bild 4.33** hat nicht nur der VIP einen 1-phasigen Lader mit 3,7 kW, sondern alle weiteren fünf Fahrzeuge eben-

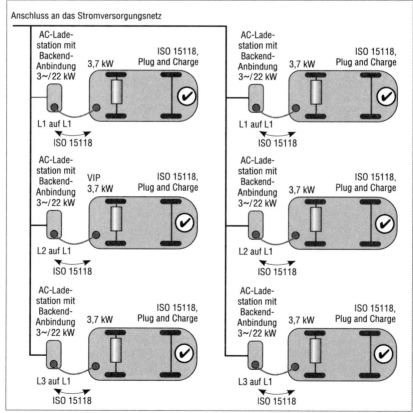

Bild 4.33 *Sechs Fahrzeuge mit 1-phasigem 3,7 kW-Lader an Energiemanagementsystem mit ISO 15118*

falls. Dem VIP kann somit passend ein Strom von 16 A zugeteilt werden, obwohl seine Ladekarte eventuell 22 kW freigeben kann und der VIP-Status Vorrang vor anderen Fahrzeugen bieten würde. Da alle anderen fünf Fahrzeuge ebenfalls nur 1-phasig mit 16 A laden können und die Phasen des Versorgungsnetzes gleichmäßig auf die sechs Ladepunkte verteilt sind, können alle sechs Fahrzeuge gleichzeitig mit voller Leistung laden. Dies ist bereits ein gewaltiger Unterschied zum Beispiel in Bild 4.32, dort besteht die Gefahr, dass die fünf weiteren Fahrzeuge überhaupt keine Ladeleistung bekommen.

Mit ISO 15118 und der Messung des real fließenden Ladestroms, Information zur benötigten Energie und wann das Ladeende zur Weiterfahrt erreicht werden soll, ist es weiter möglich auch bei höherer Leistungsfähigkeit der Fahrzeuglader die zur Verfügung stehende Leistung optimal zu verteilen.

In Abschnitt 1.3 wurde ausgeführt, dass der Stromexportüberschuss für den Betrieb von Millionen von Fahrzeuge reichen könnte, wenn die Energieverteilung möglichst intelligent erfolgt. Der im Jahr 2011 erstmals vorgesehene Rollout von intelligenten Energiemesssystemen in der Energieversorgung findet jetzt endlich, mit der Zertifizierung des dritten Smart Meter Gateways, statt. Die Verteilnetzbetreiber wünschen sich eine Fernsteuerbarkeit der Ladeinfrastruktur. Wenn nun noch eine Vielzahl von Elektrofahrzeugen, die immer dann, wenn sie nicht fahren an Ladestationen angeschlossen sind, können diese gezielt geladen werden, wenn Stromüberschuss im Netz vorhanden ist. Durch intelligente Kommunikation vor Ort, wie es die ISO 15118 ermöglicht, kann dieser Überschuss noch intelligenter verteilt werden. Da die erneuerbaren Energien von Wind und Sonne beeinflusst werden, steht oftmals mehr Energie bereit, als vom Stromnetz aufgenommen werden kann. Dies führt häufig dazu, dass Windkrafträder aus dem Wind genommen werden müssen. Mit der Kenntnis, welche Leistungsaufnahme und welche Energiespeicherreserven zur Verfügung stehen, lässt sich so die Nutzung der erneuerbaren Energien weiter verbessern. So kann auch die ISO 15118 dazu beitragen, die Energiewende weiter voranzubringen.

Während das aus Japan stammende DC-Ladeverfahren CHAdeMO bereits von Anfang an bidirektional arbeiten konnte, wurde bei ISO 15118 im ersten Schritt das Laden von Elektrofahrzeugen konsequent mit einer Vielzahl von Funktionen, wie beispielsweise Plug & Charge umgesetzt. Aktuell wird die ISO 15118 inhaltlich, unter anderem um die Bidirektionalität, erweitert. Dieser Prozess soll bis Ende 2020 abgeschlossen sein. Mit einer Umsetzung kann voraussichtlich im Jahr 2024 [32] gerechnet werden. Da neben den rein technischen Problemen rechtliche Rahmenbedingungen zu regeln sind, könnte dies zeitlich ganz gut passen.

5 Planung von Ladeinfrastruktur

Wer davon ausgeht, dass bei einer Auslegung von Ladeinfrastruktur der einzige Aspekt der Ladepunkt selbst ist, wird in diesem Abschnitt lernen, dass diese Einschätzung nicht richtig ist. Das Angebot an qualitativ hochwertigen Ladestationen ist in den vergangenen Jahren sehr stark gewachsen. Natürlich ist es nicht nur eine Geschmacksfrage des Endkunden, die bei der Auswahl des Ladepunktes berücksichtigt werden muss, sondern vielmehr, welche Funktionalität und Komfortfunktionen erwartet werden. Ein besonderer Aspekt ist auch der Einsatzzweck, handelt es sich einen einfachen Ladepunkt in einem Einfamilienhaus oder soll die Installation in einem Mehrfamilienhaus oder einer Wohnanlage erfolgen? Wieder andere Ansprüche werden an Ladepunkte bei Parkplätzen/-häusern, vor Supermärkten usw. gestellt.

Bei der Planung von Ladeinfrastruktur sind dennoch eine Vielzahl weiterer Aspekte zu berücksichtigen. In den folgenden Abschnitten wird ein Überblick gegeben, welche persönlichen, normativen und regulatorischen Rahmenbedingungen eine professionelle Planung umfassen.

Vor dem Einstieg in die einzelnen Abschnitte sei der Hinweis erlaubt, dass die Installation der Ladeinfrastruktur am Stromversorgungsnetz dem, in das Installateurverzeichnis der Verteilnetzbetreiber eingetragenen, Elektrofachbetrieb vorbehalten ist.

5.1 Planung anhand des Fahrzeugtyps

Wie in Abschnitt 4.2 ausgeführt wurde, ist nicht die Ladeleistung der Ladestation allein für die Ladezeit verantwortlich. Die im Markt befindlichen Elektrofahrzeuge sind, die Ausstattung Laderegler betreffend, sehr unterschiedlich. Ohne jetzt einzelne Marken zu nennen, findet man bei der AC-Ladung folgende Varianten vor:
- 1-phasig mit maximal 16 A (3,7 kW),
- 1-phasig mit maximal 32 A (7,4 kW, aufgrund der maximal zulässigen Schieflast sind in Deutschland maximal 20 A erlaubt),
- 2-phasig mit maximal 16 A (7,2 kW, bauartbedingt),
- 3-phasig mit maximal 16 A (11 kW),

- 3-phasig mit maximal 32 A (22 kW),
- 3-phasig mit maximal 63 A (43,5 kW) und
- 3-phasiger Lader, der zum Ladeende hin nur noch 1-phasig arbeitet.

Eine weitere Einflussgröße bei der Auslegung ist die Batteriekapazität des Fahrzeugs. Es ist sinnlos, einen 1-phasigen Ladepunkt zu installieren, wenn das Fahrzeug eine Batteriekapazität von mehr als 40 kWh und einen 3-phasigen Lader hat, da es dann nahezu unmöglich ist, über Nacht vollständig aufzuladen.

Selbst wenn das aktuelle Fahrzeug nur einen 1-phasigen Laderegler enthält, macht es oft Sinn, im privaten Bereich trotzdem einen 3-phasigen Ladepunkt zu installieren, um zukunftssicher zu sein.

Eine oft genannte Empfehlung ist die Wahl eines 3-phasigen Ladepunktes mit einer Leistung von 11 kW. Damit können auch Fahrzeuge mit 1-phasigen Lader problemlos aufgeladen werden. Bei Fahrzeugen mit 2- oder 3-phasigen Ladern steht entsprechend mehr Leistung zur Verfügung. Zudem kann ein Fahrzeug auch mit fast leerem 100-kWh-Akku über Nacht nahezu vollgeladen werden.

5.2 Vorgaben der Verteilnetzbetreiber (VNB)

Das Laden von Elektrofahrzeugen dauert bei normalen Ladepunkten im privaten Umfeld und in Wohnanlagen in aller Regel mehrere Stunden. Dabei fließen, im Vergleich zu anderen elektrischen Verbrauchern im Haus, hohe Ströme. Im Sinne der Technischen Anschlussbedingungen [34] an das Niederspannungsnetz spricht man dabei von einer Dauerlast. Dauerlasten unterliegen beim Anschluss an das Niederspannungsnetz besonderen Regeln. Für die VNB ist es von besonderer Bedeutung, zu wissen, welche Lastsituationen am Netz entstehen können, um zum einen zu verhindern, dass das Netz überlastet wird und zum anderen, um den weiteren Ausbau der Stromversorgungsnetze planen und vorbereiten zu können.

Aus diesem Grund ist *jeder* Ladepunkt für Elektrofahrzeuge anzumelden! Auch 1-phasige und 3-phasige Standardsteckdosen sind anzumelden, wenn diese zum Laden von Elektrofahrzeugen genutzt werden. Ab einer Leistung von mehr als 12 kVA besteht eine generelle Zustimmungspflicht durch den VNB. Aufgrund des besonderen Lastverhaltens beim Laden von Elektrofahrzeugen, überlegen einzelne VNB eine Zustimmungspflicht bereits bei geringerer Ladeleistung einzuführen.

Teilweise wird von den VNB die Möglichkeit verlangt, die Ladepunkte aus der Ferne steuern zu können. Hier unterscheiden sich die Vorgaben der VNB schon sehr deutlich, während in ausreichend versorgten Gebieten eine Steuerbarkeit gar nicht verlangt wird, wird andernorts die Steuerbarkeit mit vergünstigtem Stromtarif gekoppelt. Manche VNB möchten die Ladung über einen Schaltkontakt, der über den Rundsteuerempfänger gesteuert wird, pausieren oder in eine andere Laststufe schalten, andere VNB erwarten eine Kommunikationsfähigkeit der Ladestation nach OCPP 1.6, um komplexere Steuerfunktionen realisieren zu können. Vor allem in dicht besiedelten Gebieten ist die Erweiterung der Stromversorgungsnetze nur mit hohem Aufwand möglich. Durch eine gezielte Steuerung der Lastsituation lässt sich eine Überlast des Versorgungsnetzes oder ein ansonsten notwendiger Netzausbau vermeiden.

Auf diese Weise bereiten sich die Verteilnetzbetreiber auf die steigende Zahl von Elektrofahrzeugen und die damit zwangsweise verbundene steigende Anzahl von Ladepunkten vor.

Der ins Installateurverzeichnis eingetragene Installationsbetrieb meldet mit dem vorgeschriebenen Anmeldeformular des VNB (ein Beispiel ist in **Bild 5.1** gezeigt) den Ladepunkt an und holt im Bedarfsfall die vorherige Zustimmung ein. Danach schließt er den Ladepunkt an und nimmt ihn vorschriftsmäßig in Betrieb, inklusive Überprüfung der elektrischen Sicherheit und Funktionstest. Die große Angst vor dem „Black Out" wird durch diese konsequente Vorgehensweise vermieden.

Eine große Gefahr für die Versorgungssicherheit entsteht jedoch durch „wild" betriebene Ladeinfrastruktur, die nicht offiziell angemeldet ist und unter Umständen auch nicht normkonform ausgestattet ist. Wenn dieser „Wildwuchs" weiter um sich greift, weil das Internet alles für Jeden bietet, dann werden die VNB gezwungen werden, die Notbremse zu ziehen und ermitteln müssen, wer illegal elektrische Systeme am Stromnetz betreibt.

Die Versorgungssicherheit ist in Deutschland im Vergleich zu vielen anderen Ländern sehr hoch und das soll auch so bleiben. Dies funktioniert aber nur, wenn die Technischen Anschlussbedingungen und die Vorgaben der VNB eingehalten werden. Der eingetragene Installateur ist Elektrofachkraft, kennt die allgemeinen Richtlinien und die besonderen Forderungen des zuständigen VNBs und klärt bei Bedarf diffizilere Lösungen mit den Verantwortlichen des VNBs direkt ab, um dem Endkunden technisch einwandfreie Lösungen zu bieten.

128 5 Planung von Ladeinfrastruktur

Strom	Anmeldeformular Ladeeinrichtungen für Elektrofahrzeuge	
Angaben zum Anschlussobjekt	Straße, Haus-Nr. *	Anlagennummer (bei Bestandsanlagen)
	PLZ, Ort *	Zählernummer (bei Bestandsanlagen) *
	☐ öffentlich ☐ nicht öffentlich (privat)[1]	
Anschlussnehmer	Vorname, Name oder Firma *	Info: Pflichtangaben sind mit * markiert
Anlagenbetreiber (falls ≠ Anschlussnehmer)	Vorname, Name oder Firma *	
Hersteller	Hersteller/Typ?	
Ausführung der Ladeeinrichtung (bezogen auf 400/230V)	Anzahl der Ladeeinrichtungen je Leistungsklasse:* (z.B. 1×11kW + 2×3,7 kW)	
	Anzahl der Ladepunkte[2]:*	
	Summen-Bemessungsleistung: * kVA	
	Anschluss der Ladeeinrichtung * ☐ L1[3] ☐ L2[3] ☐ L3[3] ☐ Drehstrom	
	Lademanagement vorhanden?[4] ☐ ja ☐ nein	
	Max. Netzentnahmescheinleistung mit Lademanagement: kVA	
Vermindertes Netznutzungs-entgelt	Anwendung des verminderten Netznutzungsentgeltes für Ladeeinrichtungen für Elektrofahrzeuge ☐ ja	
	Info: Ein vermindertes Netznutzungsentgelt kann nur gewährt werden, wenn die Ladeeinrichtung als unterbrechbare Verbrauchseinrichtung nach § 14a EnWG ausgeführt wird. Hierfür wird für die Messung des Verbrauchs ein separater Zähler und ein Steuergerät für die Kommunikationstechnik benötigt. ☐ nein	
OPTIONAL: Anlagenerrichter (eingetragenes Elektroinstallations-unternehmen)	Firmenname Eintragungs- (Ausweis) Nr.	
	Straße, Haus-Nr.	
	PLZ, Ort	
	Tel/ E-Mail	

Bemerkungen:

Die Inbetriebsetzung der Ladeeinrichtung/en erfolgt(e) am:*

Ort, Datum *   Anschlussnehmer *

---

[1] Anschluss an eine Unterverteilung bspw. Garage.

[2] Entspricht der Anzahl von Elektrofahrzeugen, die zeitgleich geladen werden können. Die Anzahl Ladepunkte ist i.d.R größer als die Anzahl der Ladeeinrichtungen.

[3] Maximale Schieflast von 4,6 kVA muss eingehalten werden

[4] Ein Lademanagementsystem kann die maximale Netzentnahmescheinleistung bei Betrieb von mehreren Ladepunkten begrenzen. Eine unnötig teure Überdimensionierung des Anschlusses und der Elektroinstallation kann auf diese Weise vermieden werden.

Bild 5.1 *Beispiel für ein Formular zur Anmeldung von Ladepunkten für Elektrofahrzeuge*

5.3 Installation nach VDE 0100-722

Im Oktober 2012 wurde die DIN VDE 0100-722:2019-06 „Errichten von Niederspannungsanlagen – Anforderungen für Betriebsstätten, Räume und Anlagen besonderer Art – Stromversorgung von Elektrofahrzeugen" [35] erstmals veröffentlicht und kam ab 01.10.2012 zur Anwendung. Aufgrund der schnell voranschreitenden Entwicklung wurde sie bereits im Oktober 2016 und im Juni 2019 in überarbeiteter Fassung als Ersatz für die Vorgängerversion erneut veröffentlicht.

Wesentliche Aussagen der VDE 0100-722:2019-06 sind:
- Jeder Anschlusspunkt darf nur ein einzelnes Elektrofahrzeug versorgen.
- Ein Elektrofahrzeug darf nur aus einem Anschlusspunkt versorgt werden.
- Folgende Schutzmaßnahmen sind nötig:
  - jeder Stromkreis, der einen Anschlusspunkt versorgt, benötigt einen eigenen Schutz gegen Überstrom,
  - jeder Stromkreis, der einen Anschlusspunkt versorgt, benötigt einen eigenen Schutz gegen Fehlerströme,
  - Schutz gegen Überspannungen nach VDE 0100-443 und 534 (siehe Abschnitt 5.7).
- Die Auswahl elektrischer Betriebsmittel wird festgelegt.
- Es erfolgen Festlegungen zum Gleichzeitigkeitsfaktor.

Anschlusspunkt und Elektrofahrzeug

Es sind keine Adapterlösungen zur Stromkreisverzweigung zwischen Anschlusspunkt und Elektrofahrzeug erlaubt. Ebenso verboten ist das Zusammenführen der Energie aus mehreren Anschlusspunkten in ein Elektrofahrzeug. Auch die Verlängerung von Leitungen durch das Zusammenstecken mehrerer Ladeleitungen ist untersagt.

Konstruktiv sind die Ladestecker und Buchsen so gestaltet, dass normkonforme Produkte diese verbotswidrigen Anwendungsfälle gar nicht erst zulassen. Das Internet und „gefährlich schlaue Bastler" schaffen immer wieder Möglichkeiten, diese Sicherheitsmechanismen auszuhebeln. Oftmals sind o. g. Lösungen derart gestaltet, dass sie die Funktionen eines Lastmanagements nicht berücksichtigen und dadurch Überlastsituationen hervorrufen können, welche im Extremfall einen gesamten „Ladepark" stilllegen.

Folgendes Beispiel soll dies verdeutlichen: Der Anschlusswert für alle sechs Ladepunkte zusammen ist auf 40 A begrenzt. Jeder Ladepunkt kann im alleinigen Betrieb 32 A (22 kW) abgeben. Wenn mehrere Ladepunkte gleichzeitig genutzt werden, wird geteilt (z. B. 2 x 20 A). Dadurch ist es möglich, alle sechs Ladepunkte 3-phasig mit gleichzeitig 6,6 A zu betreiben. Bis zum Feierabend haben alle wieder einen vollen Akku. Zwei Mitarbeiter haben sich im Internet jedoch Adapter besorgt, die der Ladestation vorspielen, sie seien ein normkonformes Elektrofahrzeug. Damit versorgen sie eine CEE 32 A Steckdose und möchten über diese mit einem Mode 2 Ladekabel 32 A in das Fahrzeug laden.

Ein Anschlusspunkt ist zweckbestimmt für das Laden eines Elektrofahrzeugs mit normkonformen Equipment. Alles andere ist nicht erlaubt. Im obigen Beispiel (**Bild 5.2**) sollten nun theoretisch über 90 A fließen. Da aber nur ein maximaler Gesamtstrom von 40 A erlaubt und die Vorsicherung auch so dimensioniert ist, löst diese aus, um die Anlage zu schützen. *In der Folge haben am Ende des Tages alle Fahrzeuge einen nicht geladenen Akku!*

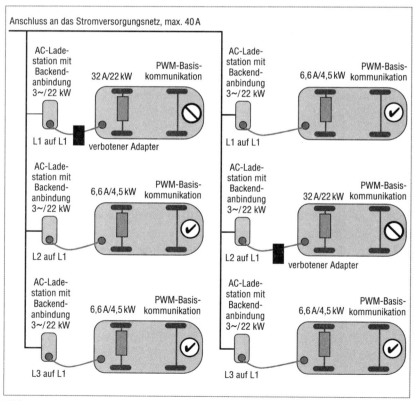

Bild 5.2 *Gefahr durch Verwendung von nicht normkonformen Produkten*

5.3 Installation nach VDE 0100-722

Es könnten noch viele weitere Beispiele dafür aufgezeigt werden, wie die Sicherheitsmechanismen der Ladeinfrastruktur ausgehebelt werden können und dabei nicht nur ein unkontrolliertes Abschalten erzwungen, sondern zusätzlich eine elektrische Gefährdung herbeigeführt wird.

Die Kernaussage aller potentiellen Beispiele aber ist: Ein Ladepunkt versorgt ein Elektrofahrzeug [36] und sonst nichts!

Schutzmaßnahmen

Jeder Anschlusspunkt stellt einen eigenen Stromkreis mit eigenen Schutzorganen dar.

Überstrom

Jeder Anschlusspunkt kann mit seinem Nennbemessungsstrom betrieben werden. Er ist gegen Überstrom zu schützen. Die Auswahl geeigneter Schutzorgane und die Dimensionierung der Stromversorgungsleitung zum Anschlusspunkt wird in Abschnitt 6.2 ausführlich erläutert. Vom Grundsatz kann die Überstromschutzeinrichtung sowohl in der Ladeinfrastruktur selbst als auch im Verteiler angeordnet werden [37].

Fehlerstrom

Für jeden Anschlusspunkt ist eine eigene Fehlerstromschutzeinrichtung mit einem Bemessungsdifferenzstrom von höchstens 30 mA vorzusehen (Ausnahme: wenn die Schutzart „Schutztrennung" vorliegt).

Ist der Anschlusspunkt mit einer Ladesteckdose oder Leitungskupplung nach IEC 62196 ausgestattet, dann muss eine Schutzvorkehrung gegen Gleichfehlerströme getroffen werden. Hierfür gibt es mehrere Möglichkeiten:

- eine RCD vom Typ B, entweder in die Ladestation integriert oder im Verteiler;
- eine RCD vom Typ A in Verbindung mit einer Einrichtung zur Abschaltung bei Gleichfehlerströmen > 6 mA, ist die Gleichfehlerstromabschaltung in die Ladestation integriert, reicht ein in der Verteilung vorgeschalteter RCD Typ A,
- eine RCD vom Typ A mit integrierter Abschaltung bei Gleichfehlerströmen > 6 mA.

Zusätzlich kann es aufgrund der Leitungsführung im Gebäude noch weitere Forderungen zur Anordnung des Fehlerstromschutzorgans geben. Wenn beispielsweise der gesamte Leitungsweg zu überwachen ist, dann ist es nicht ausreichend, wenn der RCD in der Ladestation selbst installiert ist. Ist ein RCD in der Ladestation selbst und ein vorgeschalteter RCD installiert, so ist auf Selektivität zu achten [38].

Eine weitere Problematik, die sich in der Praxis ergeben kann, ist der Umstand, dass eine Zuleitung in ein Nebengebäude bereits mit einem selektiven RCD vom Typ A ausgestattet ist und im Nebengebäude eine Ladestation installiert werden soll (**Bild 5.3**).

Da ein RCD Typ B mit einem Bemessungsdifferenzstrom von 30 mA bei AC-Fehlern zwischen 15 mA und 30 mA und bei DC-Fehlern zwischen 15 mA und 60 mA auslösen muss, besteht die Gefahr, dass ein vorgeschalteter RCD Typ A vom DC-Fehler soweit gestört wird, dass er seine Schutzfunktion nicht mehr ordnungsgemäß ausführen kann. Im schlimmsten Fall wird der RCD Typ A durch den DC-Fehlerstrom soweit in die Sättigung getrieben, dass er selbst bei großen AC-Fehlerströmen gar nicht mehr auslöst. Laut Produktnorm müssen RCDs vom Typ A vom Hersteller so gebaut werden, dass sie bis zu Gleichfehlerströmen von 6 mA noch korrekt arbeiten.

Für solche Fälle ist es vorteilhaft, eine Ladestation mit 6 mA DC-Fehlererkennung und einen RCD Typ A zu installieren. Auf diese Weise kann ein einzelner Ladepunkt hinter einem RCD Typ A betrieben werden. Möchte der Besitzer nun eine zweite Ladestation installieren, entsteht wieder das Problem, dass sich die Fehlerströme der beiden Ladepunkte addieren und damit der zulässige Maximalwert für DC-Fehlerströme von 6 mA überschritten wird. Dann müssen andere Maßnahmen ergriffen werden. Mögliche Varianten sind:

▌ Ein Austausch des selektiven RCD Typ A gegen den selektiven Typ B vorzunehmen.

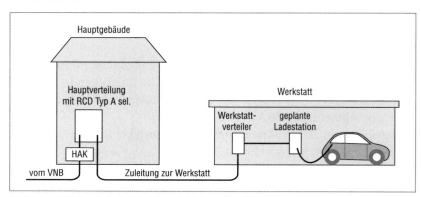

Bild 5.3 *RCD Typ B darf nicht hinter RCD Typ A installiert werden*

5.3 Installation nach VDE 0100-722

■ Das Legen einer eigenen Zuleitung für die Ladeinfrastruktur zur Werkstatt mit Abgriff vor dem RCD in der Hauptverteilung. Den Hof aufzugraben ist mit entsprechenden Kosten verbunden, kann aber sinnvoll sein, wenn noch weitere Ladepunkte geplant sind.

■ Wenn die Zuleitung zur Werkstatt nicht unbedingt durch eine RCD geschützt werden muss, kann man den Abgriff in der Hauptverteilung vor den selektiven Typ A legen und die entsprechenden Stromkreise im Werkstattverteiler schützen.

Diese Maßnahmen sind allesamt mit entsprechenden Kosten verbunden. Auch dies ist ein Grund, warum es empfehlenswert ist, vor Arbeitsbeginn die Installation vor Ort zu begutachten, um die vernünftigste Lösung zu finden.

Vor allem in KFZ-Autohäusern und Gewerbeanwesen wird diese Konstellation häufiger anzutreffen sein. Die Elektrofachkraft muss dafür Sorge tragen, dass ein RCD Typ B nie hinter einen Typ A geschaltet wird.

Überspannungsschutz [39]

Dieser Sachverhalt wird in Abschnitt 5.7 ausführlich behandelt, der Überspannungsschutz ist in DIN VDE 0100-443 und -534 geregelt. Grundsätzlich ist bereits seit vielen Jahren das Thema Überspannungsschutz bei nahezu allen elektrischen Anlagen zur Pflicht geworden. Mit der zunehmenden Installation von Ladeinfrastruktur für Elektrofahrzeuge entsteht der Eindruck, dass damit auch der Überspannungsschutz zur Pflicht wurde. De facto handelt es sich dabei jedoch um Versäumnisse aus der Vergangenheit, welche bei der Erweiterung der elektrischen Anlage um Ladeinfrastruktur wieder in den Fokus rücken.

Isolationsüberwachung [40]

Isolationsüberwachung ist bei IT-Netzen erforderlich, wie dies nach Trenntransformatoren oder Ladepunkten, die aus Batteriesystemen versorgt werden, der Fall sein kann.

Gleichzeitigkeitsfaktor

Da davon auszugehen ist, dass alle Ladepunkte gleichzeitig genutzt werden können, ist bei der Dimensionierung der Stromkreisverteilung von einem Gleichzeitigkeitsfaktor von 1 auszugehen. Vom Gleichzeitigkeitsfaktor 1 kann abgewichen werden, wenn ein Lastmanagement/eine Ladesteuerung eingesetzt wird.

Ein weiterer Sonderfall ist dabei auch die Installation von Systemen, bei welchen die maximale Ladeleistung durch Konfiguration nicht mit ihrer Bemessungsleistung, sondern mit einer geringeren Leistung betrieben werden. Dies ist zulässig, wenn die Konfiguration nur mit Werkzeug oder Schlüssel veränderbar ist. Die Veränderung der Konfiguration ist nur einer Elektrofachkraft oder einer elektrotechnisch unterwiesenen Person erlaubt. Manche Hersteller bieten diese Möglichkeiten in ihren Ladestationen beispielsweise durch kleine Konfigurationsschalter an. Wird ein 22-kW-System damit auf 11 kW reduziert, dann empfiehlt der Autor, die Zuleitung über einen Leitungsschutzschalter mit einem Nennstrom von 16 A zu schützen. Wird durch den Endkunden später verbotswidrig die Konfiguration auf 22 kW zurückgestellt und ein Fahrzeug möchte tatsächlich mit 22 kW laden, dann wird der Leitungsschutzschalter abschalten.

5.4 Anforderungen nach VDE-AR-N 4100

Mit der Verabschiedung der VDE-AR-N 4100 im April 2019 fand ein mehrjähriges Kapitel von Beratungen und Einsprüchen ein zwischenzeitliches Ende. Mehrere bisher gültige Regeln wurden zur „Technische Anschlussregeln Niederspannung", der TAR Niederspannung VDE-AR-N 4100, zusammengeführt. So wurden durch die TAR folgende Regeln ersetzt:

- VDE-AR-N 4101, Anforderungen an Zählerplätze in der Niederspannung von 2015,
- VDE-AR-N 4102, Anschlussschränke im Freien von 2012,
- VDN-Richtlinie Notstromaggregate von 2004,
- DIN VDE 0100-732 (VDE 0100-732) Hausanschlüsse in öffentlichen Kabelnetzen,
- VDN-Richtlinie zu Überspannungs-Schutzeinrichtungen Typ 1,
- Anforderungen an Plombenverschlüsse (VDEW-Materialie M-38/97) von 1997,
- TAB 2007, Technische Anschlussbedingungen für den Anschluss an das Niederspannungsnetz (Bundesmusterwortlaut) und
- Technische Anforderungen an den Zugang zu Niederspannungsnetzen des DistributionCode 2007.

Im Oktober 2019 folgte eine erste Berichtigung, in welcher im Wesentlichen Änderungen an den deutschen und französischen Titeln, Ergänzungen zur Ausführung der Zählerplätze und Satzänderungen am Datenblatt für Speicher definiert wurden.

Am 12.02.2020 wurde ein neuer FNN-Hinweis „Anforderungen für den symmetrischen Anschluss und Betrieb nach VDE-AR-N 4100" veröffentlicht, welcher kostenlos beim VDE-Shop bezogen werden kann [41].

Alle Details der VDE-AR-N 4100:2019-04 zu nennen und zu erläutern, würde leicht ein eigenes Buch füllen. Für das Elektrohandwerk wurden mit der Einführung der „4100" bundesweit zahlreiche Seminarveranstaltungen durchgeführt, um die fachgerechte und professionelle Umsetzung sicherzustellen.

Mit Bezug zur Elektromobilität betreffen die wichtigsten Regelungen
- die Anmeldung von Ladepunkten beim VNB,
- der elektrische Anschluss von 1- und 3-phasigen Ladesystemen,
- die Thematik der Schieflast und
- die Steuerbarkeit durch den VNB.

Der Punkt „Anmeldung von Ladepunkten beim VNB" berücksichtigt eine Forderung nach netzdienlichem Verhalten von Ladeeinrichtungen. Damit wurden die Voraussetzungen geschaffen, um die Integration von größeren Stückzahlen von Elektrofahrzeugen ins Niederspannungsnetz zu ermöglichen.

So wurde beispielsweise klar geregelt, dass 1-phasige Lader bis maximal 4,6 kVA 1-phasig angeschlossen werden dürfen [42]. Es dürfen maximal drei 1-phasige Ladeeinrichtungen mit einer Bemessungsleistung von bis zu 4,6 kVA am Niederspannungsnetz angeschlossen werden, wenn diese gleichmäßig auf die Außenleiter verteilt werden. Leistungsstärkere Ladeeinrichtungen > 4,6 kVA sind 3-phasig anzuschließen.

Werden 1-phasige Erzeugungsanlagen, Ladeeinrichtungen für Elektrofahrzeuge und Stromspeicher mit je maximal 4,6 kVA sind auf maximal drei Geräte begrenzt und müssen auf einen gemeinsamen Außenleiter angeschlossen werden. Der VNB kann den zu verwendenden Außenleiter vorgeben.

Ausnahme:
Eine maximale Unsymmetrie von 4,6 kVA zwischen dem am stärksten und dem am schwächsten belasteten Außenleiter ist immer einzuhalten. Dies kann durch eine Symmetrieeinrichtung bewirkt werden. Die maximale Summenleistung der auf einen Außenleiter in die Symmetrieeinrichtung eingebundenen Geräte ist dabei auf 13,8 kVA begrenzt. Alle eingebundenen Geräte müssen ihre Betriebsleistung bei Ausfall der Symmetrieeinrichtung auf 4,6 kVA limitieren. Bei DC-Ladesystemen sind diese Forderungen vom Ladesystem selbst zu erfüllen. Bei AC-Ladesystemen wird dies über die

Kommunikation mit dem Fahrzeug sichergestellt. Weitere Informationen sind in der VDE-AR-N 4100:2019-04 in Abschnitt 5.5.2 [43] nachzulesen.

Besondere Anforderungen an den Betrieb von Ladeeinrichtungen für Elektrofahrzeuge

Darüber hinaus sind in der VDE-AR-N 4100:2019-04 noch besondere Anforderungen an den Betrieb von Ladeeinrichtungen für Elektrofahrzeuge definiert [44]. Mit Verweis auf die VDE-AR-N 4105:2018-11 ist die Möglichkeit der Lieferung von Energie aus dem Fahrzeug ins Stromversorgungsnetz berücksichtigt. Mit einer Fernsteuerung der Ladeleistung können Ladeeinrichtungen für Elektrofahrzeuge am Lastmanagement des öffentlichen Niederspannungsnetzes (nicht zu verwechseln mit lokalem Lastmanagement) teilnehmen. In jedem Fall bedarf dies gesonderter vertraglicher Regelungen mit dem VNB. Die technischen Lösungen dazu sind in Serienfahrzeugen noch nicht verbreitet, die normativen Voraussetzungen dafür aber bereits geschaffen. Dieser Sachverhalt wird vor allem für DC-Ladesysteme an Bedeutung gewinnen, ist grundsätzlich auch bei AC- und induktiven Ladesystemen denkbar, erfordert jedoch eine umfangreichere Steuerungs- und Leistungselektronik in jedem Fahrzeug.

In den vergangenen Jahren wurden viele Erfahrungen hinsichtlich des Ladens von Elektrofahrzeugen gesammelt. Vor diesem Hintergrund muss beim Ladevorgang ein Leistungsfaktor von $\geq 0{,}95$ eingehalten werden, wenn mit Nennleistung geladen wird. Bewegt sich die Ladeleistung im Bereich von 5 % bis < 100 % muss ein Leistungsfaktor von 0,9 bis 1 eingehalten werden. Bei DC-Ladesystemen muss dieser Bereich von der Ladeeinrichtung sichergestellt werden, bei AC-Ladesystemen vom Elektrofahrzeug.

Induktive Ladesysteme und DC-Ladesysteme mit einer Bemessungsleistung von mehr als 12 kVA sind in ihrer Leistung regelbar auszuführen. Ebenso soll der VNB die Möglichkeit haben, für den Leistungsfaktor eine Blindleistungsstellmöglichkeit oder eine Leistungsfaktor-(P)-Kennlinie oder einen Leistungsfaktor zwischen $0{,}9_{induktiv}$ und $0{,}9_{kapazitiv}$ vorzugeben. Es sind Überlegungen im Gange, diese Forderungen auch auf das AC-Laden anzuwenden.

Der Nachweis der Einhaltung dieser Anforderungen ist mittels Konformitätsnachweisen zu leisten.

5.5 Auswahl geeigneter Ladeinfrastruktur nach Anschlussmöglichkeit

Wie in den vorigen Abschnitten ausgeführt wurde, werden für den Betrieb von Ladesystemen für Elektrofahrzeuge am öffentlichen Stromversorgungsnetz umfangreiche Anforderungen gestellt. Inwieweit Systeme, die im Handel angeboten werden, diese Forderungen erfüllen, kann pauschal nicht beantwortet werden. Namhafte Hersteller von Qualitätsprodukten verweisen schon aus eigenem Interesse auf die Einhaltung aller relevanten Vorschriften und legen die entsprechenden Nachweise und Zertifikate vor. Eine Ladestation zum Selbstbau mit der Schlussformel in der Bauanleitung „Hurra, Sie haben es geschafft, schließen Sie das Gerät nun an Ihre Verteilung an" erfüllt diese Rahmenbedingungen mit Sicherheit nicht.

Dass bei der Leistung der Ladestation im privaten Bereich oftmals ein 3-phasiges System mit 11 kW eine gute Wahl sein kann, wurde bereits in den vorigen Abschnitten erarbeitet.

Wesentlich wichtiger für die Dimensionierung der Zuleitung und die Auslegung der Elektroinstallation im Stromkreisverteiler sind die Gegebenheiten, welche durch die Ladestation vorgegeben sind. In der folgenden Betrachtung wird durchgängig von Ladestationen ausgegangen, welche mit einer Ladedose oder einer Leitungskupplung vom Typ 2 ausgestattet sind. Folglich muss eine Abschaltung auch bei Erkennung von DC-Fehlerströmen erfolgen. Bei fest installierter Ladeinfrastruktur (Mode 3) sind häufig die in **Tabelle 5.1** dargestellten Varianten anzutreffen.

Nachfolgend werden einige Beispiele gegeben, welche Ausstattungsvariante für welchen Anwendungsfall besonders günstig sein kann. Hierbei geht es vorrangig nur um die korrekte Installation mit den vorgeschriebenen Schutzorganen, Themen wie Kommunikation, Lastmanagement, Ladefreigabe (RFID, NFC, Schlüsselschalter, ...), APP-Bedienung, Portaleinbindung und weitere werden hier vorerst nicht berücksichtigt.

In den Varianten A, B und C ist keinerlei Schutzorgan in der Ladestation selbst enthalten. Auf den ersten Blick erscheint dies als Billiglösung, die keinen wirklichen Sinn macht. Verschweigt der Hersteller allerdings, dass die entsprechenden Schutzorgane in der Unterverteilung notwendig sind, dann wird es kompliziert. Ein Endkunde sieht oft nur den Preis der Ladestation und weiß nicht, welche Schutzorgane vorgeschrieben sind. Diskussionen über billigere Angebote im Internet sind dann die Folge. Das Elektrohandwerk, welches fachlich korrekte Gesamtlösungen anbietet, muss sich dann

Variante	Art	integrierter Leitungsschutzschalter (LS-Schalter)	integrierte Fehlerstromerkennung	in Unterverteilung einzubauende Schutzorgane [45]
A	Wallbox 1 Ladepunkt	Nein	Nein	Fehlerstromschutzschalter Typ B und Leitungsschutzschalter
B	Wallbox 1 Ladepunkt	Nein	Nein	Fehlerstromschutzschalter Typ A in Kombination mit RCMB > 6 mA und Leitungsschutzschalter
C	Wallbox 1 Ladepunkt	Nein	Nein	Fehlerstromschutzschalter DFS 4 EV und Leitungsschutzschalter
D	Wallbox 1 Ladepunkt	Nein	RCMB	Fehlerstromschutzschalter Typ A und Leitungsschutzschalter
E	Wallbox 1 Ladepunkt	Nein	RCD DFS 4 EV	Leitungsschutzschalter
F	Wallbox/ Ladesäule 1 Ladepunkt	Nein	RCD Typ B	Leitungsschutzschalter
G	Wallbox/ Ladesäule 1 Ladepunkt	Ja	RCD DFS 4 EV oder RCD Typ B	Leitungsschutzschalter zum Schutz der Zuleitung zur Ladestation
H	Wallbox/ Ladesäule 2 Ladepunkte	Ja, 2 Stück, je einer für jeden Ladepunkt	2 x RCD DFS 4 EV oder 2 x RCD Typ B	Leitungsschutzschalter/Schmelzsicherung entsprechend dem Bemessungsstrom oder dem konfigurierten Strom der gesamten Säule
I	DC-Schnelllader	besondere Anforderungen	Isolationsüberwachung und weitere Schutzorgane	Leitungsschutzschalter/Schmelzsicherung entsprechend dem Bemessungsstrom und bei Bedarf RCD

Tabelle 5.1 *Verschiedene Ausstattungsvarianten von Ladeinfrastruktur*

mit dem Vorwurf auseinandersetzen, es wolle nur unnötig teures Equipment verkaufen. Dennoch können Lösungen nach A, B und C sinnvoll sein, wenn in der Unterverteilung noch genügend Platz zur Aufnahme des LS-Schalters und des RCD ist (**Bild 5.4**).

Diese Lösung hat den Vorteil, dass nicht zwei Leitungsschutzschalter „bezahlt" werden müssen. Der Leitungsschutzschalter in der Unterverteilung kann passend zum Bemessungsstrom der Ladestation gewählt werden. Wäre ein Leitungsschutzschalter in der Ladestation vorhanden, so müsste der Leitungsschutzschalter in der Unterverteilung mit höherem Nennstrom gewählt werden, wobei eine Selektivität zwischen diesen Leitungsschutzschaltern nicht gegeben ist. Dies kann unter Umständen noch dazu führen, dass die Stromversorgungsleitung zum Ladepunkt einen größeren Leitungsquerschnitt besitzen muss. Der Schutz gegen Gleichfehlerströme muss bei dieser Lösung in die Unterverteilung integriert werden, in Bild 5.4 durch den RCD Typ B (oder wahlweise DFS 4 EV) dargestellt. Dies ist bei den Gesamtkosten zu berücksichtigen und bedeutet größeren Platzbedarf und Installationsaufwand in der Unterverteilung.

5.5 Auswahl geeigneter Ladeinfrastruktur nach Anschlussmöglichkeit

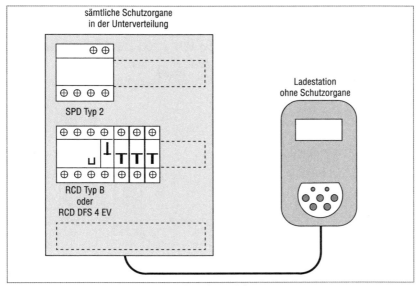

Bild 5.4 *Anschluss einer Ladestation ohne eigene Schutzorgane*

Eine sehr häufig am Markt anzutreffende Ausstattungsvariante bei Ladestationen folgt der Variante D. Die Integration einer allstromsensitiven Differenzstromsensorik (RCMB) in die Ladestation und eine damit realisierte Abschaltung bei Gleichfehlerströmen > 6 mA kann von den Herstellern vergleichsweise kostengünstig umgesetzt werden. Mit einem, in die Unterverteilung eingebauten, RCD vom Typ A ist die Forderung aus VDE 0100-722:2019-06, Abschnitt 722.531 „Einrichtungen zum Schutz gegen elektrischen Schlag durch automatische Abschaltung der Stromversorgung" ebenso vollständig erfüllt (**Bild 5.5**).

Der Platzbedarf und der Installationsaufwand sind praktisch identisch zur zuvor dargestellten Lösung, die Gesamtkosten sind oftmals dennoch geringer. Darüber hinaus bietet die Variante mit RCMB die Möglichkeit, nach einer geringen Wartezeit das Laden des Fahrzeugs erneut zu starten. Dies bietet den Vorteil, dass flüchtige Fehler, die kurzzeitig auftreten, nicht für ein komplettes Abschalten des Ladevorgangs sorgen. Erst wenn beim selben Ladevorgang eine mehrmalige Fehlerfeststellung erfolgt, bleibt der Ladepunkt aus. Ein weiterer Vorteil dieses Systems ist, wenn das fehlerbehaftete Fahrzeug den Ladepunkt verlassen hat, kann das nächste Elektrofahrzeug geladen werden, ohne dass der Service gerufen werden muss um den Ladepunkt wieder einzuschalten.

Ist das Platzangebot in der Unterverteilung reduziert, dann wird gerne eine Lösung nach Variante E und F gewählt. Hier ist der vollständige Schutz gegen elektrischen Schlag entsprechend VDE 0100-722:2019-06, Abschnitt 722.531 in den Ladepunkt integriert (**Bild 5.6**). Der in den obigen Beispielen vorgeschaltete RCD in der Unterverteilung ist somit nicht notwendig.

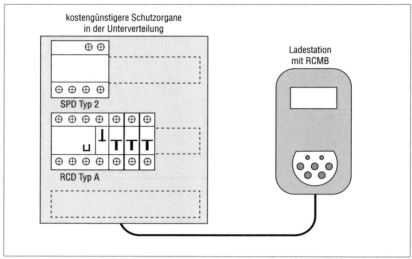

Bild 5.5 *Anschluss einer Ladestation mit integrierter Abschaltung bei Gleichfehlerströmen > 6 mA*

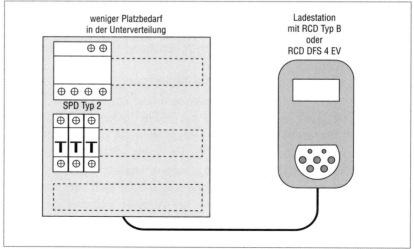

Bild 5.6 *Anschluss einer Ladestation mit integriertem RCD*

Trotz des geringeren Platzbedarfs und Installationsaufwands sind die Gesamtkosten dieser Lösung meist etwas höher als in der Variante mit RCMB. Wenn sich dadurch jedoch eine größere Erweiterung des Stromkreisverteilers (Unterverteilung) oder des gesamten Zählerplatzes vermeiden lässt, stellt es eine äußerst kostengünstige Lösung dar.

Betrachtet man nun Variante G, so drängt sich im ersten Moment der Verdacht auf, diese Variante böte gar keine Vorteile. Neben den gesamten Schutzorganen ist zusätzlich noch ein LS-Schalter in der Unterverteilung notwendig. Für einen einzelnen Ladepunkt ist dies soweit korrekt und nicht wirklich vorteilhaft. Interessant wird diese Variante jedoch, wenn man mehrere Ladepunkte mit einer gemeinsamen Zuleitung versorgen will, welche dann von Ladepunkt zu Ladepunkt durchgeschleift wird (**Bild 5.7**).

Bei einer Lösung nach Bild 5.7 ist die gewählte Variante entscheidend vorteilhafter als alle Schutzorgane in die Unterverteilung einbauen zu wollen. Natürlich ist auch bei dieser Variante sicherzustellen, dass eine entsprechende Leistung mit Gleichzeitigkeitsfaktor 1 zur Verfügung steht, aber die Alternative ohne Schutzorgane im Ladepunkt würde bedeuten, dass drei RCDs und drei LS-Schalter in der Unterverteilung Platz finden müssen. Bei der Auswahl der Ladepunkte ist hier lediglich noch darauf zu achten, dass die Anschlussklemmen groß genug sind, um die erforderlichen Leitungsquerschnitte aufzunehmen und doppelt ausgeführt sind, um das Durchschleifen von Ladepunkt zu Ladepunkt zu ermöglichen.

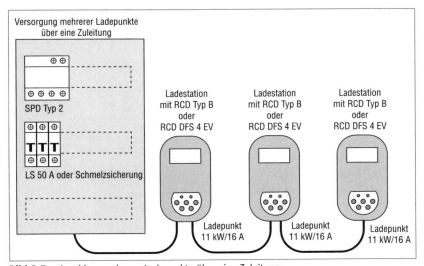

Bild 5.7 *Anschluss mehrerer Ladepunkte über eine Zuleitung*

Wie sieht nun der Anschluss von Ladesäulen oder Wallboxen mit zwei Ladepunkten aus?

Wie in **Bild 5.8** zu sehen ist, ist es beim Anschluss von Ladesäulen oder Wallboxen mit zwei Ladepunkten nach Variante H nach VDE 0100-722:2019-06 ohnehin erforderlich, dass für jeden Ladepunkt eine Gleichstromfehlerkennung mit RCD (Typ B oder DFS 4 EV oder Typ A mit RCMB) sowie ein eigener Leitungsschutzschalter eingebaut sind, da nur eine Zuleitung verlegt wird. Um den Querschnitt der Zuleitung und den erforderlichen Abschaltstrom der Vorsicherung im Rahmen zu halten, werden Ladesäulen meist einzeln angeschlossen und nicht durchgeschleift. Ausnahmen sind eventuell dann zu finden, wenn ein Energiemanagementsystem die maximale Leistungsabgabe an Elektrofahrzeuge begrenzt.

Sind mehrere Ladesäulen anzuschließen, so sind kleine Unterverteiler nicht mehr geeignet, es kommen Verteilerschränke zum Einsatz (**Bild 5.9**).

Bei der Auswahl geeigneter Ladeinfrastruktur in punkto Schutzorgane, wird meist die in Bild 5.9 dargestellte Variante gewählt. Bezüglich Kommunikationsfähigkeit, Funktionsumfang, Standfestigkeit, Witterungsbeständigkeit usw. gibt es gewisse Unterschiede. Sollen diese Ladepunkte öffentlich mit Abrechnung betrieben werden, so ist eine zertifizierte Eichrechtskonformität unumgänglich.

Wenn die Ladesäulen einzeln angeschlossen werden, hat dies den weiteren Vorteil, dass bei Abschalten der Vorsicherung nur die von diesem Stromkreis betroffene Ladesäule nicht mehr arbeitet. Die weiteren Ladepunkte können weiter genutzt werden.

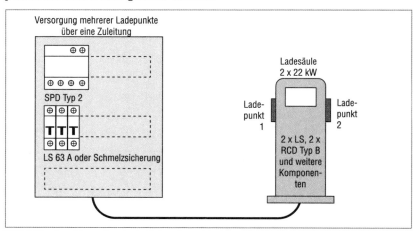

Bild 5.8 *Anschluss einer Ladesäule mit zwei Ladepunkten*

Werden DC-Schnellladestationen für den Aufbau einer Ladeinfrastruktur gewählt, wird die Versorgungsseite, wegen der hohen benötigten Anschlussleistung, in der Regel noch anspruchsvoller (**Bild 5.10**).

Einzelne DC-Schnelllader lassen sich aus Stromversorgungsnetzen, wie sie Firmen oder Supermärkte besitzen, noch betreiben. Ein normaler Hausanschluss ist für diese hohen Leistungen meist nicht ausgelegt.

Große Ladeparks verfügen in aller Regel über einen eigenen Mittelspannungsanschluss und bewegen sich damit außerhalb der Niederspannungsrichtlinie. Sie werden in enger Abstimmung mit dem zuständigen Verteilnetzbetreiber errichtet.

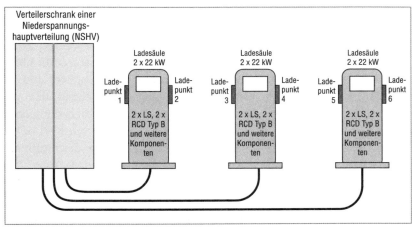

Bild 5.9 *Versorgung mehrerer Ladesäulen aus einer NSHV*

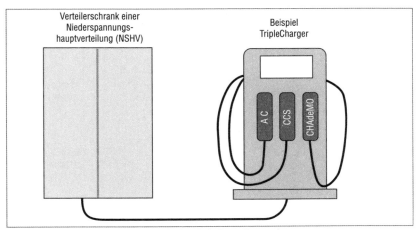

Bild 5.10 *Anschluss eines DC-Schnellladers bei einem Unternehmen*

5.6 Anforderungen an Zählerplätze und Stromkreisverteiler

In der bereits in Abschnitt 5.4 vorgestellten VDE-AR-N 4100:2019-04 sind auch die Anforderungen an Zählerplätze und der Anschluss an das Niederspannungsnetz umfassend geregelt.

Selbstredend sind auch Arbeiten in diesem Bereich nur den im Installateurverzeichnis des VNB eingetragenen Fachbetrieben vorbehalten.

Der Anschluss ans Versorgungsnetz nach VDE-AR-N 4100:2019-04 ist am Beispiel eines kleinen Gebäudes (z. B. eines Einfamilienhauses) in **Bild 5.11** zu sehen.

Wird durch die gewünschte Ladeleistung eine Leistungserhöhung notwendig und der Verteilnetzbetreiber stimmt dieser zu, dann werden die Sicherungselemente im Hausanschlusskasten (HAK) gegen welche mit höherem Nennstrom getauscht. Reicht die Netzkapazität nicht aus, oder sind die Leiterquerschnitte für eine Leistungserhöhung nicht ausreichend, steht die Überlegung an, ob die Mehrkosten für die entsprechende Umrüstung noch sinnvoll sind.

Ein Zählerplatz besteht aus dem netzseitigen und anlagenseitigen Anschlussraum sowie dem Zählerfeld zur Aufnahme der Energiezähler. Der netzseitige Anschlussraum (früher: unterer Anschlussraum) ist bei Neuinstallation oder bei erforderlicher Anpassung des Zählerplatzes immer mit fünf Stromschienen ausgestattet. Auf den Stromschienen werden selektive Hauptleitungsschutzschalter (SLS-Schalter) nach Vorgaben des VNB montiert. Meist kommen SLS-Schalter mit einem Nennstrom von 35 A oder 50 A

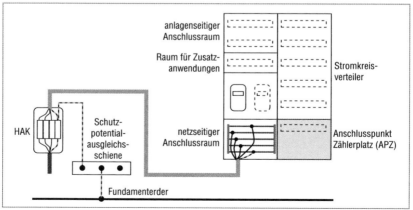

Bild 5.11 *Hausanschluss ans Niederspannungsnetz mit Zählerplatz und Verteilerfeld*

zum Einsatz. Nach VDE-AR-N 4100:2019-04 müssen diese Komponenten ein Bemessungsschaltvermögen von 25 kA besitzen. Dies bedeutet, dass selbst bei einem Kurzschlussstrom von 25.000 A noch ein sicheres Trennen erfolgt!

Der netzseitige Anschlussraum (**Bild 5.12**) bietet neben dem Zuleitungsanschluss und direkter Montage der SLS-Schalter auf den Stromschienen die Möglichkeit, einen Überspannungsableiter vom Typ 1 oder einen Kombiableiter (Typ 1 und Typ 2) zu platzieren.

Für die Bestückung des Zählerfeldes selbst schreibt der VNB je nach Region ebenfalls unterschiedliche Varianten vor (**Bild 5.13**).

▌ Elektronische Haushaltszähler gibt es in den Ausführungen mit Befestigungs- und Kontaktiereinheit (BKE). Diese können dann über BKE-I-Kassetten direkt ins Zählerfeld integriert werden, womit auch Doppelbestückung in einem Zählerfeld möglich wird. Das Zählerfeld ist dabei unterteilt in einen Bereich mit 300 mm Höhe zur Aufnahme der Zähler und dem darüber liegenden, 150 mm hohen, Raum für Zusatzanwendungen, der zur Aufnahme der Kommunikationsbaugruppe, dem Smart Meter Gateway (SMG) dient.

▌ Alternativ kann ein eHz auf einer Adapterplatte montiert werden, welche ein Zählerfeld komplett belegt. Die Adapterplatte dient gleichzeitig zur Aufnahme des SMG.

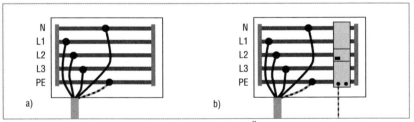

Bild 5.12 *Netzseitiger Anschlussraum ohne (a) und mit Überspannungsschutz (b)*

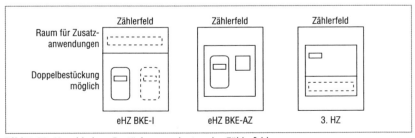

Bild 5.13 *Verschiedene Bestückungsvarianten des Zählerfeldes*

■ Die dritte Ausführung ist ein eHz in Dreipunktbefestigung (3.Hz) in welchem die Kommunikationsbaugruppe bereits integriert oder zur Aufnahme des SMG vorbereitet ist.

Mit der Einführung der elektronischen Haushaltszähler (eHz) wurde realisiert, dass in einem Zählerfeld zwei eHz platziert werden können. In Mehrfamilienhäusern können so jeweils zwei Wohnungen aus einem Zählerplatz aus einem Zählerschrank mit 1.100 mm Höhe versorgt werden. Doppelte Zählerplätze mit Dreipunktbefestigung haben eine Höhe von 1.400 mm da hier alleine das Zählerfeld zur Aufnahme der beiden übereinander angeordneten Dreipunktzähler eine Höhe von 750 mm hat.

Für die Strombelastbarkeit der Zählerfelder legt die VDE-AR-N 4100:2019-04 die gleichen Grenzwerte fest, die auch schon früher Gültigkeit hatten (**Tabelle 5.2**).

Anwendung	BKE-I und Dreipunkt-Befestigung [46]					
	H07V-K 10 mm²			H07V-K 16 mm²		
	Einfachbelegung	Doppelbelegung		Einfachbelegung	Doppelbelegung	
	Zähler	Zähler 1	Zähler 2	Zähler	Zähler 1	Zähler 2
Bezug* in A	≤ 63	≤ 63	≤ 63	≤ 63	≤ 63	≤ 63
Dauerstrom in A	≤ 32	≤ 32	≤ 32	≤ 44	≤ 32	≤ 32
Bezug*/Dauerstrom in A	–	≤ 63	≤ 32	–	≤ 63	≤ 32
* bei „haushaltsüblichen" Verbrauchern						

Tabelle 5.2 *Maximal zulässige Stromwerte bei Zählerplätzen in Abhängigkeit von der Bestückungsvariante*

Zusätzliche Hinweise:

■ Je nach Anwendung sind die, in der VDE-AR-N 4100:2019-04, vorgegebenen Werte der im netzseitigen Anschlussraum einzubauenden SLS-Schalter zu wählen.

■ Bei Doppelbelegung in einfeldrigen Zählerschränken muss der Dauerstrom auf 22 A begrenzt werden.

Nachdem inzwischen auch der dritte Hersteller für sein Smart Meter Gateway die Zertifizierung der Physikalisch-Technischen Bundesanstalt in Braunschweig am 17.12.2019 erhalten hat, steht einem verpflichtenden Einsatz in den Zählerplätzen nun nichts mehr im Wege. In der Presseerklärung „Start für das intelligente Messsystem – Meilenstein für die umfassende Kommunikationsplattform" vom 14.02.2020 [47] hat der VDE/FNN die Verpflichtung zum Einbau bei Kunden mit einem Jahresstromverbrauch von 6.000 kWh bis 100.000 kWh auf Basis der „Markterklärung" begrüßt. Dadurch wird dem Verbraucher die Möglichkeit gegeben, Tarifinformationen zu erhalten und damit intelligente Verbraucher gezielt zu steuern. Umgekehrt erhält der VNB dadurch ebenso die Möglichkeit, Energieflüsse zeitnah zu erfassen, seine Netzauslastung besser beurteilen zu können und notfalls steuernd auf angeschlossene Geräte einwirken zu können.

Somit schließt sich der Kreis wieder hin zur Elektromobilität. Wenn viele Elektrofahrzeuge mit hoher Ladeleistung gleichzeitig laden, kann dies zu Problemen im Versorgungsnetz führen. Wenn nun der VNB die Möglichkeit hat, die Energieflüsse gezielter zu steuern und die Lasten zeitlich zu verteilen, können viel mehr Elektrofahrzeuge beispielsweise über Nacht geladen werden, ohne dass dies zu Komforteinschränkungen für den Verbraucher führt.

Der anlagenseitige Anschlussraum mit einer Höhe von 300 mm ist für die Unterbringung folgender Betriebsmittel vorgesehen:

- Hauptleitungsabzweigklemmen oder Hauptschalter für den Anschluss zum nächsten Stromkreisverteiler,
- evtl. Freigaberelais für steuerbare Verbraucher nach § 14 des Energiewirtschaftsgesetzes,
- Datendose (HAN-Schnittstelle) für die Kommunikationsleitung in die Kundenanlage,
- RCD (FI-Schutzschalter), LS-Schalter und FI/LS zur Absicherung von maximal drei Wechselstromkreisen (z. B. Waschmaschine, Kellerbeleuchtung usw.) je Kundenanlage. Komponenten, die im anlagenseitigen Anschlussraum eingebaut werden, müssen ein Bemessungsabschaltvermögen bis 10 kA besitzen.

Bei Doppelbelegung eines Zählerplatzes dürfen maximal sechs Platzeinheiten pro Kundenanlage für Betriebsmittel genutzt werden.

Auch eine Erzeugungsanlage oder Ladeeinrichtung für Elektrofahrzeuge mit maximal 16 A darf am anlagenseitigen Anschlussraum angeschlossen werden.

Eine Nutzung des anlagenseitigen Anschlussraums als Stromkreisverteiler ist nicht zulässig.

Soweit einige wenige wesentliche Anforderungen an Zählerplätze und Betriebsmittel nach VDE-AR-N 4100:2019-04 [48]. Die vollständige Fassung mit über 90 Seiten zu erläutern, würde ein eigenes Buch füllen. Für Installationsbetriebe ist es verpflichtend, die Inhalte und die Vorgaben des VNB zu kennen. Damit wird erneut die Tatsache untermauert, dass Laien keinerlei Arbeiten am öffentlichen Stromnetz vorzunehmen haben.

5.7 Überspannungsschutz nach VDE 0100-443/534 und VDE 0185-305-1-4

Die direkten oder indirekten Folgen eines Blitzeinschlages beschäftigen die Menschen seit langer Zeit, da sie in der Regel mit großen Schäden an Gebäuden oder technischen Einrichtungen oder sogar mit dem Verlust von Menschenleben einhergehen. Aus diesem Kontext heraus wurden schon in früheren Zeiten mehr oder weniger wirksame „Schutzmaßnahmen" gegen den Einschlag eines Blitzes realisiert. In der jüngeren Zeitgeschichte kamen hierzu auch noch die Schutzmaßnahmen gegen die Überspannungs-Schadensereignisse, die in der Regel Schäden an technischen Anlagen hervorrufen und für deren Ausfall verantwortlich sind. Ohne nun langatmige Versicherungsstatistiken zu zitieren, ist dieser Anteil der Überspannungs-Schadensereignisse in den letzten zwei Jahrzehnten aufgrund der sich sehr schnell verändernden technischen Strukturen überproportional angestiegen.

Die Vorgaben des Gesetzgebers beziehen sich in den vergangenen 20 bis 30 Jahren aus der Konsequenz der immer höheren technischen Ausstattung (und somit auch der höheren Sensibilität gegen Überspannungsereignisse) der Gebäudetechnik. Neben Schutzmaßnahmen gegen die Auswirkungen eines Blitzschadensereignisses auf die gebäudetechnische Ausstattung ergeben sich für die Gebäudetechnik nun auch Schutzzielanforderungen für den sogenannten „inneren Blitzschutz". Auch wenn diese meist sehr rudimentären Anforderungen der staatlichen Gewalt in der Regel noch durch einen „Experten" im Bereich Blitz-Überspannungsschutz in eine praktisch umsetzbare Fachplanung und später auch in eine Fachausführung umgesetzt werden müssen, ist dieser Umdenkprozess der letzten Jahrzehnte im Bereich der Rechts-Normensetzer nur zu begrüßen, da ein Gebäude heute ohne funktionsfähige Gebäudetechnik nicht mehr sicher zu betreiben ist.

Mit der DIN EN 62305-Normenreihe wurde in den letzten zehn Jahren ein sehr umfangreiches Normenwerk im Bereich des Blitzschutzes auf einem technisch hohen und zeitgemäßem Wissensstand erarbeitet. Aber von mindestens genauso großer Bedeutung ist der Einzug des Überspannungsschutzes in die klassische Elektrotechnik mit der Einführung der DIN VDE 0100-443 im Jahre 2002 und der DIN VDE 0100-534 im Jahr 2009 sowie der ständigen Fortschreibung der beiden Normen bis zur aktuellen Neuveröffentlichung im Jahr 2016.

Auch wenn diese beiden Normen aus dem Bereich der VDE 0100-Normenwelt eigentlich nur den Schutz vor Überspannungsereignissen aus fernen Blitzeinschlägen und Schaltüberspannungen als normativen Regelungsbereich kennen, wird so gerade mit den Anforderungen der Neuveröffentlichung im Jahr 2016 ein sehr großer Schritt zum Ausbau des Schutzkonzepts der Isolationskoordination bei transienten, also sehr kurzzeitigen Spannungsüberhöhungen in elektrischen Anlagen vollzogen. Die bewusste Abgrenzung zur Normenwelt der DIN EN 62305, die einen kompletten Schutz gegen die Blitzeinwirkungen und somit auch gegen direkte Blitzeinschläge als Ziel ausrufen, wurde bei der Entwicklung der DIN VDE 0100-443 und der DIN VDE 0100-534 gewählt, da ein Schutzkonzept „Schutz vor Überspannungsereignissen, die aus fernen Blitzeinschlägen und Schaltüberspannungen" herrühren für sämtliche elektrische Anlagen aufgrund der vorab dargestellten Entwicklungen dringend erforderlich wurde. Dies gilt natürlich insbesondere für den Bereich der Elektromobilität, in dem große Schadensszenarien und Nutzungsausfälle ohne entsprechende Schutzkonzepte praktisch vorprogrammiert wären.

Dieser Abschnitt des Buches stellt die für den Praktiker wichtigsten Parameter und physikalischen Ansätze der direkten Blitzeinwirkungen und auch der indirekten Blitzeinwirkung (LEMP = lightning electromagnetic pulse) dar. Des Weiteren fällt dem Praktiker sehr häufig die Abgrenzung zwischen dem normativen Mindeststandard und den weiteren technischen Möglichkeiten oder auch manch irreführender Aussage eines Herstellervertreters schwer. Die Abgrenzung wäre ohne großen Aufwand schon durch einige grundlegende Betrachtungen und die Analyse der wichtigsten Parameter und physikalischen Ansätze der Blitzeinwirkungen oder der zu erwartenden Schaltüberspannung möglich. Wichtig ist aber, und deshalb wird dies auch im Rahmen dieses Abschnittes häufiger wiederholt mit einfließen, dass es keinen perfekten Schutz gegen die Auswirkungen oder die Einwirkungen von direkten Blitzeinwirkungen und auch der indirekten Blitzeinwirkung geben kann. Dies ist ein physikalisches Novum, von der praktischen Umsetzung oder Wirtschaftlichkeit ganz zu schweigen.

5.7.1 Wichtige Begriffe und Parameter im Blitz- und Überspannungsschutz

Die Parameter des Blitzereignisses in **Tabelle 5.3** sind von wesentlicher Bedeutung.

Erster postiver Stoßstrom	Gefährdungspegel			
	I	II	III	IV
Scheitelwert I in kA	200	150	100	
Ladung des Stoßstromes Q_{short} in C	100	75	50	
spezifische Energie W/R in MJ/Ω	10	5,6	2,5	
Wellenform T_1/T_2 in µs/µs	10/350			
Erster negativer Stoßstrom	**Gefährdungspegel**			
	I	II	III	IV
Scheitelwert I in kA	100	75	50	
mittlere Steilheit di/dt in kA/µs	100	75	50	
Wellenform T_1/T_2 in µs/µs	1/200			
Folgestoßstrom	**Gefährdungspegel**			
	I	II	III	IV
Scheitelwert I in kA	50	37,5	25	
mittlere Steilheit di/dt in kA/µs	200	150	100	
Wellenform T_1/T_2 in µs/µs	0,25/100			
Langzeitstrom	**Gefährdungspegel**			
	I	II	III	IV
Ladung des Stoßstromes Q_{short} in C	200	150	100	
Zeit T_{long} in s	0,5			
Blitz	**Gefährdungspegel**			
	I	II	III	IV
Ladung des Blitzes Q_{flash} in C	300	225	150	

Quelle: Fa. Dehn und Söhne

Tabelle 5.3 *Blitzstromparameter*

In den **Tabellen 5.4** bis **5.12** sind zusammenfassend die relevanten Parameter zur Projektierung einer Blitzschutzanlage den reinen Blitzstromparametern gegenübergestellt bzw. werden diese Werte dort miteinander in Beziehung gesetzt. In **Tabelle 5.4** sind die Maximalwerte des Scheitelwertes des Blitzstromes den Blitzschutzklassen (LPL) zugeordnet. Hier wird praktisch die maximale Strombeherrschbarkeit in Bezug auf den ersten Stoß-

Blitzschutzklasse (LPL)	maximaler Scheitelwert des Blitzstromes in kA
1 (I)	200
2 (II)	150
3 (III)	100
4 (IV)	100

Tabelle 5.4 *Planungsparameter (Blitzschutzklasse – maximaler Scheitelwert des Blitzstromes)*

strom des Blitzereignisses dargestellt. Die maximalen Stromwerte sind für die Erwärmung der Blitzstromleiter, die dynamischen Kraftwirkungen auf die Leiter und zur Berechnung des Trennungsabstandes von entscheidender Bedeutung und stellen in diesem Bezug praktisch den „schlimmsten anzunehmenden Fall", der durch die normativen Vorgaben der DIN EN 62305-Normenreihe abgedeckt ist, dar.

Noch höhere Werte des ersten Stoßstromes (> 200 kA) sind zwar in verschiedenen Fällen in der Praxis schon gemessen worden, aber aus ganzheitlichen Überlegungen aufgrund ihrer Häufigkeit nicht normativ in der DIN EN 62305-Normenreihe spezifiziert worden.

Praxisbeispiel:

Eine Blitzschutzanlage der Blitzschutzklasse 3 (III) kann, wenn ihre Fangeinrichtungen auf die maximal zulässigen Größenordnungen der Blitzschutzklasse ausgelegt sind, Blitze mit einem minimalen Scheitelwert von < 10 kA nicht mehr sicher einfangen, sodass bei diesem Sachverhalt ein Einschlag in das Gebäude oder in Einrichtungen, die auf oder an dem Gebäude angeordnet sind, möglich wären.

Somit werden die minimalen Scheitelwerte des Blitzstromes zur Ermittlung der möglichen Einschlagspunkte an oder auf einem Gebäude herangezogen. Dies erfolgt über den physikalischen Zusammenhang des Blitzkugelradiuses bzw. der Enddurchschlagsstrecke des jeweiligen Scheitelwertes des Blitzstromes.

Tabelle 5.5 stellt den minimalen Scheitelwert des Blitzstromes zur jeweiligen Blitzschutzklasse dar. Unterhalb des minimalen Scheitelwert des Blitzstromes ist ein sicheres Einfangen des Blitzes nicht mehr möglich.

Tabelle 5.6 stellt die aus den minimalen Scheitelwerten des Blitzstromes resultierenden Blitzkugelradien in Bezug zur jeweiligen Blitzschutzklasse dar.

Blitzschutzklasse (LPL)	minimaler Scheitelwert des Blitzstromes in kA
1 (I)	3
2 (II)	5
3 (III)	10
4 (IV)	16

Tabelle 5.5 *Planungsparameter (Blitzschutzklasse – minimaler Scheitelwert des Blitzstromes)*

Blitzschutzklasse (LPL)	Blitzkugelradius in m
1 (I)	20
2 (II)	30
3 (III)	45
4 (IV)	60

Tabelle 5.6 *Planungsparameter (Blitzschutzklasse – Blitzkugelradius)*

Der mathematische Zusammenhang zwischen Blitzkugelradius bzw. der Enddurchschlagsstrecke und dem Scheitelwert des Blitzstromes ist über die folgende Gleichung beschrieben:

$$r = 10 \cdot I_{Scheitel}^{0,65}$$

r Blitzkugelradius bzw. Enddurchschlagstrecke in m
$I_{Scheitel}$ Scheitelwert des Blitzstromes in (kA)

Hinweis: Die Werte in Tabelle 5.6 sind auf ganze Zahlenwerte gerundet.

Mit den Werten des Blitzkugelradiuses bzw. der Enddurchschlagsstrecke ist es unter dem Ansatz des kleinsten Wertes der Blitzschutzklasse 1 (I) auch möglich, die Gefahr eines direkten Blitzeinschlages in ein beliebiges Objekt bezüglich seiner Wahrscheinlichkeit zu beurteilen. Wird das besagte Objekt nicht von der Blitzkugel beim virtuellen Rollen der Blitzkugel über das jeweilige Umfeld des Objektes berührt, ist die Einschlagswahrscheinlichkeit statistisch gesehen unter 1 % und somit vernachlässigbar.

Der virtuelle Durchhang der oben beschriebenen Blitzkugel zwischen zwei Objekten wird mit der nachfolgenden einfachen Geometriegleichung bestimmt:

$$p = r - \sqrt{r^2 - \left(\frac{d}{2}\right)^2}$$

p Blitzkugeldurchhang
r Blitzkugelradius
d Abstand zwischen den Auflagepunkten der Blitzkugel

In **Bild 5.14** sind die Grundzusammenhänge des Blitzkugeldurchhanges dargestellt.

Tabelle 5.7 führt die maximal zulässigen Maschenweiten der Fangeinrichtungen, die nach dem „Maschenverfahren" auf der Dachfläche ausgelegt werden, auf.

Diese Fangmaschen sollen die Dachflächen des Daches vor direkten Einschlägen schützen, was aber physikalisch bei den üblichen Höhen der Anordnung der klassischen Fangmaschenanordnung (Höhe über Dachfläche < 0,1 m), und einer Überprüfung nach dem Blitzkugelverfahren und Berech-

5.7 Überspannungsschutz nach VDE 0100-443/534 und VDE 0185-305-1-4

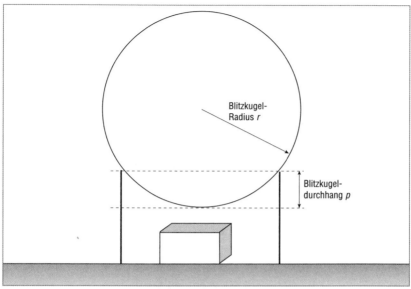

Bild 5.14 Symbolische Darstellung des Blitzkugeldurchhanges

Blitzschutzklasse (LPL)	Maschenweite in m
1 (I)	5 x 5
2 (II)	10 x 10
3 (III)	15 x 15
4 (IV)	20 x 20

Tabelle 5.7 *Planungsparameter (Blitzschutzklasse – Maschenweite – Fangeinrichtungen nach dem Maschenverfahren)*

nung des „Durchhangs" der Blitzkugel in der Mitte der Fangmasche keinen kompletten Schutz der Dachfläche gewährleistet.

Dies stellt allerdings in der Regel kein wirklich bedeutendes Problem dar, da in der heutigen Blitzschutzpraxis meist so viele Fangstangen bzw. Fangeinrichtungen auf der ebenen Dachfläche zum Schutz von weiteren Objekten angeordnet werden müssen, dass der Blitzeinschlag in die Dachoberfläche meist schon durch die Fangstangen bzw. Fangeinrichtungen sicher verhindert ist. Im Bereich der Anwendungen der Elektromobilität ist dieses Schutzkonzept sowieso faktisch ohne Bedeutung, da das Schutzprinzip des Maschenverfahrens, wie vorab schon aufgeführt, zum Schutz der Dachgrundfläche praktisch vom Blitzkugelverfahren abgeleitet wurde.

Tabelle 5.8 beschreibt den aus dem Blitzkugelverfahren abgeleiteten maximalen Schutzwinkel von bis zu 2 m hohen Fangstangen, in der Praxis

Blitzschutzklasse (LPL)	Schutzwinkel für Fangstangen bis 2 m Höhe in °
1 (I)	70
2 (II)	72
3 (III)	76
4 (IV)	79

Tabelle 5.8 *Planungsparameter (Blitzschutzklasse – Schutzwinkel für Fangstangen bis 2 m Höhe über Bezugsebene)*

stellt dies einen häufigen Anwendungsfall dar, die zur Dachoberfläche als Bezugsebene errichtet wurde. Dieser Schutzwinkel steht natürlich wieder in physikalischem Zusammenhang mit dem Blitzkugelradius bzw. der Enddurchschlagsstrecke und dem minimalen Scheitelwert des Blitzstromes. Das Schutzwinkelverfahren wird teilweise zum Schutz von Anwendungen der Elektromobilität (z. B. Vermeidung von Direkteinschlägen in Ladesäulen) zur Auslegung der Fangeinrichtungen angewendet.

Weitere Schutzwinkel für Fangstangen bis zum jeweils maximal möglichen Wert, dem Blitzkugelradius, sind aus Abbildung 1 in DIN EN 62305-3, Abschnitt 5.2.2, Ausgabe 2011-10 zu entnehmen.

Zur Vollständigkeit der wesentlichen Blitzschutzparameter werden nachfolgend auch noch die typischen Ableitungsabstände (**Tabelle 5.9**) und eine Übersicht der möglichen Erder-Werkstoffe (**Tabelle 5.10**) dargestellt.

Diese Abstände der Ableitungen sollten nicht um mehr als ± 20 % über- oder unterschritten werden, da sonst vor allem bei Überschreitungen eine erhebliche Vergrößerung des notwendigen Trennungsabstandes zu metallischen Teilen oder zu Teilen der elektrischen Anlage sehr wahrscheinlich ist. Die Anordnung der Ableitungen sollte von den Ecken bzw. Gebäudekanten aus erfolgen, da hier aufgrund der höheren Einschlagswahrscheinlich-

Blitzschutzklasse (LPL)	typischer Abstand der Ableitungen in m
1 (I)	10
2 (II)	10
3 (III)	15
4 (IV)	20

Tabelle 5.9 *Planungsparameter (Blitzschutzklasse – typischer Abstand der Ableitungen)*

Werkstoff	Form	Staberder Durchmesser in mm	Erdungsleiter Querschnitt in mm^2
Kupfer	Rundmaterial massiv	15	50
Feuerverzinkter Stahl	Rundmaterial massiv	14	78
rostfreier Stahl	Rundmaterial massiv	15	78

Tabelle 5.10 *Planungsparameter (Blitzschutzklasse – Erdungswerkstoffe)*
Auszug aus Tabelle 7 DIN EN 62305-3 Abschnitt 5.6.2 (Ausgabe 2011-10)

keit des Blitzes auch die Anordnung der Ableitungen in der räumlichen Nähe bei den Ecken bzw. Gebäudekanten als vorteilhaft angesehen werden kann.

Übersicht Planungsparameter

Abschließend wird in **Tabelle 5.11** eine Definition des verbleibenden Restrisikos auf Grundlage der normativen Vorgaben der DIN EN 62305-Normenreihe aufgezeigt.

Blitzschutzklasse (LPL)	größter Scheitelwert in kA	Restrisiko, das der größte Scheitelwert überschritten wird in %	kleinster Scheitelwert in kA	Restrisiko, das der kleinste Scheitelwert unterschritten wird in %	Gesamt-Restrisiko in %
1 (I)	200	1	3	1	2
2 (II)	150	2	5	3	5
3 (III)	100	3	10	9	12
4 (IV)	100	3	16	19	22

Tabelle 5.11 *Planungsparameter (Gesamtrisiko eines Blitzeinschlages in eine geschützte bauliche Anlage)*

Für den Praktiker ist es oft auch von entscheidender Bedeutung nahe an einem Gebäude, das mit einem äußeren Blitzschutzsystem ausgestattet ist, vorhandene technische Einrichtungen wie z. B. Außenleuchten, Sirenen, Feuerwehrschlüssel-Depots und selbstverständliche auch Ladepunkte für Anwendungen der Elektromobilität bezüglich des Risikos des direkten Einschlags eines Blitzes zu beurteilen. Um hier die Anordnung der vorhandenen oder zukünftig zu installierenden technischen Einrichtungen zu prüfen, wird in der Regel der Ansatz des Blitzkugelradius 20 m in Ansatz gebracht, um sicher zu sein, dass die als geringste zu betrachtenden Blitzströme von 3 kA (siehe Tabelle 5.12) gerade so diese zu betrachtende Einrichtung nicht mehr tangieren können.

Nachfolgend wird der mathematische bzw. geometrische Ansatz dieser oben aufgeführten Betrachtung aufgezeigt und an einem Rechenbeispiel erläutert.

Abstandsberechnung:

$$A_G = \sqrt{40 \cdot H_G - H_G^2} - \sqrt{40 \cdot H_I - H_I^2}$$

A_G Maximalabstand zum Gebäude in m, bei dem noch ein Schutz gegeben ist
H_G Gebäudehöhe in m
H_I Höhe der zu betrachtenden Einrichtung in m

Beispiel:
Höhe Gebäude: 8 m
Höhe Ladestation, die vor direkten Einschlägen geschützt werden soll: 1,2 m

$$A_G = \sqrt{40 \cdot H_G - H_G^2} - \sqrt{40 \cdot H_I - H_I^2}$$
$$= \sqrt{40 \cdot 8 - 64} - \sqrt{40 \cdot 1{,}2 - 1{,}44}$$
$$\approx 9{,}18 \text{ m}$$

Ergebnis:
Somit ist die Ladestation bis zu einer horizontalen Entfernung von 9,18 m vom 8 m hohen Gebäude vor direkten Blitzeinschlägen eines 3 kA Blitzstromes (Blitzkugelradius 20 m), siehe **Bild 5.15**, geschützt.

Da hier der Abstand zwischen Gebäude mit Blitzschutzanlage und der Ladesäule, wie in Bild 5.15 ersichtlich ist, nur ca. 7 m beträgt, der maximal zulässige Abstand aber bei ca. 9,18 m liegt (siehe Berechnungsbeispiel) ist der Schutz vor direkten Blitzeinschlägen eines Blitzstromes bis 3 kA (Blitzkugelradius 20 m) in oben aufgeführte Ladesäule gegeben.

Bild 5.15 *Gebäude mit Ladesäule in Bezug auf die Abstandsbetrachtung*

Hinweis:
Mit diesem Ansatz, der auch in VdS 2833 ausführlich beschrieben wird, können sämtliche technischen Einrichtungen am Gebäude oder in der unmittelbaren Nähe zum Gebäude bezüglich ihrer Einschlagsgefährdung beurteilt werden.

Die Berechnung des notwendigen Trennungsabstandes ist ein elementar wichtiger Ansatz zur rückwirkungsfreien Umsetzung von Blitzschutzmaßnahmen. Für die korrekte Planung und Projektierung einer elektrischen Anlage bzw. auch einer Blitzschutzanlage, ist die Berechnung des mindestens einzuhaltenden Trennungsabstandes (Abstand zwischen vom Blitzstrom durchflossenen Teilen und Betriebsmitteln der elektrischen Anlage oder der metallischen Installation des Gebäudes) ein unabdingbares Kriterium, um beim direkten Blitzeinschlag in die Blitzschutzanlage des zu betrachtenden Gebäudes schwere Schäden bzw. Ausfälle zu vermeiden. Nachfolgend wird, auf die wesentlichen Betrachtungspunkte beschränkt, die Berechnung des notwendigen Trennungsabstandes an Praxisbeispielen aufgezeigt. Um grundsätzlich aufzuzeigen, was eigentlich in der ersten vereinfachten Betrachtung hinter dem Begriff „Trennungsabstand" aus physikalischer Sicht hinterlegt ist, ist es wichtig zu verstehen, dass es sich beim Trennungsabstand eigentlich nur um die Berechnung des mindestens erforderlichen Abstandes zwischen vom Blitzstrom durchflossenen Teilen und Betriebsmitteln der elektrischen Anlage oder der metallischen Installation des Gebäudes handelt, um elektrische Überschläge zwischen diesen Teilen zu verhindern. Dieser elektrische Überschlag, also die Überschreitung der maximal zulässigen Feldstärke am Betrachtungspunkt, ist durch eine sich unter üblichen Bedingungen im Bereich von zwei- bis dreistelligen Kilovolt liegende Spannungsdifferenz definiert. Erfolgt dieser Überschlag, kommt es zu einem unkontrollierten und natürlich auch ungewollten Blitzstromübergang zwischen den betroffenen Einrichtungen und dem Blitzstrom durchflossenen Leiter, was zu sehr großen Schäden an der elektrotechnischen Anlage oder der metallischen Installation des Gebäudes führen kann.

Bild 5.16 stellt diesen Sachverhalt anschaulich dar.
Erläuterung zu Bild 5.16
Vereinfacht dargestellt handelt es sich beim notwendigen Trennungsabstand um den räumlichen Abstand zwischen den betroffenen Einrichtungen und dem vom Blitzstrom durchflossenen Leiter, der durch den reaktiven Spannungsabfall auf der oder den vom Blitzstrom durchflossenen Ableitungen verursacht werden.

Bild 5.16 *Zunahme der Spannungsdifferenz zwischen der Erdungsanlage des Gebäudes und der Einschlagstelle des Blitzes auf die Abstandsbetrachtung an einem Wohngebäude*

Folgende Berechnungsansätze geben die grundsätzliche Vorgehensweise bei der Bestimmung des Trennungsabstandes in der Praxis wieder.

Trennungsabstandsberechnung (vereinfachtes Verfahren)

$$s = \frac{k_i \cdot k_c}{k_m} \cdot l$$

s Trennungsabstand in m

k_i einheitsloser Faktor, abhängig von der Blitzschutzklasse bzw. vom maximalen Blitzstrom (**Tabelle 5.12**)

k_c einheitsloser Faktor, der die Aufteilung des Blitzstromes in den verschiedenen Stromwegen (z. B. Ableitungen) definiert

k_m einheitsloser Faktor, der die Durchschlagsfestigkeit an der Stelle des Trennungsabstandes beschreibt (**Tabelle 5.13**)

l Abstand in m zwischen dem Punkt des zu betrachtenden Trennungsabstandes und dem nächsten Punkt des Potentialausgleichs

5.7 Überspannungsschutz nach VDE 0100-443/534 und VDE 0185-305-1-4

$$k_c = \frac{1}{2 \cdot n} + 0{,}1 + 0{,}2 \cdot \sqrt[3]{\frac{c}{h}}$$

k_c einheitsloser Faktor, der die Aufteilung des Blitzstromes in den verschiedenen Stromwegen (z. B. Ableitungen) definiert
n Anzahl der Ableitungen
c Abstand zwischen den Ableitungen des gesamten Objektes in m
h Höhe in m bis zu ersten Aufteilung des Blitzstromes (z. B. Attika oder Dachrinne) in m

Blitzschutzklasse (LPL)	k_i-Wert (pauschal)
1 (I)	0,08
2 (II)	0,06
3 (III)	0,04
4 (IV)	0,04

Tabelle 5.12 *Planungsparameter (einheitslose Werte für k_i zur Berechnung des Trennungsabstandes)*

Stoff (Material) an der Stelle des Trennungsabstandes	k_m-Wert (pauschal)
festes Material (Holz, Stein, Putz usw.)	0,5
Luft	1,0

Tabelle 5.13 *Planungsparameter (einheitslose Werte für k_m zur Berechnung des Trennungsabstandes)*

Hinweis:

Die Berechnung des k_c (Stromaufteilungsfaktor zwischen den einzelnen Wegen des Blitzstromes) soll für das gesamte zu berechnende Objekt als pauschaler Wert, für alle Stellen, an denen der Trennungsabstand berechnet werden soll, dienen. Dieser Ansatz stellt eine relativ starke Vereinfachung des nachfolgend aufgeführten Verfahrens dar, der allerdings auf der sicheren Seite liegt. Das heißt, der hier errechnete Trennungsabstand ist vom Ergebnis höher, als der genau berechnete Trennungsabstand nach dem im Anschluss vorgestellten Verfahren.

Berechnungsbeispiel mit folgenden Werten:

Wohnhaus Blitzschutzklasse 3 (k_i = 0,04), vier Ableitungen (n = 4), Abstand zwischen den Ableitungen (c = 15 m), Höhe bis zur umlaufenden Dachrinnen (h = 7 m), Länge der Ableitung vom zu betrachtenden Punkt bis zum Potentialausgleich (l = 14 m), Durchschlagsfestigkeit an der Stelle des Trennungsabstandes abhängig vom elektrischen Isolierstoff (k_m = 0,5 feste Stoffe, 1 Luft)

Berechnung des k_c-Wertes

$$k_c = \frac{1}{2 \cdot 4} + 0{,}1 + 0{,}2 \cdot \sqrt[3]{\frac{15}{7}}$$

$k_c = 0{,}48$

Berechnung des Trennungsabstandes s

$$s = \frac{0{,}04 \cdot 0{,}48}{0{,}50} \cdot 14\,\text{m}$$

$s = 0{,}54$ m

Ergebnis: Trennungsabstand $s = 0{,}54$ m

Hinweis:
In diesem Objekt wird mit einem einheitlichen „k_c"-Faktor gerechnet, was unter dem vereinfachten Ansatz nach obigen Gleichungen soweit akzeptiert werden kann.

Mit der nachfolgenden Gleichung, die bei Gebäuden, die viermal länger und breiter als hoch sind, angewendet werden muss, wird ein zwar aufwendigerer, aber auch wesentlich genauerer Berechnungsansatz aufgezeigt.

Trennungsabstandsberechnung (komplexes Verfahren)

$$s = k_i \cdot \frac{k_{c1} \cdot l_1 + k_{c2} \cdot l_2 + k_{c3} \cdot l_3}{k_m}$$

Die Faktoren k_{c1} und l_1 stellen den Stromaufteilungsfaktor und die jeweilige Länge (Einheit in m) des zu betrachtenden Teilstückes zwischen dem relevanten Punkt des Trennungsabstandes und dem Potentialausgleich dar.

Folgende Regeln sind bei der Anwendung des Verfahrens zur Berechnung des Trennungsabstandes nach obiger Gleichung zu beachten:

- Der minimale k_c-Wert wird mit dem Reziprokwert der Ableitungsanzahl bestimmt z. B. acht Ableitungen $k_{c\,min} = 1/n$, dies entspricht einem minimalen k_c-Wert von 0,125.
- Es darf nur der kürzeste Weg zwischen dem Berechnungspunkt des Trennungsabstandes und dem Potentialausgleich gewählt werden.
- Am Punkt des Blitzeinschlages wird der k_c-Wert durch den Teilungsfaktor der Ausleitungen (also der an die Fangstange angeschlossenen Ableitungen = Fortleitungen) ermittelt. Bei z. B. vier Fortleitungen von der Fangstange ist mit einem k_c-Wert von 0,25 zu rechnen.
- Bei jedem weiteren Knotenpunkt wird der vorangegangene k_c-Wert halbiert, bis der minimale k_c-Wert erreicht ist, dann erfolgt keine weitere Reduzierung der k_c-Wertes.

5.7 Überspannungsschutz nach VDE 0100-443/534 und VDE 0185-305-1-4

- Das oben aufgeführte Verfahren muss für jeden zu betrachteten Punkt separat angewendet werden, es ist keine pauschale Verwendung eines k_c-Wertes zulässig.
- Der k_i-Wert wird, wie beim vereinfachten Verfahren auch, mit den unter Tabelle 5.12 aufgeführten pauschalen Faktoren bestimmt.
- Der k_m-Wert wird, wie beim vereinfachten Verfahren auch, mit den unter Tabelle 5.13 aufgeführten pauschalen Faktoren bestimmt.

Hinweis:
In der Regel werden bei beiden Berechnungsverfahren die maximalen Werte des Trennungsabstandes am Fußpunkt der Fangstangen bzw. an den Punkten mit einem festen Stoff in der Durchschlagsstrecke (k_m-Wert = 0,5) auftreten. Deshalb stellt die Berechnung des Trennungsabstandes (k_m-Wert = 0,5) in fast allen Fällen den ungünstigsten Fall dar und ist somit der für die Praxis anzunehmende und anzuwendende Fall.

Berechnungsbeispiel für das komplexe Verfahren mit folgenden Werten:
Lagerhalle Blitzschutzklasse 3, Ableitungen (n = 24), Gebäudelänge 90 m, Gebäudebreite 90 m, Gebäudehöhe 7 m

$$k_{c_{min}} = \frac{1}{n} = \frac{1}{24} = 0,0416$$

Berechnungsansatz siehe **Bild 5.17**

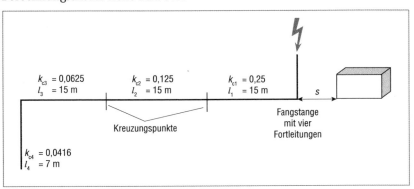

Bild 5.17 *Seitenansicht Dachfläche vereinfacht*

$$s = 0,04 \cdot \frac{0,25 \cdot 15\,m + 0,125 \cdot 15\,m + 0,0625 \cdot 15\,m}{1,0}$$

$$s = 0,55\,m$$

Ergebnis: Trennungsabstand s = 0,55 m

Fazit:
Dieser universal nutzbare Berechnungsansatz lässt sich auf alle Bereiche, Anlagenteile und Gebäudeteile übertragen und liefert die genauesten und somit auch praktikabelsten Ergebnisse und Lösungskonzepte.

Im nachfolgenden Abschnitt werden die Grundsätze der Isolationskoordination dargestellt, um dann in der späteren Ableitung die praktische Umsetzung der Schutzmaßnahmen gegen transiente Überspannungsimpulse darstellen zu können.

Zusätzlich wird auch nachfolgend nochmal klargestellt, dass zum Schutz vor „transienten Überspannungen" Überspannungs-Schutzeinrichtungen (SPDs) errichtet werden müssen, die systemeigene Beherrschung von Überspannungen ist somit in ihrer praktischen Anwendung formal ausgeschlossen.

Durch die Isolationskoordination kann für die gesamte elektrische Anlage erreicht werden, dass die Betriebsmittel der elektrischen und informationstechnischen Anlage durch die Errichtung von Überspannungs-Schutzeinrichtungen (SPDs) geschützt werden.

Mit diesen Maßnahmen kann das Ausfallrisiko auf einen sicherheitstechnisch akzeptierbaren Wert verringert werden. Einschlägige Betriebserfahrungen von *Frank Ziegler* als Sachverständiger für Elektrotechnik aus der damit verbundenen Aufgabe der Ursachenforschung nach Schadensfällen zeigen, dass viele Überspannungsschäden, die an solchen Betriebsmitteln auftreten, mit geeigneten Maßnahmen hätten verhindert werden können.

Im nachfolgenden Abschnitt 5.7.2 werden nun die Grundlagen der Koordination zwischen Bemessungs-Stoßspannungen von Betriebsmitteln und der Überspannungskategorien an den verschiedenen definierten Punkten der elektrischen Anlage erläutert.

5.7.2 Überspannungskategorien

Überspannungskategorie IV
Betriebsmittel mit einer Bemessungs-Stoßspannung entsprechend der Überspannungskategorie IV sind für die Anwendung in der Nähe des Einspeisepunktes der elektrischen Anlagen bestimmt, zum Beispiel in Stromflussrichtung gesehen vor dem Hauptverteiler im Hauptstromversorgungssystem oder im Vorzählerbereich. Betriebsmittel der Überspannungskategorie IV müssen eine Bemessungs-Stoßspannung entsprechend des in Tabelle 443.2 angegebenen Wertes von z. B. 6 kV (230/400-V-Netze) aufweisen. Die Verfügbar-

keitsanforderung nach DIN EN 60664-1 (VDE 0110-1) wird als „sehr hoch" eingestuft.

Beispiele für solche Betriebsmittel sind:
- Zähler für elektrische Arbeit,
- Rundsteuerempfänger,
- Überstromschutzorgane im Hauptstromversorgungssystem und
- Klemmen im Hauptstromversorgungssystem.

Überspannungskategorie III

Betriebsmittel mit einer Bemessungs-Stoßspannung entsprechend der Überspannungskategorie III sind für die Anwendung in ortsfest errichteten elektrischen Anlagen ausgelegt, und zwar in Stromflussrichtung nach dem Hauptverteiler im Hauptstromversorgungsystem oder hinter dem Vorzählerbereich. Betriebsmittel der Überspannungskategorie III müssen eine Bemessungs-Stoßspannung entsprechend des in Tabelle 443.2 angegebenen Wertes von z. B. 4 kV (230/400-V-Netze) aufweisen. Die Verfügbarkeitsanforderung nach DIN EN 60664-1 (VDE 0110-1) wird als „hoch" eingestuft.

Beispiele für solche Betriebsmittel sind:
- elektrische Betriebsmittel wie Schalter, Steckdosen,
- Kabel und Leitungen,
- fest errichtete Motoren,
- Stromschienen und
- Ladepunkte der Elektromobilität.

Überspannungskategorie II

Betriebsmittel mit einer Bemessungs-Stoßspannung entsprechend der Überspannungskategorie II sind für den Anschluss an ortsfest errichteten elektrischen Anlagen ausgelegt, und zwar in Stromflussrichtung nach dem Unterverteiler oder am Ende der elektrischen Anlage. Betriebsmittel der Überspannungskategorie II müssen eine Bemessungs-Stoßspannung entsprechend des in Tabelle 443.2 angegebenen Wertes von z. B. 2,5 kV (230/400-V-Netze) aufweisen. Die Verfügbarkeitsanforderung nach DIN EN 60664-1 (VDE 0110-1) wird als „normal" eingestuft.

Beispiele für solche Betriebsmittel sind:
- Haushaltsgeräte,
- informationstechnische Geräte,
- Handgeräte,
- Arbeits- und Verbrauchsgeräte.

Hinweis:
Die im Handel verfügbaren Geräte bzw. Betriebsmittel sind in der Regel immer mindestens der Überspannungskategorie II zugeordnet, dies wird aufgrund der Eingruppierung nach DIN EN 60664-1 (VDE 0110-1) den Herstellern der Geräte bereits in der Produktentwicklung so auferlegt. Mit dem oben aufgeführten Beispiel ist eine eindeutige Zuordnung zu der nach DIN EN 60664-1 (VDE 0110-1) geforderten Überspannungskategorie gegeben. Mit der Zuordnung zur Überspannungskategorie II sind weitere, hier nicht weiter erläuterte, Bedingungen bezüglich der Ausbildung der Luft und Kriechstrecken verbunden, um das notwendige Level der Isolationskoordination zu erreichen.

Überspannungskategorie I
Betriebsmittel mit einer Bemessungs-Stoßspannung entsprechend der Überspannungskategorie I sind für den Anschluss an ortsfest errichteten elektrischen Anlagen, die schon zusätzliche Schutzeinrichtungen bzw. Schutzmaßnahmen gegen eine zu geringe Bemessungs-Stoßspannung-Festigkeit aufweisen, ausgelegt. Die Geräte der Überspannungskategorie I sind für die Verwendung in fest errichteten Anlagen von Gebäuden nur dann geeignet, wenn Überspannungs-Schutzeinrichtungen (SPDs) außerhalb der Betriebsmittel installiert sind. Betriebsmittel der Überspannungskategorie I müssen eine Bemessungs-Stoßspannung entsprechend des in Tabelle 443.2 der DIN VDE 0100-443:2016-10 angegebenen Wertes von z. B. 1,5 kV (230/400-V-Netze) aufweisen. Die Verfügbarkeitsanforderung nach DIN EN 60664-1 (VDE 0110-1) wird als „gering" eingestuft.

Beispiele für solche Betriebsmittel sind in der normalen Geräteherstellung in der Regel nicht verfügbar.

In dem Auszug aus Tabelle 443.2 von DIN VDE 0100-443:2016-10 (**Tabelle 5.14** in diesem Buch) sind die in der Praxis, nach Erfahrung des Autors, meist vorkommenden „Nennspannungen" von elektrischen Anlagen aufgeführt und mit der zugehörigen Bemessungs-Stoßspannungsfestigkeit der Betriebsmittel verknüpft.

5.7 Überspannungsschutz nach VDE 0100-443/534 und VDE 0185-305-1-4

Nennspannung der Anlage in V	Spannung zwischen Außenleiter und Neutralleiter in V	geforderte Bemessungs-Stoßspannungsfestigkeit der Betriebsmittel in kV Überspannungskategorie			
		I	II	III	IV
120/208	150	0,8	1,5	2,5	4,0
230/400	300	1,5	2,5	4,0	6,0
400/690	600	2,5	4,0	6,0	8,0
1.500 DC	1.500	6,0	8,0	10,0	15,0

Tabelle 5.14 *Auszug aus Tabelle 443.2 der DIN VDE 0100-443:2016-10*

5.7.3 Eingruppierung von Störimpulsen und Wellenformen

Die nachfolgend aufgeführten genormten Störimpulse und Wellenformen sollen in kurzen Zügen mit den wesentlichen Informationen beschrieben und für die praktische Anwendung aufbereitet dargestellt werden.

Grundsätzlich werden Störgrößen im Blitz-Überspannungsschutz wie in **Bild 5.18** dargestellt über die nachfolgend aufgeführten Parameter beschrieben und technisch klassifiziert.

Folgende Parameter sind für die Beschreibung einer Störgröße im Blitz-Überspannungsschutz von grundsätzlicher Bedeutung:

- Der virtuelle Startpunkt der Störgröße „O1", der nur zur theoretischen Bestimmung der beiden weiteren Punkte 10 % und 90 % und als zeitlicher Startpunkt dient.
- Der 10-%-Punkt der Amplitude der Störgröße als *unterer Punkt* der Bemessungs-Geraden, die zwischen dem 10 %- und dem 90-%-Wert, die als theoretisch zu betrachtenden Definitionspunkte angesehen werden, angeordnet ist.

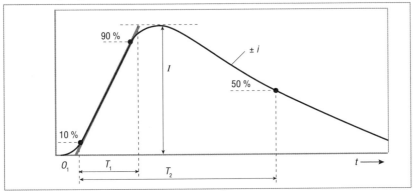

Bild 5.18 *Bewertungsansatz Störgrößen im Blitz-Überspannungsschutz*

- Der 90-%-Punkt der Amplitude der Störgröße als *oberer Punkt* der Bemessungs-Geraden, die zwischen dem 10 %- und dem 90-%-Wert, die als theoretisch zu betrachtenden Definitionspunkte angesehen werden, angeordnet ist.
- Die Spitzen-Amplitudenhöhe, in Bild 5.18 als „I" gekennzeichnet, die den absolut höchsten Scheitelwert (Spitzenwert) der Störgröße darstellt.
- Den Zeitpunkt T1, der wie in Bild 5.18 aufgeführt, den virtuellen Spitzenwert der Anstiegsflanke (Stirnzeit) zwischen dem „O1" und der bis zur Amplitudenspitze verlängerten Geraden aus dem 10 %- und dem 90-%-Wert als zeitlichen Ansatz beschreibt.
- Den Zeitpunkt T2, der wie in Bild 5.18 aufgeführt, den virtuellen Spitzenwert der Rückflanke (Rückenhalbwertszeit) zwischen dem „O1" und der 50-%-Größe vom maximalen Scheitelwert als zeitlicher Ansatz beschreibt.

In Kombination der vorab genannten Störgrößen-Parameter ist eine praktikable Beschreibung der Eigenschaften und Wirkgrößen des jeweiligen Störgrößenansatzes möglich, was wiederum die Grundlage für die richtige Betriebsmittel- und Schutzgeräte-Auswahl bildet.

Bei der **Wellenform 1,2/50 µs** handelt es sich um den normativ definierten Prüfimpuls für die Störfestigkeitsprüfung nach den einschlägigen Geräteproduktnormen für elektrische Betriebs- und Arbeitsmittel. Diesem liegt praktisch eine Störgrößenbetrachtung aus dem Blitz-Überspannungsschutz zugrunde. Der hier angesetzte eingekoppelte Störgrößen-Impuls (Spannungsimpuls) durch das elektromagnetische Feld des Blitzstromes beim nahen oder fernen Blitzeinschlag im Bereich der jeweils zu betrachtenden Gebäude, stellt eine Art „worst case"-Szenario dar.

Beim Auftreten einer Belastung mit der **Wellenform 1,2/50 µs** (Spannungsimpuls) wird die sogenannte „Isolationskoordination" der elektrischen Betriebsmittel auf eine harte Probe gestellt, da ein Durchschlag der Luftstecken im elektrischen Betriebsmittel in der Regel zur unweigerlichen Zerstörung des elektrischen Betriebsmittels oder zu schweren Schäden führen wird. Ist dieses Versagen der Isolationskoordination durch einen in der Amplitude zu hohen Störimpuls zu befürchten, dann sind wie in DIN VDE 0100-443:2016-10 vorgegeben, geeignete Maßnahmen (z. B. Beschaltung mit Überspannungs-Schutzeinrichtungen (SPDs) zu ergreifen.

Definition von Isolationskoordination:

Isolationskoordination zwischen den Isolationsmerkmalen elektrischer Betriebsmittel, den erwarteten Überspannungen und den Eigenschaften von *Überspannungs-Schutzeinrichtungen einerseits und der erwarteten Mikroumgebung sowie Maßnahmen gegen Verschmutzung andererseits* [Normenbezug Begriff 2.5.61 von IEC 60947-1:2007, modifiziert]

In **Bild 5.19** wird der normativ definierte Prüf-Impuls bzw. Störgrößenansatz **Wellenform 1,2/50 µs** dargestellt.

Wenn nun durch den auftretenden Störgrößenansatz **Wellenform 1,2/50 µs** z. B. durch einen nahen Blitzeinschlag (Schadensart S2) die Isolationskoordination des elektrischen Betriebsmittels wegen der Überschreitung der Bemessungsstoßspannungsfestigkeit nicht mehr gegeben ist, kommt es zum Stromfluss über den dann entstehenden Lichtbogen, der dann als **Wellenform 8/20 µs** definiert ist.

Auch hier sind die Definition und die Beschreibung der wesentlichen Eigenschaften durch die Angabe der Wellenform-Größen möglich.

Vereinfacht dargestellt heißt dies, dass der über den Lichtbogen zustande kommende Stromfluss bei der Einkoppel-Größe eines Blitz-Impulses nach dem Versagen der Maßnahmen zur Isolationskoordination des elektrischen Betriebsmittels als Störgröße oder **Wellenform 8/20 µs** definiert ist.

In **Bild 5.20** ist die **Wellenform 8/20 µs** als Bewertungsansatz dargestellt.

In Bild 5.20 wird eine der Hauptursachen, nämlich der ferne Blitzeinschlag, als eine typische Ursache (neben den Schaltüberspannungen und den nahen Blitzeinschlägen) für das Versagen der Isolationskoordination der elektrischen Betriebsmittel dargestellt. In der Folge führt dies zum Entste-

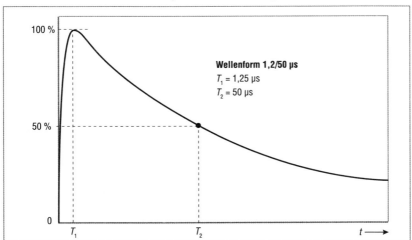

Bild 5.19 *Bewertungsansatz Störgrößen im Blitz-Überspannungsschutz*

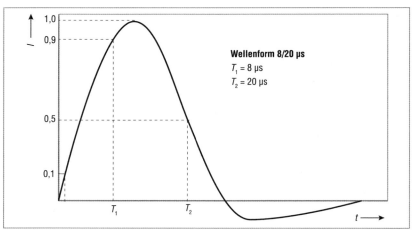

Bild 5.20 *Bewertungsansatz Wellenform 8/20 µs*

hen eines Lichtbogenüberschlags und dem Auftreten der **Wellenform 8/20 µs**, die quasi als indirekt eingekoppelte Größe verantwortlich ist.

Somit ist die direkt physikalisch-technische Verknüpfung von der Entstehung einer natürlichen Blitzentladung zum mehr oder weniger häufig auftretenden Ausfall elektrischer Betriebsmittel durch das Versagen der Isolationskoordination hergeleitet, ohne dass hierzu ein direkter Blitzeinschlag in die bauliche Anlage notwendig ist. Hiermit lässt sich dann auch der Kontext der normativen Vorgaben der DIN VDE 0100-443:2016-10 und der DIN VDE 0100-534:2016-10 aus fachlicher Sicht einordnen und technisch schlüssig begründen.

Um den erheblichen Unterschied zwischen den beiden Störgrößen im Bereich der energetischen Wirkung anschaulich darzustellen, ist in **Bild 5.21** ein direkter Vergleich der beiden Störgrößen **Wellenform 8/20 µs** und **Wellenform 10/350 µs** aufgeführt.

Nach dem anschaulichen Vergleich der beiden **Wellenform 8/20 µs** und **Wellenform 10/350 µs** dürften die grundsätzlichen Unterschiede klar und eindeutig dargelegt sein. Der Anwender muss nun unter Beachtung der normativen Anforderungen seine Rückschlüsse aus den vorab dargestellten Sachverhalten ziehen.

Aus rein statistischen Betrachtungen heraus ist der Ausfall eines elektrischen Betriebsmittels wegen der Überschreitung seiner Bemessungsstehstoßspannungsfestigkeit um den Faktor 2 bis 4 höher, je nachdem welche technische Konstellation und welches statistische Material zugrunde gelegt

5.7 Überspannungsschutz nach VDE 0100-443/534 und VDE 0185-305-1-4

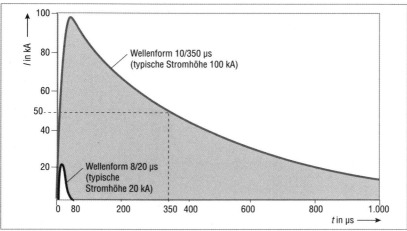

Bild 5.21 Vergleichsansatz zwischen Wellenform 10/350 μs und Wellenform 8/20 μs

wird. Somit ist es aus wirtschaftlichen und auch aus sicherheitstechnischen Überlegungen dringend notwendig, die transienten Überspannungsgrößen, die aus Schalthandlungen resultieren, normativ stärker in den Fokus zu rücken.

In der DIN VDE 0100-534:2016-10 werden somit nun auch spezielle Aussagen zum Schutz von elektrischen Betriebsmitteln gegen „Schaltüberspannungen" getroffen.

Diese sollen im nachfolgenden Abschnitt für den Anwender zusammengefasst wiedergegeben werden.

Auszug aus der DIN VDE 0100-534:2016-10, Abschnitt 534.4.2, ANMERKUNG 1:

„Beispielsweise erfordert ein elektronisches Betriebsmittel der Schutzklasse I oder ein Betriebsmittel der Schutzklasse II mit Funktionserdungsleiter, sowohl Schutz bei Gleichtakt- als auch bei Gegentaktstörungen, um damit einen kompletten Schutz sowohl bei transienten Überspannungen infolge atmosphärischer Entladungen als auch bei Schaltüberspannungen sicherzustellen."

Auszug aus der DIN VDE 0100-534:2016-10, Abschnitt 534.4.3 Anschlussschemata, ANMERKUNG 2:

„Das Anschlussschema 2 stellt einen kombinierten Schutz bei Gleichtaktstörungen und bei Gegentaktstörungen sicher."

Mit dem zusätzlichen Auszug aus der DIN VDE 0100-534:2016-10, Abschnitt 534.4.3 Anschlussschemata, ANMERKUNG 2 wird somit physikalisch und technisch eine sehr einfache Lösung für die Realisierung des Schutzes gegen „Schaltüberspannungen" und natürlich auch gegen die aus der Blitzeinwirkung eingekoppelten transienten Überspannungs-Störgrößen definiert. Die Anwendung des „Anschlussschema 2" (CT 2), auch 3+1 Schaltung genannt, reduziert bei beiden oben genannten Störgrößen (Gleichtaktstörungen und Gegentaktstörungen) bei fachgerechter Planung und Ausführung die Gesamtstörgröße „Transiente Überspannung" auf eine für die elektrischen Betriebsmittel akzeptable Größenordnung.

Hinweis
Natürlich ist ein wirksamer Schutz aller elektrischen Betriebsmittel noch von weiteren Faktoren, wie z. B. Netzform, Leitungslängen, Schutz aller zugeführten Medien usw., abhängig. Allerdings kann der Anwender durch den Einsatz von Überspannungs-Schutzeinrichtungen nach „Anschlussschema 2" (CT 2) einen wichtigen Beitrag zur Anlagenoptimierung in Bezug auf die Reduzierung der Gesamtstörgröße „Transiente Überspannung" leisten.

In **Bild 5.22** ist in allpoliger Darstellung die Anwendung des „Anschlussschema 2" (CT 2) als 3+1 Schaltung dargestellt.

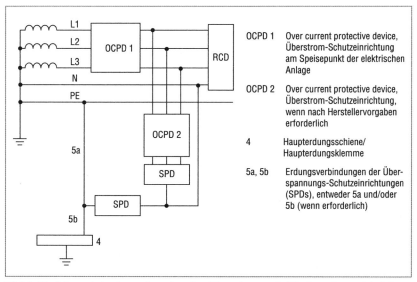

Bild 5.22 *Schematische Anwendung des „Anschlussschemas 2" (CT 2), auch 3+1-Schaltung genannt, im TN-S-System*

Nach DIN VDE 0184:2005-10 werden folgende grundsätzlichen Ansätze in Bezug auf die Thematik der „Schaltüberspannungs-Problematik" definiert:

- Schaltüberspannungen können durch absichtliche oder unabsichtliche Handlungen hervorgerufen werden.
- Schaltüberspannungen können auch durch Handlungen des Energieversorgungsunternehmens (VNB) im Normal- und im Fehlerzustand hervorgerufen werden.
- In der Regel werden Schaltüberspannungen durch das Schalten von großen Lasten, Induktivitäten oder Kapazitäten hervorgerufen.
- Bei Netzkurzschlüssen bzw. Erdschlüssen wird regelmäßig eine transiente Überspannungsgröße erzeugt, die in ihrer Höhe häufig die Bemessungsstoßspannungsfestigkeit der elektrischen Betriebsmittel überschreitet.
- Die systemübergreifenden Überspannungen, die z. B. zwischen Niederspannungsanlagen und der informationstechnischen Anlage im normalen Betriebszustand entstehen können, sind, wie vorab beschrieben, meist gesondert zu betrachten.

Soll allerdings ein kompletter Schutz gegen die Gesamtstörgröße „Transiente Überspannung" für alle Betriebsmittel, auch in der Ebene nach der ortsfesten elektrischen Anlage, nur durch ein konsequentes Beschalten aller zugeführten leitfähigen Medien, z. B. Energiezuführung, Informationstechnik usw., mit Überspannungs-Schutzeinrichtungen (SPDs) oder teilweise auch durch die Anwendung der Raumschirmungsgrundsätze sichergestellt werden, muss enormer Aufwand betrieben werden. Eine, wie in der DIN VDE 0100-443:2016-10 und DIN VDE 0100-534:2016-10 aufgrund des Regelungsansatzes (Schutz der ortsfesten elektrischen Anlage) geplante und ausgeführte elektrische Anlage wird den kompletten Schutz gegen die Gesamtstörgröße „Transiente Überspannung" für alle Betriebsmittel, auch in der Ebene nach der ortsfesten elektrischen Anlage, sicher nicht leisten können.

Soll über den Mindestanforderungsansatz der DIN VDE 0100-443:2016-10 und DIN VDE 0100-534:2016-10 hinausgehend ein komplettes Schutzkonzept (LEMP), nach dem Teil 4 der Normenreihe DIN EN 62305 realisiert werden, so erfordert dies einen vorausschauenden Planungs- und Ausführungsansatz und bedingt dann auch die Installation eines äußeren Blitzschutzsystems.

Um allerdings etwas mehr zu tun, als nur den Mindestanforderungsansatz der DIN VDE 0100-443:2016-10 und DIN VDE 0100-534:2016-10 umzusetzen, sind in Absprache mit dem Auftraggeber sicherlich weitere, teilweise schon beschriebene, Maßnahmen erforderlich.

Dies ist nicht nur in Bezug auf den optimierten Schutz gegen „Schaltüberspannungen" zu betrachten, sondern auch bei den nachfolgenden Punkten. Es ist in enger Abstimmung mit dem Auftraggeber zu planen, zu installieren und letztlich auch zu dokumentieren, wenn ein wirksamer Gesamtschutz mit vertretbarem Kostenansatz erreicht werden soll.

Folgende Punkte sind vom Mindestanforderungsansatz der DIN VDE 0100-443:2016-10 und DIN VDE 0100-534:2016-10 *nicht* abgedeckt:

- Die komplette informationstechnische Infrastruktur ist nicht verbindlich im Schutzumfang der DIN VDE 0100-443:2016-10 und DIN VDE 0100-534:2016-10 enthalten.
- Der Schutz bedeutender ortsveränderlicher elektrischer Betriebsmittel ist nicht im Schutzumfang der DIN VDE 0100-443:2016-10 und DIN VDE 0100-534:2016-10 enthalten, da die Normen der Normenreihe 0100 verbindlich immer nur die ortsfeste Anlage regulieren dürfen.
- Der Schutz gegen direkte Blitzeinwirkungen (Schadensart S1) ist nicht im Schutzumfang der DIN VDE 0100-443:2016-10 und DIN VDE 0100-534:2016-10 enthalten.
- Es sind *keine* Maßnahmen der Raumschirmung im Schutzumfang der DIN VDE 0100-443:2016-10 und DIN VDE 0100-534:2016-10 enthalten.

Wichtiger Hinweis:
Bei Planung bzw. Ausführung entsteht hieraus ein Spannungsfeld der Erwartungen des Auftraggebers gegenüber dem Planer bzw. dem Ausführenden, hier darf von den Planern und Ausführenden nicht der Eindruck erweckt werden, dass bei Umsetzung des Mindestanforderungsansatzes der DIN VDE 0100-443:2016-10 und DIN VDE 0100-534:2016-10 ein vergleichbares Schutzkonzept wie bei der Realisierung einer kompletten Blitzschutzkonzeption nach Normenreihe DIN EN 62305-1-4 erzielt werden kann.

5.7.4 Umsetzung des Blitzzonenkonzeptes

Der Grundgedanke des Blitzzonenkonzeptes, nämlich die Unterteilung des Gebäudes in verschiedene „Gefährdungszonen", die von außen nach innen einen immer höherwertigen Schutz gegen die Störgröße „LEMP" (Lightning Electromagnetic Pulse) bietet, ist in seiner Gesamtheit ein sehr wirksames

5.7 Überspannungsschutz nach VDE 0100-443/534 und VDE 0185-305-1-4

Werkzeug zum Schutz des Gebäudes und der Gebäudeausrüstung inklusive aller elektrischen Betriebsmittel.

Auch wenn dieser Sachverhalt immer wieder teilweise kontrovers diskutiert wird, liegt es letztlich im Entscheidungsumfang des Auftraggebers (Gebäudeeigentümers), ob ein komplettes Blitzschutzzonenkonzept umgesetzt wird, da diese Entscheidung über die verbindlich vorgeschriebenen grundlegenden Personen und Sachschutzmaßnahmen der DIN EN 62305 Teil 1-3 oder gar der DIN VDE 0100-443:2016-10 bzw. der DIN VDE 0100-534:2016-10 sehr weit hinausgeht.

Beim Blitzschutzzonenkonzept nach DIN EN 62305 Teil 4 ist der Schutzgedanke soweit ausgeprägt, dass der komplette Weiterbetrieb aller technischen Einrichtungen eines Gebäudes nach einem Blitz-Ereignis (direkter Einschlag ins Gebäude, Schadensart S1) sicher gegeben sein soll.

In **Bild 5.23** werden die Zoneneinteilung und die Zonenübergänge bzw. die Schirmungsmaßnahmen mit ihrer grundlegenden Auslegung dargestellt.

Elektrische und elektronische Systeme sind durch elektromagnetische Blitzimpulse (LEMP) gefährdet. Aus diesem Grund sind SPM (Schutzmaßnahmen gegen LEMP) zur Vermeidung von Ausfällen innerer und äußerer Systeme vorzusehen. Die Planung der SPM muss von erfahrenen Blitzschutz- und Überspannungsschutz-Fachkräften ausgeführt werden, diese müssen auch über umfassende Kenntnisse der EMV und über Installati-

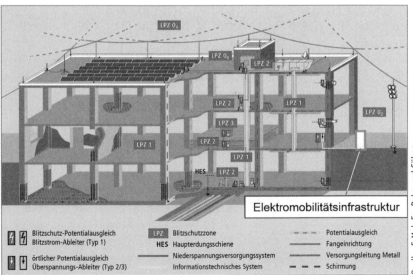

Bild 5.23 *Blitzschutzzonen-Konzept*

onspraxis verfügen. Der Schutz gegen LEMP beruht auf dem Blitzschutzzonen-(LPZ)-Konzept: Der Bereich, der die zu schützenden Systeme oder Einrichtungen enthält, ist in LPZs (Lightning protection zones) einzuteilen. Diese Zonen sind theoretisch festgelegte bzw. bestimmte räumliche Bereiche oder Bereiche von inneren Systemen, in denen der LEMP-Bedrohungspegel mit dem Störfestigkeitspegel der inneren Systeme verträglich ist. Aufeinanderfolgende Zonen sind durch deutliche Änderungen des LEMP-Bedrohungspegels gekennzeichnet.

Die Grenze einer LPZ wird durch die angewandten Schutzmaßnahmen bestimmt. Für alle metallenen Versorgungsleitungen, die in die bauliche Anlage eingeführt sind, erfolgt der Potentialausgleich über Potentialausgleichsschienen an den Grenzen von LPZ 1. Zusätzlich erfolgt für metallene Versorgungsleitungen, die in LPZ 2 eingeführt sind, z. B. Rechnerraum, EDV-Raum, Archivraum usw., ein Potentialausgleich über Potentialausgleichsschienen an der Grenze von LPZ 2.

Vom Grundsatz ist das System auch in vereinfachter Form aus **Bild 5.24**, welches die Anordnung der Überspannungs-Schutzeinrichtungen (SPDs) angeht, erkennbar bzw. ableitbar.

In **Bild 5.25** ist der komplette Kontext des Blitzschutzzonenkonzeptes schematisch dargestellt.

In diesem Teilbereich des Abschnitts werden die wesentlichen Anforderungen zur praktischen Umsetzung der Isolationskoordination, wie in der aktuellen DIN VDE 0100-534:2016-10 bzw. DIN EN 62305-3 aufgeführt, aufgezeigt.

Die handwerkliche Ausführung, die Leiteranordnung die Leiterlänge und der Querschnitt der Anschlussleiter der Überspannungs-Schutzeinrichtungen (SPDs) beeinflusst ganz erheblich die in der elektrischen Anlage tatsächlich wirksamen Überspannungspegel.

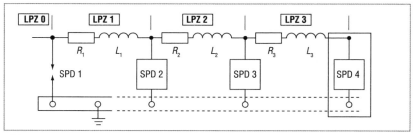

Bild 5.24 *Umsetzung des Blitzschutzzonen-Konzeptes bezogen auf die Anordnung der Überspannungs-Schutzeinrichtungen (SPDs)*

5.7 Überspannungsschutz nach VDE 0100-443/534 und VDE 0185-305-1-4

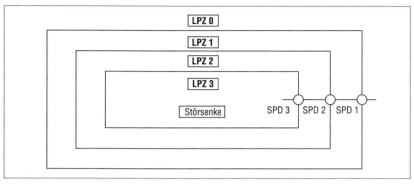

Bild 5.25 *Umsetzung des Blitzschutzzonen-Konzeptes bezogen auf die Anordnung der Überspannungs-Schutzeinrichtungen (SPDs) und der Zonenübergänge*

Hier heißt das entscheidende Schutzziel:
„Impedanzarme" Ausführung der Anschlussleiter der Überspannungs-Schutzeinrichtungen (SPDs)!

Alle Anschluss- und Verbindungsleitungen zwischen Überspannungs-Schutzeinrichtung (SPD) und den zu schützenden aktiven Leitern und alle Verbindungen zwischen den Überspannungs-Schutzeinrichtungen (SPDs) und allen externen Abtrennvorrichtungen (z. B. Vorsicherungen) müssen möglichst kurz und geradlinig vom Errichter der elektrischen Anlage erstellt werden.

Nicht notwendige Leiterschleifen oder Reservelängen müssen vermieden werden.

Die Schutzzielanforderung der gesamten Situation lautet: eine impedanzarme Verlegung der Anschluss- bzw. Verbindungsleiter, beeinflusst sehr positiv den in der elektrischen Anlage tatsächlich wirksamen Überspannungspegel.

Die maximal zulässigen Leitungslängen der Anschluss- bzw. Verbindungsleiter sind in der DIN VDE 0100-534:2016-10 im Bild 534.8 dargestellt und dürfen insgesamt maximal 0,5 m ausdrücklich nicht übersteigen.

Achtung! Dieser Wert wurde gegenüber der vorherigen Ausgabe der DIN VDE 0100-534 auf der Hälfte reduziert.

Es muss unbedingt vom Errichter der elektrischen Anlage gewährleistet werden, dass die Gesamtlänge aller Leitungen zwischen den Anschlusspunkten der SPD-Schutzeinrichtungen einen Wert von 0,5 m nicht überschreitet (**Bild 5.26**).

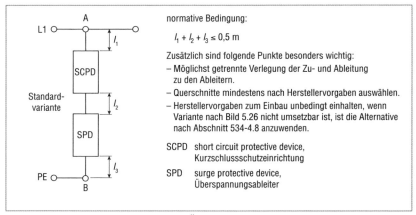

Bild 5.26 *Beispiel für den Anschluss von Überspannungsschutzeinrichtungen (SPD) nach Bild 534.8 der DIN VDE 0100-534:2016-10*

Hinweis:
Um diese normative Anforderung der DIN VDE 0100-534:2016-10 zu erfüllen, muss der Schutzleiter an eine möglichst naheliegende Schutzleiterklemme (Erdungsklemme) angeschlossen werden. Wenn es notwendig wird, ist nach Bild 534.9 der DIN VDE 0100-534 (2016-10) eine zusätzliche Schutzleiter- bzw. Erdungsschiene zur Haupterdungsschiene vorzusehen.

Diesen Sachverhalt stellt **Bild 5.27** sachlich dar und berücksichtigt dabei die wesentlichen Anforderungen des Bildes 534.9 der DIN VDE 0100-534:2016-10.

Beträgt die Gesamtlänge der Anschlussleiter $l_1 + l_2 + l_3 > 0{,}5\,\text{m}$ dann muss eine der nachfolgenden Maßnahmen zur Verminderung des in der elektrischen Anlage tatsächlich wirksamen Überspannungspegel ergriffen und umgesetzt werden:

- Auswahl einer Überspannungs-Schutzeinrichtung (SPD) mit niedrigerem Schutzpegel U_p. Hier muss mit einem zusätzlichen induktiven Spannungsfall von ca. 1 kV/m geradlinig verlegtem Leiter bei einem Impulsstrom von 10 kA (Wellenform 8/20) gerechnet werden.

Hinweis:
Auch die, durch die zusätzlichen Leiterimpedanzen erzeugten zusätzlichen Spannungspegel dürfen insgesamt nicht dazu führen, dass die Bemessung-Stoßspannungsfestigkeit der elektrischen Betriebsmittel überschritten wird.

5.7 Überspannungsschutz nach VDE 0100-443/534 und VDE 0185-305-1-4

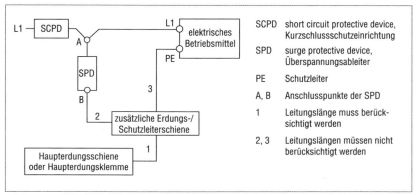

Bild 5.27 *Beispiel für den Anschluss von Überspannungsschutzeinrichtungen in V-Schaltung*

■ Errichten einer weiteren energetisch koordinierten Überspannungs-Schutzeinrichtung (SPD) in der räumlichen Nähe des zu schützenden elektrischen Betriebsmittels, um so die auftretende transiente Überspannung an die Bemessung-Stoßspannungsfestigkeit des elektrischen Betriebsmittels anzugleichen.

■ Anwendung der Verschaltung nach Bild 5.27, das die wesentlichen Vorgaben des Bildes 534.9 der DIN VDE 0100-534:2016-10 darstellt und veranschaulicht. Diese Verschaltung ist auch als die sogenannte V-Schaltung bekannt und war in vereinfachter Form auch schon in der Vorgängerausgabe der DIN VDE 0100-534:2016-10 enthalten.

In diesem Abschnitt wird *ohne* verbindliche normative Anforderung der physikalische Sachverhalt der räumlich begrenzten Schutzwirkung von Überspannungsschutzeinrichtungen (SPDs) beschrieben.

In der DIN VDE 0100-534:2016-10 wird hier ein Wert von *„10 Metern"* als Bewertungsgröße dafür, ob zusätzliche Schutzbetrachtungen erforderlich sind, spezifiziert. Selbstverständlich ist dieser Wert als Richtgröße zu verstehen, da sich nach streng physikalischen Maßstäben natürlich eine so stark vereinfachte Betrachtung eigentlich verbietet. Zur praktisch einfachen Umsetzung wurde dieser Aspekt allerdings in Kauf genommen, da komplexere Berechnungsverfahren zur Abschätzung des Schadensrisikos bzw. der Höhe der transienten Überspannung in Anlagen, so wie dies in DIN EN 62305-305-4 beschrieben ist, meist nur von erfahrenen Spezialisten fachlich korrekt umsetzbar sind.

Um die Anwendung in der Praxis zu erleichtern, wurde der schon seit einigen Jahren im normativen Bereich vorkommende Bezugswert (10 m), der auch durch praktische Erfahrungen der Normen-Setzer und durch Erfahrungswerte aus vielen Projekten gestützt wird, somit auch in die DIN VDE 0100-534:2016-10 übernommen. Sollte in der Praxis der wirksame Schutzbereich der Überspannungs-Schutzeinrichtungen (SPDs) nicht eingehalten werden, was in den meisten größeren Anlagen der Fall sein wird, ist es möglich, die nachfolgenden Varianten anzuwenden, um einen vergleichbaren Schutzlevel zu erreichen:

- Die Errichtung einer oder mehrerer zusätzlicher Überspannungs-Schutzeinrichtungen (SPD), räumlich so nah wie möglich am zu schützenden elektrischen Betriebsmittel. Der Schutzpegel dieser zusätzlichen Überspannungs-Schutzeinrichtung (SPD) darf die notwendige Bemessungs-Stoßspannung U_w des betreffenden elektrischen Betriebsmittels nicht überschreiten.

- Die Planung und Realisierung von One-port-Überspannungs-Schutzeinrichtungen am oder in der räumlichen Nähe des Speisepunkts der elektrischen Anlage, deren Schutzpegel in keinem Fall 50 % der notwendigen Bemessungs-Stoßspannung U_w des zu schützenden elektrischen Betriebsmittels überschreiten darf.
Zusätzlich sind hier aber weitere Maßnahmen, wie die Ausführung des Leitungsnetzes als geschirmtes System notwendig. Durch diesen 50%-Ansatz wird in Kombination mit einer Systemschirmung auch bei sehr großen Leitungsanlagen ein wirksamer Schutz gegen transiente Überspannungen erzielt.

- Die Planung und Realisierung von Two-port-Überspannungs-Schutzeinrichtungen (SPDs) am oder in der Nähe des Speisepunkts der elektrischen Anlage, deren Schutzpegel in keinem Fall die notwendige Bemessungs-Stoßspannung U_w des zu schützenden elektrischen Betriebsmittels überschreiten darf.
Zusätzlich sind hier aber weitere Maßnahmen wie z. B. die Ausführung des Leitungsnetzes als geschirmtes System notwendig. Bei Verwendung einer Two-port-Überspannungs-Schutzeinrichtung (SPD) entfällt der 50%-Ansatz, da sich hier durch die Realisierung mit einer Two-port-Überspannungs-Schutzeinrichtung automatisch ein wesentlich geringerer wirksamer Überspannungspegel in der elektrischen Anlage ergibt.

Hinweis:
Der in der Praxis relativ unbekannte Planungsansatz bezüglich der Durchführung von Schirmungsmaßnahmen der Kabel und Leitungsinstallation, ist ein sehr effektives und kostengünstiges Planungsinstrument, das bei Anla-

gen mit hohen oder sehr hohen Anlagenverfügbarkeitsanforderungen sehr gute Schutz-Eigenschaften aufweist.

Abschnitt 534.4.10: Anschlussleitungen von Überspannungs-Schutzeinrichtungen (SPDs)

In diesem Abschnitt der DIN VDE 0100-534:2016-10 werden die Mindestquerschnitte für die Anschlussleiter zwischen den Überspannungs-Schutzeinrichtungen (SPDs) und der Erdungs- bzw. Schutzleiter oder PEN-Schiene aufgeführt. Diese sind aus Sicht der Normensetzer der DIN VDE 0100-534:2016-10 in den meisten Praxisfällen ausreichend, allerdings sind in jedem Einzelfall die Herstellervorgaben und die aus der Kurzschlussstromberechnung ermittelten Querschnitte für die konkrete Ausführung maßgeblich.

Folgende normative Mindestquerschnitte sind in der DIN VDE 0100-534:2016-10 enthalten:

- 6-mm^2-Kupferleiter oder andere leitwertgleiche Leiterwerkstoffe als Mindestquerschnitt für die Anschlussleiter zwischen der Überspannungs-Schutzeinrichtung (SPD Typ 2) und der Erdungs- bzw. Schutzleiter oder PEN-Schiene.
Normativ soll dies nur für Überspannungs-Schutzeinrichtungen (SPD Typ 2) in der räumlichen Nähe zum Speisepunkt der elektrischen Anlage gelten, es wird aber dringend eine allgemeine Anwendung empfohlen.

- 16-mm^2-Kupferleiter oder andere leitwertgleiche Leiterwerkstoffe als Mindestquerschnitte für die Anschlussleiter zwischen der Überspannungs-Schutzeinrichtung (SPD Typ 1) und der Erdungs- bzw. Schutzleiter oder PEN-Schiene.
Normativ soll dies nur für Überspannungs-Schutzeinrichtung (SPD Typ 1) in der räumlichen Nähe zum Speisepunkt der elektrischen Anlage gelten, vom Autor wird aber dringend eine allgemeine Anwendung empfohlen.

Hinweis:
In jedem Einzelfall sind die aus der Kurzschlussstromberechnung ermittelten Querschnitte und die Herstellervorgaben für die konkrete Ausführung maßgeblich.

Im zweiten Aufzählungsbereich des Abschnittes 534.4.10 der DIN VDE 0100-534:2016-10 – Anschlussleitungen von Überspannungs-Schutzeinrichtungen (SPDs) wird auf einen Abschnitt aus der DIN VDE 0100-430

(VDE 0100-430):2010-10, 433.3.1 Punkt b) Bezug genommen, bei dem es um Kurzschlussschutz von elektrischen Leitern geht, bei denen kein Überlastzustand eintreten kann, wie dies z. B. auch bei Überspannungs-Schutzeinrichtungen gegeben ist.

Hier werden normative Mindestquerschnitte für die Außenleiterquerschnitte vorgegeben, die allerdings wie vorab schon aufgeführt, immer noch mit den Herstellervorgaben und den Ergebnissen der Kurzschlussstromberechnung abgeglichen werden müssen.

Vor einer pauschalen Übernahme der nachfolgenden Mindestquerschnitte (Außenleiter) kann nur gewarnt werden, da in vielen elektrischen Anlagen deutlich größere Außenleiterquerschnitte zum Anschluss der Überspannungs-Schutzeinrichtungen notwendig werden.

- 2,5-mm^2-Kupferleiter oder andere leitwertgleiche Leiterwerkstoffe als Mindestquerschnitte für die Anschlussleiter zwischen den Überspannungs-Schutzeinrichtungen (SPD Typ 2) und den Kurzschlussschutzeinrichtungen.
- 6-mm^2-Kupferleiter oder andere leitwertgleiche Leiterwerkstoffe als Mindestquerschnitte für die Anschlussleiter zwischen den Überspannungs-Schutzeinrichtungen (SPD Typ 1) und den Kurzschlussschutzeinrichtungen.

Hinweis:
In jedem Einzelfall sind die aus der Kurzschlussstromberechnung ermittelten Querschnitte und die Herstellervorgaben für die konkrete Ausführung maßgeblich.

5.7.5 Zusammenfassung der normativen Grundanforderungen im Bereich der Elektromobilität

5.7.5.1 Generelle Anforderung für alle elektrischen Anlagen, die unter den Anwendungsbereich der DIN VDE 0100-443 fallen

DIN VDE 0100-443:2016-10 und VDE 0100-722:2019-06 Stromversorgung von Elektrofahrzeugen
Bei öffentlich zugänglichen Anschlusspunkten (Ladeeinrichtungen) ist nach der aktuellen DIN VDE 0100-722:2019-06 Abschnitt 722.443.4 Überspannungsschutz zu errichten.

- Befindet sich der öffentlich zugängliche Anschlusspunkt bzw. die Ladeeinrichtung in einem Gebäude mit Überspannungsschutz nach DIN VDE 0100-443:2016-10, ist die Forderung aus DIN VDE 0100-722:2019-06 erfüllt.

■ Bei öffentlich zugänglichen Anschlusspunkten in Form von Ladeeinrichtungen mit direktem Netzanschluss ist der Überspannungsschutz am Anschlusspunkt, z. B. der Ladestation nach DIN IEC/TS 61439-7 (VDE V 0660-600-7) vorzusehen.

■ Bei leitungsgebundenen Kommunikationsleitungen zum Anschlusspunkt können zusätzliche Überspannungs-Schutzeinrichtungen notwendig sein.

Hier wird auf die ZVEH-Informationsschrift „Schutz bei Überspannungen in Niederspannungsanlagen Neuerungen in der DIN VDE 0100-443 und DIN VDE 0100-534" Ausgabe 2020 im Abschnitt „FAQ" verwiesen.

5.7.5.2 Bei Gebäuden oder Anlagen mit äußerem Blitzschutz

Bei einem Gebäude oder einer Anlage, in dem ein komplettes Blitzschutzsystem nach der Normenreihe DIN EN 62305 Teil 1-3 realisiert wurde, gilt im Prinzip der gleiche Sachstand zum Schutz der Elektromobilitätsanwendungen wie unter Punkt 1 vorab beschrieben.

Zusätzlich sind die weiteren Anforderungen der DIN EN 62305 Teil 1-3, die hier im Kapitel 7 beschrieben, wurden umzusetzen.

Soll zusätzlich noch ein Blitzschutzsystem nach DIN EN 62305 Teil 4 (Blitzschutzzonen-Konzept) umgesetzt werden, bedarf dies wie vorab dargestellt, einer Verfügbarkeitsanalyse bzw. einer Umsetzung.

5.8 Praxistipps für Elektro- und KFZ-Handwerk

Wie in den vorigen Abschnitten ausführlicher erläutert wurde, ist die Einbindung von Ladeinfrastruktur in die Elektroinstallation von Gebäuden an umfangreiche Rahmenbedingungen geknüpft.

Damit Kunden oder Kaufinteressenten von Elektrofahrzeugen nicht Erwartungshaltungen entwickeln, welche mit der bestehenden Elektroinstallation zu Hause nicht erfüllbar sind, ist es wichtig, vorab die Gegebenheiten beim Kunden zu prüfen. Nur so lässt sich vermeiden, dass Situationen entstehen, wie dies in Abschnitt 4.2 dargestellt wurde. Schlecht wäre es, wenn durch nicht vorschrifts- und sachgemäße Ladung von Elektrofahrzeugen das Netz lokal überlastet würde und ein Totalausfall (Black Out) die Folge wäre. Noch weitaus schlimmer wäre es jedoch, wenn durch Überlastung und Überhitzung ein Brand entstünde.

Elektrohandwerker kaufen ihre Fahrzeuge beim ortsansässigen KFZ-Autohaus. Diese wiederum werden zukünftig von Kunden verstärkt auf Elektrofahrzeuge angesprochen. Warum also nicht eine Zusammenarbeit eingehen, bei der das KFZ-Autohaus dem Kunden vorschlägt, vor der Auswahl einer Ladeinfrastruktur die heimische Elektroinstallation durch einen kompetenten Elektrofachbetrieb prüfen zu lassen. Allen Beteiligten muss klar sein, dass dies keine Maßnahme zur Profitmaximierung darstellen soll, sondern dazu beiträgt, Fehler, die gemacht werden können, im Vorfeld zu vermeiden und nicht im Nachhinein teuer korrigieren zu müssen.

Ein weiteres Indiz dafür, welche Bedeutung das Thema „Vorabüberprüfung der Elektroinstallation" hat, ist die Zusammenarbeit des Zentralverbandes der elektro- und informationstechnischen Handwerke (ZVEH) mit dem Allgemeinen Deutschen Automobil-Club e.V. (ADAC). Diese wird durch Vereinbarungen zwischen den Landesfachverbänden der Elektrohandwerke und den Regionalclubs des ADAC in die Tat umgesetzt. Zertifizierte Elektrofachbetriebe, welche eine Kooperation mit dem ADAC eingegangen sind, führen nach einer telefonischen Beratung des ADAC-Mitglieds durch einen ADAC-Regionalclubtechniker eine kostenfreie Erstberatung für ADAC-Mitglieder [49] vor Ort durch. Dem ADAC ist es ein wichtiges Anliegen, dass seine Mitglieder beim Thema „Laden von Elektrofahrzeugen" auf Nummer Sicher gehen. Dieser Service ist allerdings noch nicht in allen Bundesländern umgesetzt. Ob Ihre Region mit dabei ist, erfahren Sie unter der angegebenen Internetadresse im Literaturverzeichnis.

Eine beispielhafte Checkliste, wie eine Vororterhebung der elektrotechnischen Bestandsanlage aussehen könnte, ist im Anhang A zur Information dargestellt. Auf Basis der Erhebung kann dann in der Folge eine qualifizierte Implementierung der Ladeinfrastruktur geplant werden.

Nach einer fachgerechten und regelkonformen Installation durch das Elektrofachhandwerk ist eine messtechnische Untersuchung und ein Funktionstest mit Ergebnisdokumentation Standard. So erhält der Kunde Sicherheit beim Laden und dauerhaft Freude am Fahren mit seinem Elektrofahrzeug. Diese Sicherheit kommt nicht zuletzt auch dem KFZ-Handwerk zu Gute.

Oft wird der Wunsch an das Elektrohandwerk herangetragen, bereits vorhandenes Equipment anzuschließen. So wird sicher auch der eine oder andere Kunde den Anschluss einer bereits vorhandenen Ladeinfrastruktur, woher auch immer diese kommt, wünschen. In solchen Fällen ist äußerste Vorsicht geboten. Vor allem wenn unbekannte Produkte, von denen weder die korrekte Funktion noch die sicherheitsrelevanten Aspekte bekannt sind, angeschlossen werden, können haftungsrechtliche Fragen im Nachhinein zu extremen Problemen führen. Auch Produkte, die vermeintlich bekannt sind, können bereits versteckte Vorschäden aufweisen, sodass der Prüfaufwand zur eigenen Sicherheit ansteigt. Die beste und oft auch kostengünstigste Lösung ist die Planung, der Bezug, die Installation und die elektrotechnische Überprüfung mit Funktionstest aus einer Hand. Ein Ansprechpartner für den gesamten Workflow sorgt für klare Rahmenbedingungen.

Aspekt der Beschilderung

Im § 2 der Ladesäulenverordnung heißt es unter Punkt 9:
„Im Sinne dieser Verordnung ist ein Ladepunkt öffentlich zugänglich, wenn er sich entweder im öffentlichen Straßenraum oder auf privatem Grund befindet, sofern der zum Ladepunkt gehörende Parkplatz von einem unbestimmten oder nur nach allgemeinen Merkmalen bestimmbaren Personenkreis tatsächlich befahren werden kann".[19]

Zu diesem etwas sperrigen Gesetzestext ist in einer Erläuterung zu lesen:
„– Wird der Zugang dagegen nur einer von vorneherein bestimmten oder bestimmbaren Personengruppe eingeräumt, liegt kein öffentlich zugänglicher Ladepunkt im Sinne dieser Verordnung vor.
– Ladepunkte, die sich auf privaten Carports oder privaten Garageneinfahrten befinden sind somit grundsätzlich keine öffentlich zugänglichen Ladepunkte im Sinne dieser Verordnung."

Dies bedeutet letztlich, dass für diese privaten Ladepunkte nicht unbedingt ein Schild wie zum Beispiel „Privatparkplatz" anzubringen ist. In manchen Fällen, vor allem wenn die Situation nicht eindeutig erkennbar ist, empfiehlt sich trotzdem eine Beschilderung.

Bei öffentlichen Ladepunkten, die eigentlich dem Hauptzweck dienen, Strom an Elektrofahrzeuge abzugeben, gibt es neben Verbrennerfahrzeugen verstärkt auch Elektrofahrzeuge, die Ladepunkte blockieren. Oftmals ist dies auf eine nicht eindeutige, wenig aussagekräftige oder Verwirrung stiftende Parkplatzbeschilderung zurückzuführen. Der ADAC hat hierzu am 17.06.2019 eine Mitteilung veröffentlicht [50], welche sinnvollen Lösungen für eindeutige Beschilderungen anzuwenden sind. Weiter werden Beispiele, die zu Missverständnissen führen können, werden gezeigt.

5.9 Beispielszenarien für verschiedene Anwendungsfälle

5.9.1 1-phasige Ladestation im Einfamilienhaus

Geräte mit einer Bemessungsleistung bis 4,6 kVA dürfen nach VDE-AR-N 4100:2019-04 1-phasig angeschlossen werden. Im vorliegenden Beispiel wird ein 1-phasiger Ladepunkt mit maximal 3,7 kW Ladeleistung angeschlossen (**Bild 5.28**). Dieser ist beim VNB anzumelden. Der VNB hat die Möglichkeit, eine Vorgabe zum zu nutzenden Außenleiter zu machen oder eine Steuerbarkeit des Ladepunktes zu verlangen.

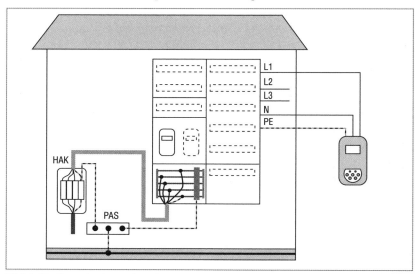

Bild 5.28 *Ein 1-phasiger Ladepunkt am Hausanschluss*

5.9.2 3-phasige Ladestation im Einfamilienhaus

Geräte mit einer Bemessungsleistung größer 4,6 kVA sind nach VDE-AR-N 4100:2019-04 3-phasig anzuschließen (**Bild 5.29**). Im vorliegenden Beispiel wird ein 3-phasiger Ladepunkt mit maximal 11 kW Ladeleistung angeschlossen. Dieser ist beim VNB anzumelden. Der VNB hat die Möglichkeit, eine Steuerbarkeit des Ladpunktes zu verlangen. Evtl. gibt es zusätzlich noch einen Hinweis zur Zuordnung der Außenleiter im Ladepunkt. Für 3-phasige Ladepunkte mit einer Bemessungsleistung oder konfigurierten Leistung ab 12 kVA ist vor der Installation die Zustimmung des VNB einzuholen.

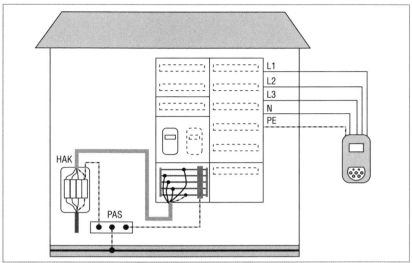

Bild 5.29 *Ein 3-phasiger Ladepunkt am Hausanschluss*

5.9.3 Drei 1-phasige Ladestationen an einem Netzanschluss

Um sicherzustellen, dass die Unsymmetrie am Netzanschlusspunkt, die, in der VDE-AR-N 4100:2019-04 geforderte, Grenze von maximal 4,6 kVA nicht überschreitet, ist es zulässig, maximal bis zu drei 1-phasige Ladepunkte, verteilt auf die drei Außenleiter anzuschließen (**Bild 5.30**). Werden beispielsweise drei 1-phasige Ladepunkte mit einer Bemessungsleistung von 3,7 kW angeschlossen, so sind diese mit ihrer Summenleistung von 11 kW beim VNB anzumelden. Alle weiteren bereits genannten Forderungen des VNB können auch hier und ebenso bei allen weiteren genannten Beispielen zum Tragen kommen. Ohnehin gilt auch für alle weiteren 1-phasigen elektrischen Betriebsmittel, dass diese möglichst gleichmäßig auf alle Außenleiter verteilt angeschlossen werden sollen.

5.9.4 1-phasige Ladestation im Einfamilienhaus mit 1-phasiger PV-Anlage und 1-phasigem Stromspeicher

Wird ein 1-phasiger Ladepunkt gemeinsam mit einer 1-phasigen Erzeugungsanlage und einem 1-phasigen Speicher, der nicht ins Netz einspeisen kann, angeschlossen, so sind diese auf einen gemeinsamen Außenleiter zu legen.

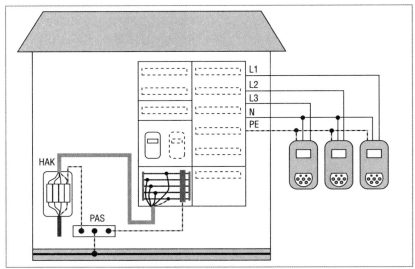

Bild 5.30 *Drei 1-phasig angeschlossene Ladepunkte am Hausanschluss*

Hierbei ist es auch erlaubt, mehrere Geräte einer Geräteart anzuschließen, wenn deren gemeinsame Summenleistung 4,6 kVA nicht übersteigt. Im Beispiel nach **Bild 5.31** wäre es also denkbar, dass zwei 1-phasige PV-Wechselrichter mit 2,0 kVA und 2,5 kVA gemeinsam an Außenleiter L1 angeschlossen sind, da ihre Summenleistung ≤ 4,6 kVA ist.

Werden Speicher und/oder Ladeeinrichtungen verwendet, welche ins Netz rückspeisen können, oder Speicher, welche aus dem Netz geladen werden können, sind die Details der VDE-AR-N 4100:2019-04 zu entnehmen. Auch wenn mehrere Geräte angeschlossen werden und auf die Außenleiter verteilt werden, muss die Symmetrie eingehalten werden.

Weitere Informationen dazu gibt neben der VDE-AR-N 4100:2019-04 auch der VDE|FNN-Hinweis vom Oktober 2019 [51].

Elektrische 1-phasige Betriebsmittel mit Leistungen > 4,6 kVA dürfen dann angeschlossen und betrieben werden, wenn eine Symmetrieeinrichtung gewährleistet, dass am Netzanschlusspunkt eine maximale Unsymmetrie von 4,6 kVA nicht überschritten wird. Bei Ausfall der Symmetrieeinrichtung muss das System innerhalb von 1 min sicherstellen, dass die Symmetriebedingungen eingehalten werden, eventuell durch das Reduzieren der Leistung oder eine Abschaltung. Die speziellen Anforderungen an die Symmetrieeinrichtung und die mit ihr kommunizierenden Betriebsmittel sind ebenfalls in der oben genannten Norm näher spezifiziert.

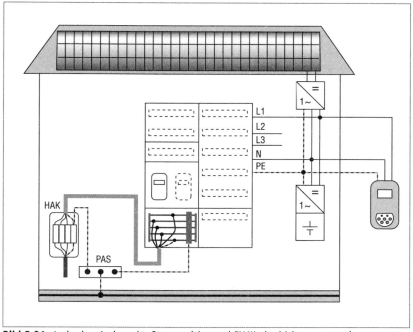

Bild 5.31 *1-phasiger Ladepunkt, Stromspeicher und PV-Wechselrichter an gemeinsamen Außenleiter*

5.9.5 Mehrere 3-phasige Ladestationen an einem Netzanschluss

Sollen mehrere Ladepunkte an einem Netzanschlusspunkt betrieben werden, stößt man sehr schnell an die maximale Leistung, welche der VNB genehmigen kann. Abhilfe kann in vielen Fällen ein Lastmanagement bieten, welches die Ladepunkte so steuert, dass die maximal verfügbare Leistung nicht überschritten wird. In Abschnitt 8 werden verschiedene Lastmanagementlösungen vorgestellt. Hier wird an einem Beispiel mit drei Ladepunkten mit jeweils 11 kW vorgestellt, wie durch cleveren Anschluss der Ladepunkte die Unsymmetrie innerhalb der maximal zulässigen Grenzen bleibt, auch dann, wenn einzelne oder mehrere Fahrzeuge 1-phasig laden (**Bild 5.32**).

Die Außenleiter der einzelnen Ladepunkte werden so zugeführt, dass
- L1 von Ladepunkt 1 mit L1 des Versorgungsnetzes verbunden ist,
- L1 von Ladepunkt 2 mit L3 des Versorgungsnetzes verbunden ist,
- L1 von Ladepunkt 3 mit L2 des Versorgungsnetzes verbunden ist.

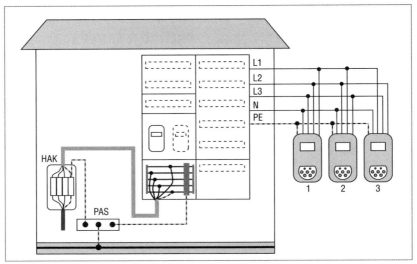

Bild 5.32 Drei 3-phasige Ladepunkte an einem Anschlusspunkt

Die beiden verbleibenden Außenleiter werden so am Ladepunkt angeschlossen, dass wieder ein Rechtsdrehfeld vorliegt. Bei drei Ladepunkten mit 11 kW ergibt sich im obigen Beispiel eine Summen-Bemessungsleistung von 33 kW, was eine vorherige Zustimmung des VNB erfordert.

Werden nach diesem System mehr als drei Ladepunkte angeschlossen, kann nicht mehr automatisch sichergestellt werden, dass die Unsymmetrie in jeder Betriebssituation den vorgeschriebenen Grenzwert einhält. Der klassische Hausanschluss und Zählerplatz eines Einfamilienhauses ist für die Versorgung einer umfangreicheren Ladeinfrastruktur meist nicht ausgelegt. Größere Zählerplatz- und Stromkreisverteiler, meist mit halbdirekter Messung (Wandlermessung) werden notwendig. Wird obiges Beispiel auf sechs und mehr Ladepunkte erweitert, wie dies oft in Wohnanlagen der Fall sein wird, könnte das Szenario in **Bild 5.33** entstehen.

Lediglich an Ladepunkt 1 und 4 sind Fahrzeuge angeschlossen, welche mit 1-phasigem Bordladegerät ausgestattet sind. Die restlichen vier Ladepunkte bleiben frei. Wenn nun beide Fahrzeuge mit 3,7 kW laden, ergibt sich eine Unsymmetrie (Schieflast) von 7,4 kW. Somit wird der erlaubte Grenzwert überschritten. Moderne Lastmanagementsysteme berücksichtigen für ihre Regelungsalgorithmen den Stromfluss der einzelnen Phasen und reduzieren mittels PWM-Signal die Stromvorgabewerte der 1-phasig ladenden Fahrzeuge, sodass die Symmetriebedingungen eingehalten werden.

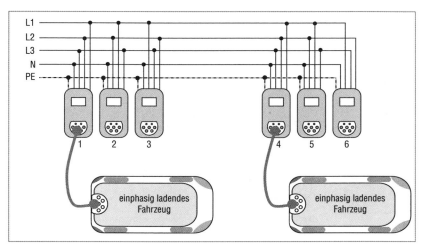

Bild 5.33 Unsymmetrische Belastung bei größeren Ladeinfrastrukturen

5.9.6 Schnellladepark mit DC-Ladestationen

Die inzwischen vielfach an Autobahnrasthöfen oder Autohöfen (weil diese von beiden Fahrtrichtungen genutzt werden können) errichteten Schnellladeparks werden in aller Regel aus einem eigenen Mittelspannungstransformator versorgt (**Bild 5.34**). Während in den vergangenen Jahren überwiegend DC-Ladestationen mit 50 kW Leistung errichtet wurden, sind inzwischen 150 kW bis 350 kW je Ladepunkt keine Seltenheit mehr. Das Ziel ist, wie bereits in Abschnitt 3.3 ausgeführt wurde, in 15 min 300 km bis 500 km Reichweite laden zu können. Die Errichtung derart leistungsstarker Ladeparks erfolgt in enger Abstimmung des zukünftigen Betreibers mit dem Energieversorger und ausgewählten Errichtern. In aller Regel ist der Aufbau mit umfangreichen Erdarbeiten und ohnehin hohen Kosten verbunden.

Optisch unterscheiden sich die leistungsstärkeren Ladeparks von dem in Bild 5.34 dargestellten nur wenig. In manchen Fällen ist neben dem Container mit der Trafostation noch ein zweiter Container aufgestellt, welcher die Laderegler für die einzelnen Ladepunkte beherbergt. Oder es befindet sich an der Ladestation lediglich eine flüssigkeitsgekühlte Ladeleitung mit CCS-Anschluss für das High Power Charging.

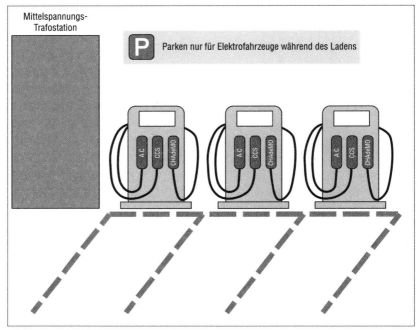

Bild 5.34 *Schnellladepark mit Triplechargern (50 kW)*

5.10 Hinweis auf Landesbauordnungen

Neben den elektrotechnischen Richtlinien zum Errichten von Ladepunkten nach VDE-AR-N 4100:2019-04, VDE 0100-722:2019-06 und den Vorgaben der VNB sind zusätzlich die Rahmenbedingungen der Landesbauordnung [52] einzuhalten. Die Fassung vom 05.03.2010 wurde in den vergangenen Jahren in Teilen fortlaufend aktualisiert, zuletzt am 18.07.2019. Da die Wirtschaftsministerien der einzelnen Bundesländer ihre eigenen Landesbauordnungen erlassen, kann an dieser Stelle keine allgemeingültige Aussage getroffen werden, grundsätzlich spricht nichts gegen das Errichten und Betreiben von Ladeinfrastruktur in Garagen und auf Parkplätzen. Das gleiche gilt auch für die Garagenverordnung [53], welche vorrangig Sicherheitsaspekte zum Inhalt hat. Diese wurde zuletzt am 23.02.2017 aktualisiert. Als Beispiel wird auf die Verordnungen des Bundeslandes Baden-Württemberg verwiesen.

5.10 Hinweis auf Landesbauordnungen

Ergänzend wird an dieser Stelle auf die VDI-Richtlinie 2166 Blatt 2 [54] verwiesen. Dort heißt es im Abschnitt 6.4 zum Brandschutz sinngemäß, dass Elektrofahrzeuge grundsätzlich in privaten und öffentlichen Garagen abgestellt werden dürfen. Wird das Elektrofahrzeug geladen, bleibt es bei der ursprünglichen Nutzung als Garage. Bei Elektrofahrzeugen nach UNECE R100 entstehen durch den Ladevorgang keine zusätzlichen Gefahren, konstruktive Sicherheit ist gegeben, u.a. ist keine Bildung von entzündlichen Gasen beim Laden zu erwarten.

Ganz anders ist dies beim Laden von Fahrzeugen wie Gabelstablern mit Bleibatterien, die weitere Maßnahmen erfordern.

Aus Sicht des Brandschutzes ist eine besondere Anordnung oder Dimensionierung der Stellplätze für Elektrofahrzeuge nicht erforderlich.

Wenn eine Brandmeldeanlage oder eine Löschanlage gefordert ist, sind die Stellplätze für Elektrofahrzeuge, wie die anderen Stellplätze auch, einzubinden.

Eine gesonderte elektrische Trennstelle zur Abschaltung durch die Feuerwehr ist nicht erforderlich. Im Brandfall kann die hausübliche Trennstelle zur Freischaltung genutzt werden.

Gebäudesicherheit

Die Schäden durch Überspannung steigen. Finden Sie hier die Grundlagen des äußeren und inneren Blitz- und Überspannungsschutzes sowie die Änderungen der Normen DIN VDE 0100-443 und DIN VDE 0100-534.

Diese Themen werden behandelt:

- Grundlagen Blitz- und Überspannungsschutz,
- Blitzparameter,
- Blitzentstehung,
- Auslegungsparameter für Blitzschutzklassen,
- Aufbau und Planung von Erdungsanlagen,
- Bestimmung des Einschlags im geschützten Bereich,
- Berechnung des Trennungsabstandes.

Ihre Bestellmöglichkeiten auf einen Blick:

Hier Ihr Fachbuch direkt online bestellen!

6 Errichten und Prüfen von Ladeinfrastruktur

Nach vielen allgemeinen Hinweisen und normativen Rahmenbedingungen folgen nun konkrete Handlungsanweisungen zur Bestimmung der Positionierung von Ladepunkten, zur Berechnung der Zuleitungsquerschnitte an konkreten Beispielen und zur elektrotechnischen Prüfung von Ladeinfrastruktur und Ladeleitungen.

Auch an dieser Stelle der Hinweis, dass die Arbeiten am Stromnetz nur dem, in das Installateurverzeichnis des VNB eingetragenen, Elektrofachbetrieb vorbehalten ist. Nur er hat neben der Fachkompetenz zur korrekten Anlagenplanung und den gültigen Normen auch die Erfahrung, die Situation vor Ort richtig einzuschätzen und alle nötigen Anpassungen korrekt umzusetzen. Nicht zuletzt gehört dazu auch die Auswahl von zugelassenen Betriebsmitteln und geeignetem Leitungsmaterial. Erst wenn alle Komponenten für den vorgesehenen Verwendungszweck geeignet sind und eine Inbetriebnahme mit Überprüfung der elektrotechnischen Sicherheit sowie eine Funktionsprüfung stattgefunden hat, kann eine langfristige, zuverlässige Funktion gewährleistet werden.

6.1 Anordnung der Ladepunkte am Ladeplatz

Grundsätzlich sollte angestrebt werden, die Ladepunkte möglichst nahe bei der Niederspannungshauptverteilung anzuordnen, um die Leitungsverluste möglichst gering zu halten.

In der heimischen Garage oder Carport kann die Position des Ladepunktes oft anhand des Ladeanschlusses am Fahrzeug optimiert werden. Vorteilhaft ist es, wenn der Ladepunkt möglichst nahe am Ladeanschluss des Fahrzeugs montiert wird. Da die Fahrzeughersteller bei der Anbringung des Ladeanschlusses keine einheitliche Position nutzen, kann dies bei einem späteren Fahrzeugwechsel nachteilig sein. Vor diesem Hintergrund empfiehlt es sich, wenn im privaten Bereich Ladepunkte mit festangeschlossener Ladeleitung errichtet werden, die Ladeleitung mit der größeren Länge zu wählen.

In **Bild 6.1** sind die Positionen des Ladeanschlusses beispielhaft an einigen Fahrzeugen gezeigt, um einem Überblick zu bieten.

Es ergibt also Sinn, sich über das Fahrzeug zu informieren, bevor die Position des Ladepunktes in einer Garage festgelegt wird.

Welches die, vom Handling her, günstigste Position des Ladeanschlusses ist, darf jeder für sich selbst entscheiden. Letztlich wird die Kaufentscheidung für ein Elektrofahrzeug nicht über die Position des Ladesteckers, sondern vielmehr über Faktoren wie Preis, Reichweite, Modell oder Tauglichkeit für den Einsatzzweck getroffen.

Im öffentlichen Raum ist die Entscheidung für die Position des Ladepunktes vergleichsweise einfach, da es unabhängig vom Kundenfahrzeug immer möglich sein soll zu Laden. Bei einzelnen Ladepunkten hat sich die Position vorne in der Mitte vor dem Parkplatz bewährt.

Fahrzeuge mit dem Ladeanschluss im hinteren Fahrzeugteil müssen dann eben rückwärts in den Stellplatz einfahren (**Bild 6.2**). Mit den heute üblichen „digitalen Helfern" im Fahrzeug stellt dies kein Problem dar, auch wenn das Rückwärtsfahren nicht so beliebt ist. Dafür können diese Fahrzeuge nach Beendigung des Ladevorgangs wieder vorwärts in die Fahrbahn einfahren.

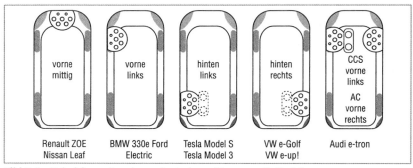

Bild 6.1 *Beispiele zur Anordnung des Ladeanschlusses an Elektrofahrzeugen*

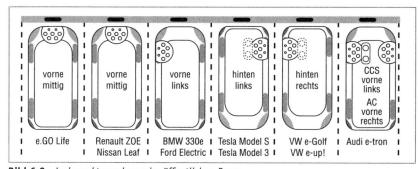

Bild 6.2 *Ladepunktanordnung im öffentlichen Raum*

Wird die Ladesäule auf dem Parkplatz montiert, wird empfohlen, dass der Parkplatz nicht nur die sonst übliche Länge von 5 m, sondern 5,5 m aufweist. Sonst würden Oberklassefahrzeuge in die Fahrbahn ragen. Ein Anfahrschutz durch Metallbügel oder entsprechend gesetzte Randsteine wird ebenfalls dringend empfohlen.

Werden Säulen mit zwei Ladepunkten aufgestellt, dann hat sich eine Position in der Mitte bewährt.

Bei einer Parkplatzbelegung nach **Bild 6.3** sind die Fahrer mit dem Ladeanschluss an der Fahrzeugfront ideal versorgt. Alle weiteren Fahrer würden ihr Fahrzeug gerne umparken, damit sie mit dem Ladekabel nicht um das Fahrzeug herum müssen. Handelt es sich um DC-Ladesäulen, dann würde zu den beiden Ersten lediglich noch der Audi e-tron günstig stehen.

Befinden sich die Stellplätze längs zur Fahrbahn, ergibt sich eine völlig neue Situation.

Fahrer von Fahrzeugen wie dem BMW 330e oder Tesla Model 3 und S stehen zum Laden nur günstig, wenn sie verbotener Weise gegen die Fahrtrichtung parken (**Bild 6.4**). Andernfalls sind sie gezwungen, das Ladekabel über das Fahrzeug zu legen, wenn es nicht lang genug ist, um es außenherum führen zu können.

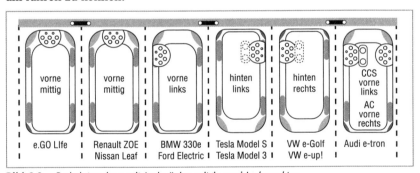

Bild 6.3 *Parkplatzanlage mit Ladesäulen mit je zwei Ladepunkten*

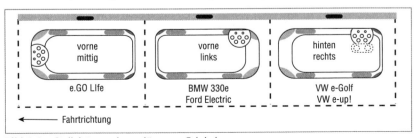

Bild 6.4 *Stellplatzanordnung längs zur Fahrbahn*

Unabhängig von der Parkplatzsituation ist es aktuell besonders wichtig, viele öffentliche Ladepunkte zu schaffen, um die Elektromobilität voran zu bringen. Denn nicht alle Personen, die gerne ein Elektrofahrzeug anschaffen möchten, besitzen einen eigenen Stellplatz oder eine eigene Garage.

6.2 Leitungsdimensionierung und Schutzorgane

Zu den Überstrom- und Fehlerstromschutzorganen wurde im Abschnitt 5.5 bereits ausführlich Stellung bezogen. In diesem Abschnitt liegt der Schwerpunkt auf der Leitungsdimensionierung.

Basis für die Leitungsdimensionierung sind die VDE 0100-520:2013-06 [55] und die VDE 0298-4:2013-06 [56].

Wichtige Bestandteile für die Leitungsdimensionierung und die Auswahl der Leitung sind:
- Strombelastbarkeit,
- Leitungslänge,
- Leitungsweg,
- Verlegeart,
- Umgebungsbedingungen,
- Spannungsfall und weitere.

An vier typischen Beispielen wird rechnerisch gezeigt, welche Leitungen in Betracht kommen. Diese Beispiele dürfen jedoch nicht verallgemeinert werden. In der Praxis muss jeder Anwendungsfall neu berechnet werden.

6.2.1 Rahmenbedingungen für die Leitungsberechnung

Der zulässige Spannungsfall im Vorzählerbereich, also vom Hausanschlusskasten (HAK) bis zum Zähler (**Bild 6.5**) ist durch § 13 der Niederspannungsanschlussverordnung (NAV) [57] geregelt. Unter Nennbelastung darf der Spannungsfall einen Wert von 0,5 % der Nennspannung nicht überschreiten. In der VDE-AR-N 4100:2019-04 ist im Abschnitt 6.2.5 bei Wohngebäuden ein Wert von mindestens 63 A festgelegt.

Bei bestehenden Anlagen ist der Leitungsquerschnitt zwischen HAK und Zählerplatz normalerweise nicht mehr leicht veränderbar.

Für Endstromkreise ist nach VDE 0100-520:2013-06 zwischen HAK und Betriebsmittel bei Beleuchtungsstromkreisen ein Spannungsfall von maximal 3 % und zwischen HAK und anderen Betriebsmitteln (Bild 6.5) maximal 5 % zulässig, verbleiben also 4,5 % (5 % minus 0,5 %) ab Zähler.

6.2 Leitungsdimensionierung und Schutzorgane

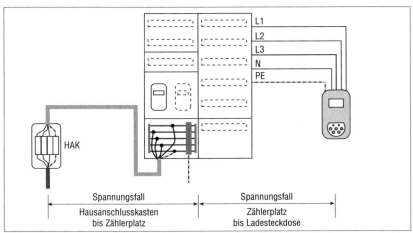

Bild 6.5 Erläuterung des maximal erlaubten Spannungsfalls

Immer wieder wird für den Spannungsfall zwischen Zähler und der Verbrauchsstelle nach DIN 18015 Teil 1 ein Wert von maximal 3,0 % vom Nennwert der Spannung angegeben. Dieser Wert hat dann Gültigkeit, wenn das vertraglich vereinbart wurde. Grundsätzlich ist dennoch immer ein möglichst geringer Spannungsfall wünschenswert, ohne die Grenzwerte auszureizen und um die Verlustleistung zu reduzieren.

Abhängig vom Weg der Leitungsführung, zum Beispiel durch feuergefährdete Betriebsstätten oder Räume mit einer durchschnittlich höheren Umgebungstemperatur, müssen besondere Maßnahmen ergriffen werden. Höhere Temperaturen haben zur Folge, dass der zulässige Maximalstrom der Leitung durch entsprechende Faktoren zu reduzieren ist. Wieder ein Indiz dafür, dass diese Arbeiten in die Hände von Elektrofachkräften gehören.

Ebenso ist bei der Verlegung in gedämmten Wänden, im Erdreich, in Installationsrohren oder Installationskanälen, auf der Wand oder frei in der Luft ein Unterschied bei der maximalen Belastung zu berücksichtigen.

Je nach Situation vor Ort kann die Leitungsführung sehr unterschiedlich ausfallen. In einem Gebäude geht es geradeaus ohne besondere Hindernisse vom Stromkreisverteiler zum Ladepunkt, bei einem anderen Gebäude geht es um zahlreiche Ecken und Höhenunterschiede zwischen den Kellerräumen müssen ausgeglichen werden. Wie bereits erwähnt: In der Praxis muss jeder Anwendungsfall neu berechnet werden. Aussagen wie „Bei einer 22-kW-Ladestation muss man immer einen Leiterquerschnitt von 6 mm^2 wählen" sind mit Vorsicht zu betrachten, denn sie können falsch sein.

Damit der Ladepunkt mit seinem Maximalstrom betrieben werden kann und das vorgeschaltete Leitungsschutzorgan (z. B. ein Leitungsschutzschalter oder eine Schmelzsicherung) seine Aufgabe ordnungsgemäß erfüllen kann, muss zum einen die Betriebsstromformel eingehalten werden und zum anderen ein eventuell auftretender Kurzschlussstrom fließen, der groß genug ist, um das Abschalten innerhalb der geforderten Maximalzeiten zu ermöglichen.

Betriebsstromformel nach VDE 0100-430:2010-10:

$$I_B \leq I_N \leq I_Z$$

I_B Betriebsstrom des Gerätes (in unserem Fall Ladestation)
I_N Nennstrom des Leitungsschutzschalters oder der Sicherung
I_Z zulässige Belastung der Leitung

Die Betriebsstromformel besagt, dass der Nennstrom des Leitungsschutzschalters/der Sicherung mindestens dem Betriebsstrom des Betriebsmittels (in unserem Fall der Ladestation) entspricht und die maximal zulässige Belastung der Leitung mindestens dem Nennwert des Leitungsschutzschalters/der Sicherung entspricht.

6.2.2 Beispielrechnung zu einem Wohnhaus mit 11-kW-Ladestation

Bei der Vorortbegehung wurde ermittelt, dass der Leitungsweg vergleichsweise umständlich ist und insgesamt 27 m beträgt. Die 3-phasige Ladestation wurde beim VNB angemeldet, enthält lediglich eine elektronische DC-Fehlererkennung mit RCMB und soll in der Garage montiert werden. Da das Gebäude vergleichsweise modern ist und der Stromkreisverteiler genügend Platzreserve bietet, kann der Leitungsschutzschalter und der RCD vom Typ A problemlos dort integriert werden. Um die Leitungsverlegung bequem zu gestalten, wird diese in einem Installationskanal (Verlegeart B2) durchgeführt.

Der Betriebsstrom der 11-kW-Ladestation beträgt:

$$I_B = \frac{P}{\sqrt{3} \cdot U \cdot \cos\varphi} = \frac{11.000\,\text{W}}{\sqrt{3} \cdot 400\,\text{V} \cdot 1} \approx 15{,}88\,\text{A}$$

Der 3-polige Leitungsschutzschalter wird hier gewählt mit einem Nennstrom $I_N = 16\,\text{A}$ und C-Charakteristik, um eventuell auftretende, etwas größere Einschaltströme beim Starten des Ladevorgangs nicht mit einer Fehlauslösung zu quittieren. Häufig sieht man in installierten Anlagen auch LS-Schalter mit B-Charakteristik, die, nach Bekunden der Planer, ohne Probleme arbeiten. Der Autor möchte dennoch bei der Empfehlung C-Charak-

6.2 Leitungsdimensionierung und Schutzorgane

teristik bleiben, auch wenn dadurch ein höherer Abschaltstrom im Kurzschlussfall gefordert wird.

Bei einer Umgebungstemperatur von 30 °C und einem Nennstrom des LS-Schalters von 16 A kann nach VDE 0298-4:2013-06 Tabelle 3 [58] bei Verlegeart B2 mit drei belasteten Adern ein Kupferleiter mit einem theoretischen Leiterquerschnitt von 2,5 mm² ermittelt werden (**Tabelle 6.1**).

Für den vollständigen Inhalt ist die VDE 0298-4:2013-06 heranzuziehen.

Mit einem Leiterquerschnitt von 2,5 mm² ergibt sich eine maximale Strombelastung von 20 A, was logischerweise für einen Maximalstrom von 16 A mehr als ausreichend ist. Rechnen wir für diesen Leitungsquerschnitt den Spannungsfall zuerst für den 3-phasigen Betrieb und anschließend für den 1-phasigen Betrieb einmal aus. Für die Spannungsfälle kann berechnet werden:

Spannungsfall 3-phasig:

$$\Delta U = \frac{\sqrt{3} \cdot l \cdot I_N \cdot \cos\varphi}{\gamma \cdot A} = \frac{\sqrt{3} \cdot 27\,\text{m} \cdot 16\,\text{A} \cdot 1}{56 \, \frac{\text{m}}{\Omega \cdot \text{mm}^2} \cdot 2,5\,\text{mm}^2} \approx 5,35\,\text{V}$$

Im Drehstromsystem werden die 4,5 % von 400 V, also 18 V, als Grenzwert berücksichtigt. Das Ergebnis ist in Ordnung.

Wie sind jedoch die Verhältnisse, wenn an dieser Ladestation ein Fahrzeug mit 1-phasigem Bordladegerät zum Laden angeschlossen wird?

Nennquerschnitt Kupferleiter in mm²	(Referenz-)Verlegeart Umgebungstemperatur 30 °C, zulässige Betriebstemperatur am Leiter 70 °C							
	A1		A2		B1		B2	
	Verlegung in gedämmten Wänden				Verlegung in Elektroinstallationsrohren			
	Aderleitungen		mehradrige Kabel oder mehradrige ummantelte Installationsleitungen		Aderleitungen auf der Wand		mehradrige Kabel oder mehradrige ummantelte Installationsleitungen auf der Wand	
	Anzahl der belasteten Adern							
	2	3	2	3	2	3	2	3
	Belastbarkeit in A							
1,5	15,5	13,5	15,5	13,0	17,5	15,5	16,5	~~15,0~~
2,5	19,5	18	18,5	17,5	24	22	23	20
4	26	24	25	23	32	28	30	27
6	34	31	32	29	41	36	38	34
10	46	42	43	39	57	50	52	46 (47,1 nicht auf Holz)

Tabelle 6.1 *Gekürzter Ausschnitt aus VDE 0298-4:2013-06, Tabelle 3*

Spannungsfall 1-phasig:

$$\Delta U = \frac{2 \cdot l \cdot I_N \cdot \cos\varphi}{\gamma \cdot A} = \frac{2 \cdot 27\,\text{m} \cdot 16\,\text{A} \cdot 1}{56\,\frac{\text{m}}{\Omega \cdot \text{mm}^2} \cdot 2{,}5\,\text{mm}^2} \approx 6{,}17\,\text{V}$$

Da bei 1-phasigem Betrieb jedoch 4,5 % von 230 V, also 10,35 V, zu berücksichtigen sind, kann die Schlussfolgerung gezogen werden, dass eine Leitung mit 2,5 mm² gut geeignet ist. Auch wenn vertraglich die DIN 18015 Teil 1 vereinbart wurde und die 3-%-Grenze (3 % von 230 V = 6,9 V) gilt, ist mit der gewählten Leitung alles im zulässigen Bereich.

Warum es zusätzlich dennoch Sinn machen kann einen größeren Querschnitt zu wählen, wird im Abschnitt 6.2.6 erläutert.

6.2.3 Beispielrechnung zu einem Wohnhaus mit 22-kW-Ladestation

Bei der Vorortbegehung wurde ermittelt, dass der Leitungsweg vergleichsweise einfach ist und insgesamt 12 m beträgt. Die Leitungsverlegung kann hier sehr bequem gestaltet werden da bereits ein Installationskanal von der Garage zum Zählerplatz verlegt ist. Dieser enthält bereits eine Leitung NYM-J 5 x 16 mm² vom HAK zum Zählerplatz und bietet noch genügend Platzreserven für die Leitung vom Stromkreisverteiler zur Ladestation.

Die 3-phasige Ladestation wurde beim VNB angemeldet und die Zustimmung zur Installation und Inbetriebnahme wurde zwischenzeitlich erteilt.

Die ausgewählte Ladestation, enthält einen RCD vom Typ B und einen Leitungsschutzschalter 32 A mit C-Charakteristik. Sie soll in der Garage montiert werden. Da das Gebäude vergleichsweise modern ist und der Stromkreisverteiler genügend Platzreserve bietet, kann der Leitungsschutzschalter problemlos integriert werden.

Der Betriebsstrom der 22-kW-Ladestation beträgt:

$$I_B = \frac{P}{\sqrt{3} \cdot U \cdot \cos\varphi} = \frac{22.000\,\text{W}}{\sqrt{3} \cdot 400\,\text{V} \cdot 1} \approx 31{,}76\,\text{A}$$

In den Stromkreisverteiler ist ein Leitungsschutzschalter mit einem Nennwert von mindestens 32 A und C-Charakteristik einzubauen, um die Zuleitung zur Ladestation korrekt zu schützen.

Mit einem Betriebsstrom von $I_B = 31{,}76\,\text{A}$ und einem LS-Schalter von C32A ergibt sich der in **Tabelle 6.2** dargestellte Leitungsquerschnitt.

6.2 Leitungsdimensionierung und Schutzorgane

Nenn-querschnitt Kupferleiter in mm²	(Referenz-)Verlegeart Umgebungstemperatur 30 °C, zulässige Betriebstemperatur am Leiter 70 °C			
	B1		B2	
	Verlegung in Elektroinstallationsrohren			
	Aderleitungen auf der Wand		mehradrige Kabel oder mehradrige ummantelte Installationsleitungen auf der Wand	
	Anzahl der belasteten Adern			
	2	3	2	3
	Belastbarkeit in A			
1,5	17,5	15,5	16,5	15,0
2,5	24	22	23	20
4	32	28	30	27
6	41	36	38	34
10	57	50	52	46 (47,1 nicht auf Holz)

Tabelle 6.2 *Weiter verkürzte Tabelle nach VDE 0298-4:2013-06, Tabelle 3*

Bei einer Umgebungstemperatur von 30°C und einem Nennstrom des LS-Schalters von 16 A kann nach VDE 0298-4, Tabelle 3 bei Verlegeart B2 mit drei belasteten Adern ein theoretischer Leiterquerschnitt von 6 mm² ermittelt werden.

Durch die gemeinsame Verlegung mit der Leitung von HAK zur Zählerplatz tritt hier eine Häufung auf, da beide Leitungen gemeinsam belastet werden. Nach VDE 0298-4:2013-6, Tabelle 21 ist in diesem Fall bei Verlegung im Kanal mit einem Umrechnungsfaktor von 0,8 zu arbeiten:

$$I_{max} = I_Z \cdot 0{,}8 = 34\,A \cdot 0{,}8 = 27{,}2\,A!$$

Somit ist aufgrund der Häufung der Leiterquerschnitt von 6 mm² NICHT für einen Strom von 32 A geeignet.

Es muss der nächsthöhere Querschnitt von 10 mm² gewählt werden. Aus Tabelle 6.2 lässt sich hierfür ein $I_Z = 46\,A$ ermitteln. Unter Berücksichtigung der Häufung ergibt sich damit ein Maximalstrom

$$I_{max} = I_Z \cdot 0{,}8 = 46\,A \cdot 0{,}8 = 36{,}8\,A$$

Die Stromtragfähigkeit von 32 A für die Ladestation ist damit gegeben.

Überprüfung des Spannungsfalls, wieder zuerst für den 3-phasigen Betrieb und anschließend für den 1-phasigen Betrieb:

Spannungsfall 3-phasig:

$$\Delta U = \frac{\sqrt{3} \cdot l \cdot I_N \cdot \cos\varphi}{\gamma \cdot A} = \frac{\sqrt{3} \cdot 12\,m \cdot 32\,A \cdot 1}{56 \frac{m}{\Omega \cdot mm^2} \cdot 10\,mm^2} \approx 1{,}18\,V$$

Im Drehstromsystem werden die 4,5 % von 400 V, also 18 V, als Grenzwert berücksichtigt. Das Ergebnis ist weit unterhalb des Grenzwertes und somit sehr gut.

Wie sind jedoch die Verhältnisse, wenn an dieser Ladestation ein Fahrzeug mit 1-phasigem Bordladegerät zum Laden angeschlossen wird? Im 1-phasigen Betrieb ist in Deutschland am Niederspannungsnetz eine maximale Schieflast von 20 A zugelassen. Die folgende Formel rechnet mit dem ungünstigeren Wert von 32 A, da eine Ladestation hinter einer kundeneigenen Transformatorstation diesen Wert zulassen dürfte:

Spannungsfall 1-phasig:

$$\Delta U = \frac{2 \cdot l \cdot I_N \cdot \cos\varphi}{\gamma \cdot A} = \frac{2 \cdot 12\,\mathrm{m} \cdot 32\,\mathrm{A} \cdot 1}{56\,\frac{\mathrm{m}}{\Omega \cdot \mathrm{mm}^2} \cdot 10\,\mathrm{mm}^2} \approx 1{,}37\,\mathrm{V}$$

Da bei 1-phasigem Betrieb 4,5 % von 230 V, also 10,35 V, zu berücksichtigen sind, ist selbst bei 32 A und somit bei 20 A sowieso der Grenzwert deutlich unterschritten.

Dadurch wären die notwendigen Grenzwerte sowohl im 1-phasigen wie auch 3-phasigem Betrieb eingehalten.

6.2.4 Beispielrechnung zu einer Ladesäule mit 2 x 22 kW

Ein Handelsunternehmen möchte auf seinem Parkplatz eine Ladesäule mit 2 x 22 kW errichten lassen. Eine Leistungsanfrage beim VNB hat ergeben, dass ein Anschluss der Ladesäule keinen Engpass in der Leistungsversorgung des Gebiets verursacht und einer Errichtung zugestimmt werden kann. Der Anschlusswert des Firmengebäudes ist ebenfalls bereits ausreichend. Um zu prüfen, ob die vorhandene Niederspannungshauptverteilung (NSHV) mit halbindirekter Messung (Wandlermessung) bis 250 A noch genügend Reserven zum Betrieb der Ladesäule bietet, wurde der Lastgang aufgezeichnet. Die Langzeitmessung hatte zum Ergebnis, dass im Firmengebäude in ganz seltenen Fällen ein maximaler Betriebsstrom von 150 A erreicht wurde, meist jedoch deutlich weniger.

Der maximale Betriebsstrom der Ladesäule beträgt:

$$I_B = \frac{P}{\sqrt{3} \cdot U \cdot \cos\varphi} = \frac{2 \cdot 22.000\,\mathrm{W}}{\sqrt{3} \cdot 400\,\mathrm{V} \cdot 1} \approx 63{,}5\,\mathrm{A}$$

6.2 Leitungsdimensionierung und Schutzorgane

Auch mit dem zusätzlichen Maximalstrom für die Ladesäule ist die Leistungsgrenze der vorhandenen Installation noch nicht überschritten. Eine Errichtung der Ladesäule ist also ohne besondere Mehrkosten machbar.

Die 3-phasige Ladesäule enthält für jeden der beiden Ladepunkte die notwendigen Schutzorgane. Jeder Ladepunkt ist über einen eigenen RCD Typ B und LS-Schalter C32A geschützt. Um für eventuelle spätere Erweiterungen und eine Einbindung in ein Lastmanagementsystem gut vorbereitet zu sein, wurde eine kommunikationsfähige Ladesäule gewählt.

Die Ladesäule soll mit einer Zuleitung aus der NSHV versorgt werden. Um die Leitungsverlegung bequem zu gestalten, wird diese im Gebäude in einem eigenen Installationskanal durchgeführt, die sich im Außenbereich im einem Installationsrohr im Erdreich fortsetzt. Da die Verlegung im Erdreich günstigere Werte bietet als die Verlegung im Installationskanal auf der Wand, wird hier für den gesamten Leitungsweg mit Verlegeart B2, somit dem ungünstigsten Fall, gerechnet (**Tabelle 6.3**). Die Leitungslänge wird 40 m betragen.

Zum Schutz der Zuleitung werden Sicherungen NH00 gG 80 A gewählt.

Bei einer Umgebungstemperatur von 30°C und einem Nennstrom der Sicherungen von 80 A kann nach VDE 0298-4, Tabelle 3 bei Verlegeart B2 mit drei belasteten Adern ein Leiterquerschnitt von 25 mm^2 ermittelt werden.

	(Referenz-)Verlegeart Umgebungstemperatur 30°C, zulässige Betriebstemperatur am Leiter 70°C			
	B1		B2	
	Verlegung in Elektroinstallationsrohren			
	Aderleitungen auf der Wand		mehradrige Kabel oder mehradrige ummantelte Installationsleitungen auf der Wand	
Nennquerschnitt Kupferleiter in mm^2	2	3	2	3
6	41	36	38	34
10	57	50	52	46 (47,1 nicht auf Holz)
16	76	68	69	62
25	101	89	90	80

Tabelle 6.3 *Anderer verkürzter Ausschnitt nach VDE 0298-4:2013, Tabelle 3*

Der Spannungsfall für den 3-phasigen Betrieb
Spannungsfall 3-phasig:

$$\Delta U = \frac{\sqrt{3} \cdot l \cdot I_N \cdot \cos\varphi}{\gamma \cdot A} = \frac{\sqrt{3} \cdot 40\,\text{m} \cdot 63\,\text{A} \cdot 1}{56\,\frac{\text{m}}{\Omega \cdot \text{mm}^2} \cdot 25\,\text{mm}^2} \approx 3{,}12\,\text{V}$$

Im Drehstromsystem werden die 4,5 % von 400 V, also 18 V, als Grenzwert berücksichtigt. Das Ergebnis ist selbst bei diesem sehr hohen Strom und der großen Leitungslänge in Ordnung.

Wie sind jedoch die Verhältnisse, wenn an dieser Ladestation ein Fahrzeug mit 1-phasigem Bordladegerät zum Laden angeschlossen wird?

Da die beiden Ladepunkte für ihren L1-Anschluss nicht den gleichen Außenleiter des Versorgungsnetzes nutzen und die Ströme weit unterhalb der oben genannten 63 A liegen, kann auch ohne Rechnung festgestellt werden, dass der Spannungsfall bei 1-phasigem Laden unproblematisch ist.

6.2.5 Beispielrechnung zu einer DC-Ladestation

Ein größerer KFZ-Fachbetrieb mit Fahrzeughandel und Reparaturwerkstatt ist über einen Mittelspannungstransformator mit 630 kVA ans Versorgungsnetz angeschlossen. Er unterliegt somit nicht der NAV. Je nach Stromvertrag und Leistungszusage berechnen sich seine Werte nach direkter Vereinbarung mit seinem VNB.

Um seinen Kunden während der Wartezeit einen hohen Ladekomfort zu bieten, hat der Betriebsinhaber beschlossen, die Installation einer 50 kW oder einer 150 kW Schnellladestation prüfen zu lassen.

Der Anschluss der Ladesäule erfolgt durch das Erdreich. Der Leitungsweg ist 60 m lang.

Da bei den DC-Ladestationen die gesamte Leistungselektronik in der Ladesäule sitzt, erzeugt diese eine nicht zu vernachlässigende Verlustleistung. Verschiedene Hersteller von DC-Schnellladestationen geben einen Wirkungsgrad zwischen 92 und 95 % an. Für eine erste Abschätzung der Anschlusswerte hat der angefragte Elektrofachbetrieb drei unterschiedliche Varianten untersucht:

a) DC-Ladestation mit 50 kW, $\eta = 0{,}95$, Ladeleitung mit CCS
b) DC-Ladestation mit 50 kW, $\eta_{DC} = 0{,}95$, $\eta_{AC} = 0{,}99$
   Ladeleitungen CCS und CHAdeMO, gleichzeitig eine nutzbar und Ladeleitung Typ 2 für bis zu 22 kW AC-Ladung gemeinsam mit DC nutzbar
c) DC-Ladestation mit 150 kW, $\eta = 0{,}92$, mit HPC-Ladeleitung mit CCS

6.2 Leitungsdimensionierung und Schutzorgane

Die Aufzeichnung des Lastgangs hatte zum Ergebnis, dass alle drei Varianten technisch umsetzbar sind, wobei der Anschlusswert mit dem VNB neu verhandelt werden muss, damit eine Spitzenlastüberschreitung möglichst vermieden wird. Unabhängig von deren Ergebnis bilden sich die Berechnungen wie in **Tabelle 6.4** ab.

Von der elektrotechnischen Seite wäre diese Installation problemlos umsetzbar. Die Tiefbauarbeiten finden alle auf dem eigenen Grundstück des KFZ-Autohauses statt und sind somit ebenfalls ohne Schwierigkeiten machbar. Der Besitzer des Autohauses wartet noch die Gespräche mit dem VNB ab, bevor er sich für eine der drei Varianten entscheidet.

Parameter	a) DC 50 kW	b) DC 50 kW und AC 22 kW	c) DC 150 kW
Anschlussleistung	P_{Zu} = 50 kW/0,95 = 52,63 kW	P_{Zu} = 50 kW/0,95 + 22 kW/0,99 = 74,85 kW	P_{Zu} = 150 kW/0,95 = 163 kW
Betriebsstrom	$I_B = \dfrac{52.630\ W}{\sqrt{3}\cdot 400\ V\cdot 1} \approx 76\ A$	$I_B = \dfrac{74.850\ W}{\sqrt{3}\cdot 400\ V\cdot 1} \approx 108\ A$	$I_B = \dfrac{163.000\ W}{\sqrt{3}\cdot 400\ V\cdot 1} \approx 235\ A$
Absicherung Lasttrennschalter	3 x 80 A NH00	3 x 125 A NH00	3 x 250 A NH1
Leitungsquerschnitt (VDE 0298-4:2013-06 Tabelle 4, Verlegeart D)	25 mm² Kupfer (I_z = 82 A) 50 mm² Aluminium (I_z = 91 A)	70 mm² Kupfer (I_z = 143 A) 95 mm² Aluminium (I_z = 132 A)	240 mm² Kupfer (I_z = 280 A) 300 mm² Aluminium (I_z = 247 A!)
Spannungsfall Kupfer	$\Delta U_{Cu} = \dfrac{\sqrt{3}\cdot 60\ m \cdot 76\ A \cdot 1}{56\ \frac{m}{\Omega\cdot mm^2}\cdot 25\ mm^2}$ $\Delta U_{Cu} \approx 5{,}64\ V$	$\Delta U_{Cu} = \dfrac{\sqrt{3}\cdot 60\ m \cdot 108\ A \cdot 1}{56\ \frac{m}{\Omega\cdot mm^2}\cdot 70\ mm^2}$ $\Delta U_{Cu} \approx 2{,}86\ V$	$\Delta U_{Cu} = \dfrac{\sqrt{3}\cdot 60\ m \cdot 235\ A \cdot 1}{56\ \frac{m}{\Omega\cdot mm^2}\cdot 240\ mm^2}$ $\Delta U_{Cu} \approx 1{,}82\ V$
Spannungsfall Aluminium	$\Delta U_{Al} = \dfrac{\sqrt{3}\cdot 60\ m \cdot 76\ A \cdot 1}{36\ \frac{m}{\Omega\cdot mm^2}\cdot 50\ mm^2}$ $\Delta U_{Al} \approx 4{,}39\ V$	$\Delta U_{Al} = \dfrac{\sqrt{3}\cdot 60\ m \cdot 108\ A \cdot 1}{36\ \frac{m}{\Omega\cdot mm^2}\cdot 95\ mm^2}$ $\Delta U_{Al} \approx 3{,}28\ V$	$\Delta U_{Al} = \dfrac{\sqrt{3}\cdot 60\ m \cdot 235\ A \cdot 1}{36\ \frac{m}{\Omega\cdot mm^2}\cdot 300\ mm^2}$ $\Delta U_{Al} \approx 2{,}26\ V$

Tabelle 6.4 *Vergleichsrechnung verschiedener DC-Schnellladelösungen*

6.2.6 Warum einen größeren Querschnitt wählen?

Trotz der höheren Kosten kann die Wahl eines größeren Leiterquerschnitts sinnvoll sein. Im Rahmen eines effizienten Umgangs mit elektrischer Energie werden durch einen größeren Leiterquerschnitt der ohmsche Widerstand und damit auch die Leitungsverluste geringer.

In welcher Weise dies durchaus auch einen finanziellen Vorteil bieten kann, wird an einem einfachen Beispiel nach Abschnitt 6.2.2 gezeigt (**Tabelle 6.5**).

Annahme:
- 1-phasiges Laden mit 16 A (P_{Ch} = 3,68 kW)
- tägliche Fahrstrecke 100 km
- 16 kWh/100 km
- Leitungslänge einfach 27 m (Beispiel Abschnitt 6.2.2)
- Vergleich von 1,5 mm² ($k_{L1,5}$ = 1,00 EUR je m) mit 2,5 mm² ($k_{L12,5}$ = 2,00 EUR je m)
- Stromkosten k = 0,30 EUR je kWh

Parameter	Leitung mit 1,5 mm²	Leitung mit 2,5 mm²
Leitungslänge hin und zurück	l = 2 · 27 m = 54 m	
Leitungswiderstand	$R = \rho \cdot \frac{l}{A}$ = 0,01786 $\frac{\Omega \cdot mm^2}{m} \cdot \frac{54\,m}{1,5\,mm^2}$ ≈ 0,64 Ω	$R = \rho \cdot \frac{l}{A}$ = 0,01786 $\frac{\Omega \cdot mm^2}{m} \cdot \frac{54\,m}{2,5\,mm^2}$ ≈ 0,39 Ω
Spannungsfall	$U = R \cdot I$ = 0,64 Ω · 16 A = 10,29 V	$U = R \cdot I$ = 0,39 Ω · 16 A = 6,17 V
Verluste der Leitung	$P_V = U \cdot I$ = 10,29 V · 16 A = 164,6 W	$P_V = U \cdot I$ = 6,17 V · 16 A = 98,76 W
Ladezeit für 16 kWh	$t = \frac{W}{P_{Ch}} = \frac{16\,kWh}{3,68\,kW}$ ≈ 4,5 h	
Leitungsverluste am Tag	$W_{LT} = P_V \cdot t$ = 164,6 W · 4,5 h = 0,74 kWh	$W_{LT} = P_V \cdot t$ = 98,76 W · 4,5 h = 0,44 kWh
Leitungsverluste pro Jahr bei 250 Tagen (entspricht 25.000 km/Jahr)	$W_{LJ} = W_{LT} \cdot 250$ = 0,74 kWh · 250 = 185,17 kWh	$W_{LJ} = W_{LT} \cdot 250$ = 0,44 kWh · 250 = 111,1 kWh
Stromkosten der Leitungsverluste	$K_{1,5} = W_{LJ} \cdot k$ = 185,17 kWh · 0,30 EUR/kWh = 55,55 EUR	$K_{2,5} = W_{LJ} \cdot k$ = 111,1 kWh · 0,30 EUR/kWh = 33,33 EUR
Einsparung Stromkosten pro Jahr	$\Delta K = K_{2,5} - K_{1,5}$ = 55,55 EUR − 33,33 EUR = **22,22 EUR**	
Materialkosten der Leitung	$K_{L1,5} = k_{L1,5} \cdot l$ = 1 EUR/m · 54 m ≈ 54,00 EUR	$K_{L2,5} = k_{L2,5} \cdot l$ = 2 EUR/m · 54 m ≈ 108,00 EUR
Höhere Materialkosten durch die Leitung	$\Delta K_L = K_{L2,5} - K_{L1,5}$ = 108,00 EUR − 54,00 EUR = **54,00 EUR**	

Tabelle 6.5 *Kostenvergleich bei querschnittsstärkerer Zuleitung zum Ladepunkt*

In diesem Beispiel sind die Mehrkosten der Leitung in weniger als 2,5 Jahren durch die geringeren Leitungsverluste wieder eingespart. Die kommenden Jahre spart die Leitung weiter und der geringere Energieverbrauch kommt letztlich der Umwelt zugute.

6.2.7 Planung einer Industrieanlage

In einem frisch erschlossenen Industriegebiet plant die Firma Metallbau Müller ein neues Firmengebäude mit Verwaltungsgebäude, Fertigung und Lagerhalle. Der Parkplatz ist gut dimensioniert und soll sowohl für Mitarbeiter wie auch für Kunden Lademöglichkeiten für Elektrofahrzeuge bieten.

Da die Firma mit ihren Kunden in aller Regel umsatzstarke Verträge abschließen kann, will der Inhaber auch in punkto Ladeinfrastruktur eine großzügig dimensionierte Anlage bereitstellen.

In den Gesprächen mit dem verantwortlichen Elektromeister wird festgelegt, dass insgesamt acht Ladepunkte mit maximal 22 kW durch Ladesäulen realisiert werden. Zusätzlich soll ein Triplecharger mit 50 kW DC, entweder mit CCS oder CHAdeMO nutzbar, und einem Typ-2-Ladekabel mit ebenfalls 22 kW AC installiert werden.

Da der Bauherr für seinen neuen Firmensitz ein größeres Grundstück erworben hat, um spätere Erweiterungsmöglichkeiten zu besitzen, wird der Parkplatz mit etwas Abstand zum Gebäude realisiert (**Bild 6.6**).

Besucher und Mitarbeiter kommen so durch eine kleine Grünanlage auf das Verwaltungsgebäude zu, die von den Mitarbeitern auch motivationssteigernd zum Verweilen in der Mittagspause genutzt werden kann.

Für die Zuleitung zu den Ladepunkten sieht der Elektromeister einzelne Anschlussleitungen vor. Immer zwei Zuleitungen zu den AC-Ladesäulen sind im Erdreich in einem gemeinsamen Schutzrohr frostsicher verlegt (**Bild 6.7**). Die Zuleitung zur DC-Ladestation befindet sich in einem eigenen Schutzrohr, Verlegeart D nach VDE 0298-4:2013-06.

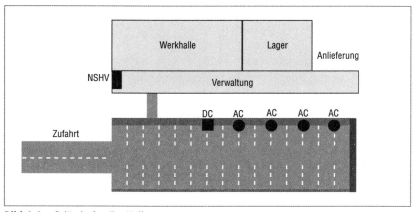

Bild 6.6 *Geländeplan Fa. Müller*

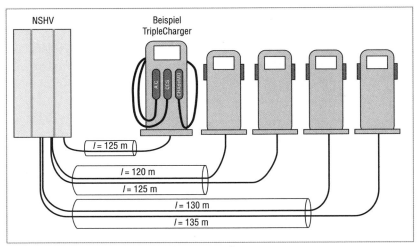

Bild 6.7 *Kabelverlegung zu Ladestationen Fa. Müller*

Da das Firmenareal über eine eigene Trafostation mit 630 kVA an das Mittelspannungsnetz angeschlossen wird, kann diese umfangreiche Ladeinfrastruktur neben den Firmengebäuden problemlos versorgt werden. Um dennoch die Energiekosten im Rahmen zu halten, soll mittels eines Energiemanagementsystems gewährleistet werden, dass ein mit dem VNB vereinbarter Leistungswert nicht überschritten wird. Die DC-Ladestation soll voll versorgt werden, für die 4 AC-Ladesäulen mit je zwei 22-kW-Ladepunkten stehen in Summe nicht $8 \cdot 32\,A = 256\,A$, sondern lediglich 150 A zur Verfügung. Solange nur wenige Ladepunkte (maximal vier) versorgt werden müssen, kann jeder 32 A (22 kW) abgeben. Ab dem fünften gleichzeitig belegten Ladepunkt wird der zur Verfügung stehende Anschlusswert intelligent verteilt.

Da nicht vorhergesagt werden kann, welche Ladepunkte belegt sind und mit voller Leistung laden, sind die beiden gemeinsam in einem Rohr liegenden Zuleitungen in die Ladesäulen mit der Häufung 2 zu berücksichtigen. Bei der Verlegung in einem Schutzrohr im Erdreich ist die Verlegeart D nach VDE 0298-4:2013-06, Tabelle 4 anzuwenden. Aus den Plänen konnte der Elektromeister die oben genannten Leitungslängen ermitteln. Als Leitermaterial wird Kupfer gewählt. Damit ergeben sich für die Ladepunkte die Eckdaten aus **Tabelle 6.6** für die Dimensionierung.

Für die Zuleitungen zu den weiteren Gebäuden konnten die Rahmenbedingungen in **Tabelle 6.7** ermittelt werden.

Parameter	Ladesäule 1	Ladesäule 2	Ladesäule 3	Ladesäule 4	DC-Ladesäule
Leitungslänge in m	120	125	130	135	125
mind. Strom in A	64	64	64	64	108
Häufung	2		2		1

Tabelle 6.6 *Eckdaten für die Leitungsdimensionierung zu den Ladepunkten*

Parameter	Hauptleitung vom Trafo zur NSHV	Verwaltungs-gebäude	Werkhalle	Lagerhalle
Leitungslänge in m	10	35	55	75
mind. Strom in A	630 kVA	80	200	80

Tabelle 6.7 *Eckdaten für die Leitungsdimensionierung zu den Firmengebäuden*

Da die AC-Laderegler in den Fahrzeugen nach VDE 0122-1 (IEC 61851-1:2019-12) mit einem minimalen Leistungsfaktor ≥0,95 arbeiten dürfen, hat der Elektromeister bei seiner Leitungsdimensionierung mit dem ungünstigsten Wert von 0,95 gerechnet.

Weil die gesamte Auslegung und Berechnung etwas komplexer ist, nutzt der innovative Elektromeister ein Berechnungsprogramm, welches er mit den genannten Daten versorgt. Mit Hilfe seines Berechnungsprogramms erhält der Elektromeister die in **Bild 6.8** wiedergegebenen Ergebnisse. Aufgrund der Leitungslängen ergeben sich ganz beachtliche Leiterquerschnitte.

Interpretation der Berechnungsergebnisse

Für die Zuleitungen zur Ladeinfrastruktur können neben der reinen Querschnittsvorgabe weitere Informationen entnommen werden. So ist für alle Versorgungen die zulässige maximale Strombelastbarkeit der Leitung I_Z, der zu erwartende Spannungsfall und die maximal erlaubte Leitungslänge angegeben. Daraus ist ersichtlich, welche Reserve die Leitung noch bietet.

Der berechnete Kurzschlussstrom kann in der Größenordnung als Referenzwert für die Schleifenimpedanzmessung und den zu erwartenden Kurzschlussstrom für die Bewertung des Schutzes durch automatische Abschaltung herangezogen werden.

Für die Absicherung sind geeignete Sicherungsnennwerte und deren Auslöseströme genannt.

Solche Berechnungsprogramme können die Arbeit bei der Planung enorm erleichtern. Dennoch sind eventuell Gegebenheiten vor Ort zu berücksichtigen, die vom Programm nicht abgedeckt sind. Außerdem besteht die minimale Gefahr, dass Ergebnisse des Berechnungsprogramms nicht korrekt sind. Der Planer oder der planende Elektromeister muss somit die Kompetenz besitzen, zu beurteilen, ob die gelieferten Ergebnisse korrekt sind und diese im Zweifelsfall nachrechnen können.

NETZ										
Netzform	TN									
Spannung	400 V									

VERTEILUNG

Einspeisung	EINSPEISUNG									
Beschriftung	NSHV									
Bezeichnung	NSHV Metallbau Müller									
I Zulässig	732,18 A									
Summe Ib	909,33 A									
Ik3 Max	13472 A									
Ik1 Max	13299 A									
dU Max	Normal 0,21 %	Notbetr.								

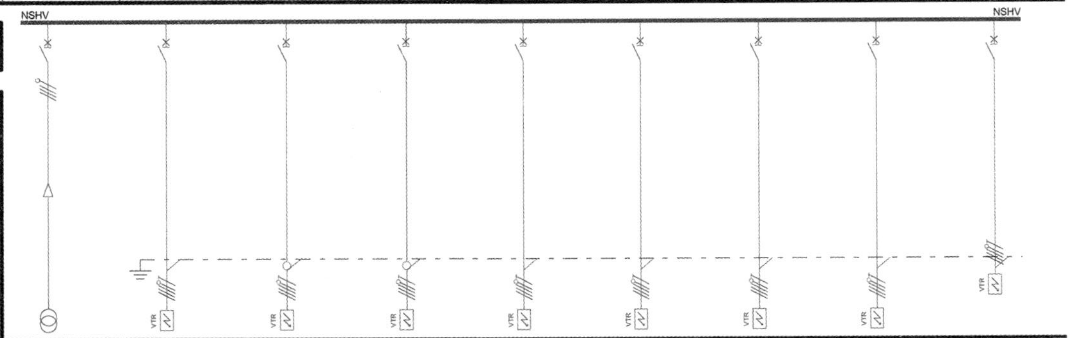

STROMKR.	Beschriftung	EINSPEISUNG	UV WERKHALLE	UV LAGER	UV VERWALTUNG	EMOB 1	EMOB 2	EMOB 3	EMOB 4	EMOB DC
	Beschr. Verbraucher	NSHV	UV WERKHALLE	UV LAGER	UV VERWALTUNG	EMOB 1-2	EMOB 3-4	EMOB 5-6	EMOB 7-8	EMOB DC
	Bezeichnung	NSHV Metallbau Müller	UV Werkhalle	UV Lager	UV Verwaltung	EMOB Ladepunkt 1 und 2	EMOB Ladepunkt 3 und 4	EMOB Ladepunkt 5 und 6	EMOB Ladepunkt 7 und 8	Reserveabgang DC Ladestation Ladebetriebsart 4
	Anz. Verbrauch	1	1	1	1	1	1	1	1	1
	Versorgung	630KVA	200A	80A	80A	64A	64A	64A	64A	126A
ZULEITUNG	Einspeiseschiene / Ip	Normal /26,94 kA	Normal /16,07 kA	Normal /7,18 kA	Normal /13,23 kA	Normal /6,43 kA	Normal /6,23 kA	Normal /6,04 kA	Normal /5,86 kA	Normal /12,67 kA
	Verbindungstyp	NYY (70°C)	NYY (70°C)	NYY (70°C)	NYY (70°C)	NYY (70°C)	NYY (70°C)	NYY (70°C)	NYY (70°C)	NYY (70°C)
	Länge Leiter	10 m Kupfer	55 m Kupfer	75 m Kupfer	35 m Kupfer	120 m Kupfer	125 m Kupfer	130 m Kupfer	135 m Kupfer	125 m Kupfer
	Max geschützte Länge		150 m (ES)	171 m (ES)	171 m (ES)	163 m (ES)	163 m (ES)	163 m (ES)	163 m (ES)	259 m (ES)
	dU Gesamt dU Anlauf	0,21 %	1,15 %	1,66 %	0,89 %	1,70 %	1,76 %	1,82 %	1,88 %	1,16 %
	Kabel oder Phase	2X3X(1x300)	3X(1x120)	5X35	5X35	4X50+25	4X50+25	4X50+25	4X50+25	3X(1x185)
	Neutralleiter Getrennt		1x120							1x185
	PE / PEN	2X(1x300)	1x70							1x95
	Ib	909,33 A	221,04 A	80,00 A	90,39 A	64,00 A	64,00 A	64,00 A	64,00 A	126,00 A
	Ik3 Max Ik2 Min	13472 A 10165 A	9451 A 6977 A	4784 A 3262 A	7781 A 5494 A	4286 A 2926 A	4152 A 2831 A	4026 A 2741 A	3908 A 2657 A	7450 A 5491 A
	Ik1 Min If	11705 A 11705 A	5876 A 5131 A	2082 A 2082 A	3956 A 3956 A	1853 A 1291 A	1786 A 1243 A	1723 A 1198 A	1664 A 1156 A	4211 A 3497 A
	[An/In] cos phi Anlauf									
SCHUTZ	Selektivität									
	Schutztyp Auslöser	VL1250N	3P3A	3VA10B 4P3A	3VA10B 4P3A	3VA10B 4P3A	3VA10B 4P3A	3VA10B 4P3A	3VA10B 4P3A	3VA11N 4P3A
	Nennstrom Verzögerung	1000 A	200 A	80 A	80 A	80 A	80 A	80 A	80 A	160 A
	Ir-FI (RDC) FI-Verzög.									
	Ir Im / Isd	909,33 A 8471,2 A	200 A 2000 A	80 A 800 A	80 A 800 A	80 A 800 A	80 A 800 A	80 A 800 A	80 A 800 A	160 A 1600 A
	Im / Isd max.	4276 A	1735 A	3297 A	1076 A	1036 A	998 A	963 A	2914 A	
	Schutz									
	Bi-Auslöser									

Bild 6.8 *Berechnungsergebnisse der Leitungsberechnung bei Fa. Müller*

6.3 Erstprüfung von AC-Ladepunkten nach VDE 0100-600

Für die Durchführung der Erstprüfung ist die VDE 0100-600:2017-06 [59] verbindlich, an der sich die hier vorliegende Beschreibung orientiert, aber nicht in jedem Detail in die Tiefe gehen kann. Es wird ein Überblick gegeben, welche Richtlinien der Planer, Errichter und Prüfer zu beachten hat.

Darüber hinaus wird in der VDE 0100-600:2017-06, Abschnitt 6.4.1.6 festgelegt, dass die Prüfung nur von Elektrofachkräften durchgeführt werden darf, die zur Prüfung befähigt sind.

Neben der Sichtprüfung und der elektrotechnischen Prüfung nach VDE 0100-600:2017-06 besteht der vollständige Prüfumfang bei Ladeinfrastruktur zusätzlich aus dem Funktionstest nach VDE 0122-1:2019-12 (siehe Abschnitt 6.3.1).

Neben dem reinen Messen der Werte ist die Beurteilung der Messergebnisse von elementarer Bedeutung. Die einfache Orientierung an Grenzwerten ist nicht ausreichend. Dies kann zu Fehlinterpretationen führen und dem Grundsatz zum Erreichen einer bestmöglichen Sicherheit widersprechen. Die Elektrofachkraft hat zu beurteilen, ob aufgrund der Leitungslängen, Leiterquerschnitte, spezifische Eigenschaften der elektrischen Anlage usw. die gemessenen Werte den zu erwartenden Werten entsprechen und korrekt sind. Die Durchführung der Erstprüfung ist Pflicht und die Ergebnisse sind zu dokumentieren. Eine vorgeschriebene Form für die Prüfprotokolle gibt es nicht, der Mindestumfang ist in der VDE 0100-600:2017-06, Anhang NA definiert.

Die Erstprüfung besteht aus:
- Sichtprüfung,
- Durchgängigkeit der Schutzleiter, die Verbindungen des Hauptpotentialausgleichs und des zusätzlichen Potentialausgleichs,
- Isolationswiderstand der Anlage,
- Schutz durch automatisches Abschalten der Stromversorgung,
- zusätzlicher Schutz (Schutz gegen elektrischen Schlag),
- Funktionsprüfung,
- Drehfeldrichtung,
- Bewertung und Dokumentation.

In den nachfolgenden Abschnitten sind die einzelnen Prüfschritte kurz beschrieben. Hierbei werden die Sachverhalte der Norm in vereinfachter Formulierung wiedergegeben. Verbindlich für die Durchführung der Erstprüfung ist der Originaltext der VDE 0100-600:2017-06.

6.3.1 Sichtprüfung

Die Sichtprüfung kann bereits während der Installation erfolgen und muss nicht zwingend nach deren Beendigung stattfinden. Die Sichtprüfung umfasst bei der Erstprüfung nach VDE 0100-600:2017-07 vor allem die korrekte Auswahl elektrischer Betriebsmittel, deren fachgerechte und korrekte Installation, sowie die Einhaltung vorgeschriebener Schutzmaßnahmen. Die Sichtprüfung hat vor dem Messen und Erproben stattzufinden, also in der Regel bevor die Anlage an die Versorgungsspannung gelegt wird.

- Ist die Schutzmaßnahme gegen elektrischen Schlag korrekt?
- Stimmen die Strombelastbarkeit/der Spannungsfall (Kabel, Leitungen, Stromschienen)?
- Wurden hinsichtlich Einstellung, Koordination und Selektivität korrekte Überstromschutzeinrichtungen ausgewählt?
- Sind die Auswahl und Anordnung von Überspannungsschutzeinrichtungen korrekt?
- Sind die Auswahl und Anordnung von Trenn- und Schaltgeräten richtig?
- Sind die Auswahl und Anordnung der Betriebsmittel nach äußeren Einflüssen in Ordnung?
- Sind Schutz- und Neutralleiter korrekt gekennzeichnet?
- Sind die Schaltungsunterlagen und Warnhinweise vorhanden? Die Einhaltung der Vorgaben der Hersteller sollte geprüft werden.
- Stimmen die Kennzeichnung der Stromkreise, Überstromschutzeinrichtungen usw. mit den Schaltungsunterlagen überein?
- Sind Auswahl und Errichtung von Erdungsanlagen, Schutzleitern usw. vorschriftsmäßig?
- Sind die EMV-Maßnahmen korrekt?
- Sind im Bedarfsfall Brandabschottungen und sonstige Maßnahmen gegen die Ausbreitung von Feuer und Rauch vorhanden?
- Werden alle Vorgaben nach VDE 0100-722:2019-06 für die Ladeinfrastruktur erfüllt?

Abhängig von der Situation vor Ort können weitere Aspekte einer Sichtprüfung unterliegen. Das Ergebnis der Sichtprüfung ist zu dokumentieren.

6.3.2 Messung der Durchgängigkeit der Schutzleiter

Für diese und alle weiteren Messungen sind nur Messgeräte, welche den Anforderungen nach VDE 0413 [60] entsprechen, zugelassen. Alle nachfolgenden Messungen basieren auf dem, in Deutschland am häufigsten anzutreffenden, TN-Netz. Es ist darauf zu achten, dass während der Messungen kein Fahrzeug an der Ladestation angeschlossen ist.

Die Messung der Niederohmigkeit des Schutzleiterwiderstandes (R_{Low}) findet im spannungsfreien Zustand statt. Das Messgerät muss dabei einen Prüfstrom von mindestens 200 mA bereitstellen, um ein aussagekräftiges Ergebnis zu erzielen (**Bild 6.9**).

Die Messung des Schutzleiterwiderstandes hat an jedem Anschlusspunkt des Schutzleiters zu erfolgen. Um Fehler durch die Messleitungen möglichst auszuschließen oder weitgehend zu reduzieren, findet vor den Messungen eine „Nullung" statt. Einen festen Grenzwert für einen höchstzulässigen Schutzleiterwiderstand gibt es nicht. Der Wert soll im Bereich des Leiterwiderstandes (Länge, Querschnitt, Leitermaterial) zuzüglich üblicher Übergangswiderstände liegen.

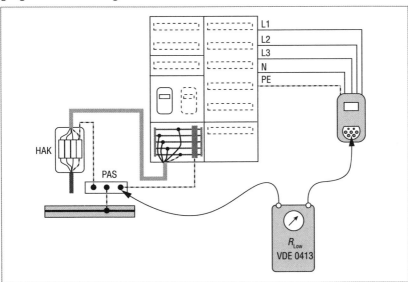

Bild 6.9 *Messung des Schutzleiterwiderstandes*

6.3.3 Messung der Isolationswiderstände

Seit Juli 2017 ist bei der Isolationsmessung gefordert, dass alle aktiven Leiter gegeneinander und alle aktiven Leitern gegen den Schutzleiter, also „Jeder gegen Jeden", gemessen wird.

Die Prüfspannung ist abhängig von der Nennspannung der Versorgungsspannung (siehe **Tabelle 6.8**).

Nennspannung U_N des Stromkreises in V	Messgleichspannung in V	Grenzwert des Isolationswiderstandes in MΩ
SELV/PELV (Kleinspannung)	250	>0,5
≤ 500	500	>1,0
> 500	1.000	>1,0

Tabelle 6.8 *Mindestwerte für den Isolationswiderstand und für die Messgleichspannung*

Die Messung der Isolationswiderstände findet im spannungsfreien Zustand, vor Einschalten der Versorgungsspannung, statt (**Bild 6.10**).

Im deutschen Drehstromnetz beträgt die Prüfspannung somit 500 V DC. Da dies unter Umständen zur Zerstörung von elektrischen Betriebsmitteln führen kann, ist die Messung vor Anschluss der Betriebsmittel, hier der Ladeinfrastruktur, oft sinnvoll. Auch RCDs oder Überspannungsschutzeinrichtungen können zur Verfälschung der Messwerte führen. Laut Norm ist es zulässig, diese Betriebsmittel zur Messung abzuklemmen. Wenn das aus praktischer Sicht nicht sinnvoll oder nicht möglich ist, darf die Prüfspannung auf 250 V reduziert werden. Der Mindestwert des Isolationswiderstandes muss 1 MΩ betragen.

In Zweifelsfällen kann nur die Zuleitung zur Ladesäule/Wallbox gemessen werden. Namhafte Hersteller führen eine vollständige Prüfung ihrer Produkte durch, bevor diese das Werk verlassen. Somit ist die Sicherheit auch in diesem Fall gewährleistet.

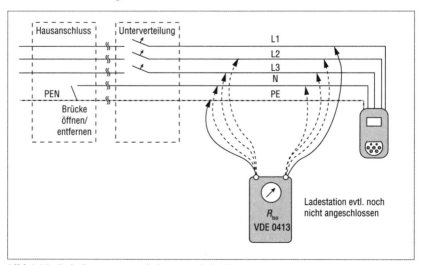

Bild 6.10 *Isolationsmessung „Jeder gegen Jeden"*

6.3.4 Messung der Fehlerschleifenimpedanz und des Netzinnenwiderstands

Auf die Messung der Schleifenimpedanz oder im Fehlerfall, Fehlerschleifenimpedanz, kann bei Ladeinfrastruktur unter der Voraussetzung der nachgewiesenen Niederohmigkeit des Schutzleiters und eines vorhandenen, korrekt arbeitenden RCDs, das ist bei vorschriftsgemäßer, normkonformer Installation immer gegeben, nach VDE 0100-600 verzichtet werden. Um eine Vollständigkeit der Messungen sicherzustellen, empfiehlt der Autor dennoch eine Messung durchzuführen.

Aus elektrotechnischer Sicht ist eine korrekte Messung mittels Schleifenimpedanz für den Schutz durch Abschaltung nur schwer möglich. Der Prüfstrom fließt über den Außenleiter bis durch die Trafostation und über den Schutzleiter wieder zurück zum Messgerät. Im RCD verursacht er einen Fehlerstrom und löst diesen aus. Es gibt zwar Messgeräte, welche den RCD „überlisten" und Messergebnisse liefern. Bei diesen Verfahren sind aber von Messgerät zu Messgerät erhebliche Abweichungen festzustellen.

Es empfiehlt sich, anstelle der Schleifenimpedanz den Netzinnenwiderstand zu messen, da dann der Prüfstrom auch zurück durch den RCD fließt und somit keine Differenz entsteht. Dadurch kann auch mit hohem Prüfstrom ein aussagekräftiger Messwert ermittelt werden.

Ob der RCD in der Unterverteilung eingebaut oder in der Ladestation installiert ist, ist für die Messung des Netzinnenwiderstandes unerheblich. Ohne Fahrzeugsimulator ist es nur möglich, den Netzinnenwiderstand bis zum Versorgungsanschluss der Ladestation zu messen. Eine bessere Lösung zeigt **Bild 6.11**. Hier wird mittels Fahrzeugsimulator der Ladestation ein ladebereites Fahrzeug angezeigt, woraufhin die Ladestation die Spannung einschaltet. Mit dieser Variante ist es möglich, den gesamten Ladestromkreis inklusive Ladekabel und Übergangswiderstände innerhalb der Ladestation in das Ergebnis miteinzubeziehen.

Für die Abschaltung durch die Überstromschutzorgane muss ein ausreichend hoher Kurzschlussstrom fließen, damit die Abschaltung innerhalb der geforderten maximalen Abschaltzeiten garantiert werden kann. Die maximal zulässigen Abschaltzeiten sind in **Tabelle 6.9** für das TN-Netz dargestellt.

Leitungsschutzschalter mit B-Charakteristik erfüllen diese Vorgabe, wenn der Abschaltstrom Ia mindestens dem 5-fachem Nennstrom entspricht. Bei C-Charakteristik ist der 10-fache Nennstrom erforderlich. Bei Leitungs-

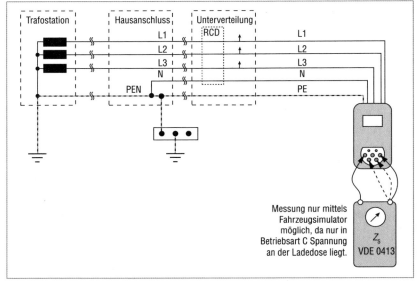

Bild 6.11 *Messung des Netzinnenwiderstands*

Nennspannung gegen geerdeten Leiter (in unserem Fall Schutzleiter) in V	maximale Abschaltzeit in s
< 230	0,4
< 400	0,2
> 400	0,1
Bei Endstromkreisen > 32 A Nennstrom sind maximal 5 s zulässig.	

Tabelle 6.9 *Maximale Abschaltzeiten für Überstromschutzeinrichtungen*

schutzschaltern mit anderen Charakteristiken und bei Schmelzsicherungen gelten andere Werte.

Da die Messungen nur mit vergleichsweise schwachen Prüfströmen durchgeführt werden, die Ladeleitungen aber durch Betrieb bei Nennstrom, bedingt durch den Temperaturanstieg, einen deutlich höheren Widerstandswert aufweisen, muss dies berücksichtigt werden.

Einflussfaktoren, die zu berücksichtigen sind:
- erhöhter Leiterwiderstand durch Temperaturanstieg,
- Toleranz des Messgerätes,
- Spannungsschwankungen der Netzspannung.

Nach VDE 0100-600, Abschnitt D.6.4.3.7.2 sind diese Toleranzen insoweit zu berücksichtigen, dass die Schleifenimpedanz ein Drittel geringer sein muss, als theoretisch notwendig:

$$Z_S = \frac{2}{3} \cdot \frac{U_o}{I_\alpha}$$

Wenn eine gemessene Schleifenimpedanz $Z_S = 1{,}4\,\Omega$ beträgt, ergibt sich damit ein theoretischer Kurzschlussstrom von

$$I_K = \frac{U_o}{Z_S} = \frac{230\,\text{V}}{1{,}4\,\Omega} \approx 164\,\text{A}$$

Um zu beurteilen, ob ein Überstromschutzorgan seine Aufgabe zuverlässig erfüllen kann, sind von diesem Wert 1/3 abzuziehen, damit die Toleranzen berücksichtigt sind.

$$I'_K = \frac{2}{3} \cdot I_K = \frac{2}{3} \cdot 164\,\text{A} \approx 109\,\text{A}$$

Für einen Leitungsschutzschalter B16 mit einem Abschaltstrom
$5 \cdot I_N = 5 \cdot 16\,\text{A} = 80\,\text{A}$ wäre dies ausreichend.
Beim Leitungsschutzschalter C16 mit einem Abschaltstrom
$10 \cdot I_N = 10 \cdot 16\,\text{A} = 160\,\text{A}$ nicht!

Auf der Baustelle im Kopf von einer „krummen" Zahl ein Drittel abzuziehen ist meist sehr fehleranfällig. Da viele Messgeräte bereits automatisch den Kurzschlussstrom ausrechnen, kann ein einfacherer, umgekehrter Rechenweg genutzt werden:
Der erforderliche Abschaltstrom wird mit 1,5 multipliziert (Kehrwert von 2/3), wenn das Messgerät einen höheren Wert anzeigt, ist das Ergebnis in Ordnung.

B16: $5 \cdot I_N = 80\,\text{A} \rightarrow 1{,}5 \cdot 80\,\text{A} = 80\,\text{A} + 40\,\text{A} = 120\,\text{A}$
(gem. I_K war 164 A, also o.K.)
C16: $10 \cdot I_N = 160\,\text{A} \rightarrow 1{,}5 \cdot 160\,\text{A} = 160\,\text{A} + 80\,\text{A} = 240\,\text{A}$
(gem. I_K war 164 A, nicht o.K.)

Diese Rechnung lässt sich leichter bewältigen.

6.3.5 Messung der Fehlerstromschutzeinrichtung

Bei der Messung der Fehlerstromschutzeinrichtung sind zwei grundlegend verschiedene Fälle zu unterscheiden:
- RCD Typ B oder B+ sowie
- RCD Typ A in Verbindung mit Abschaltung bei Gleichfehlerströmen >6 mA (z. B. Doepke DFS 4 EV oder Typ A + RCMB in Verbindung mit Abschaltung).

Bei öffentlicher Ladeinfrastruktur sind Schutzorgane meist in der Ladestation integriert. Bei der Errichtung der Anlage ist der Zugang ins Innere weniger das Problem. Wichtig wäre dennoch die Möglichkeit zur Freischaltung, wie auch beim Funktionstest, damit die Ladestation auch vollständig vom Ladeanschluss aus geprüft werden kann und nicht nur direkt am RCD gemessen wird. Bei Geräten mit RCMB ist dies ohnehin nur vom Ladeanschluss aus möglich.

Um das Auslöseverhalten der Fehlerstromschutzeinrichtung hinsichtlich AC-Fehlerströmen zu prüfen, wird die Messung zwischen dem (oder allen drei) Außenleiter und dem Schutzleiter durchgeführt (**Bild 6.12**).

Für die Ermittlung des Auslöseverhaltens bei DC-Fehlerströmen ist eine zusätzliche Verbindung des Prüfgerätes zum N-Leiter erforderlich (**Bild 6.13**).

Der Einsatz von geeigneten Messadaptern erleichtert die Durchführung der Messung im praktischen Alltag erheblich.

Entsprechend der VDE 0122-1 (IEC 61851-1):2019-12 und der VDE 0100-722:2019-06 sind bei Ladeinfrastruktur RCDs mit einem Bemessungsfehlerstrom ≤30 mA einzusetzen. Damit ergeben sich im TN-S-Netz die in **Tabelle 6.10** gezeigten Grenzwerte, die einzuhalten sind.

Optional können weitere Messungen, z.B. mit pulsierenden Wechselströmen oder erhöhten Prüfstrom durchgeführt werden.

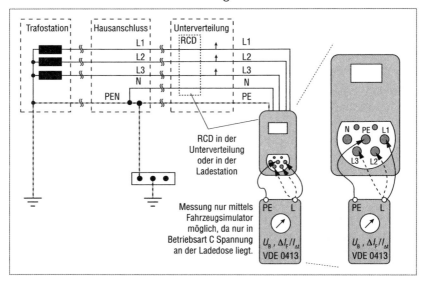

Bild 6.12 *Messung des Auslöseverhaltens der Fehlerstromschutzeinrichtung bei AC-Fehlerströmen*

6.3 Erstprüfung von AC-Ladepunkten nach VDE 0100-600

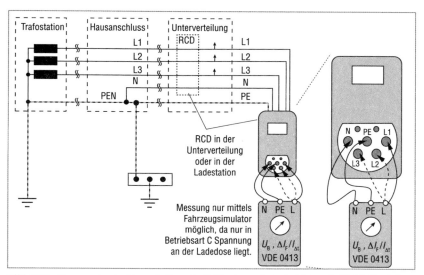

Bild 6.13 *Messung des Auslöseverhaltens der Fehlerstromschutzeinrichtung bei DC-Fehlerströmen*

Parameter	Typ B/Typ B+	Typ A in Verbindung mit Abschaltung bei Gleichfehlerströmen > 6mA	Anmerkung
Prüfung des Auslöseverhaltens bei Wechselfehlerströmen ∿			
Berührungsspannung U_B in V	≤ 50	≤ 50	erwarteter Wert ≤ 1
Auslösezeit (bauartbedingt)	t_a ≤ 300 ms (Produktnorm, nach VDE 0100-410 t_a ≤ 400 ms)	t_a ≤ 300 ms (Produktnorm, nach VDE 0100-410 t_a ≤ 400 ms)	
ansteigender Prüfstrom	15 mA ≤ ΔI_F ≤ 30 mA	15 mA ≤ ΔI_F ≤ 30 mA	
Prüfung des Auslöseverhaltens bei Gleichfehlerströmen ⎓			
Berührungsspannung U_B in V	≤ 120	≤ 120	erwarteter Wert ≤ 1
Auslösezeit (bauartbedingt)	t_a ≤ 300 ms (Produktnorm, nach VDE 0100-410 t_a ≤ 400 ms)	t_a ≤ 10 s	bei positivem und negativem Gleichfehlerstrom prüfen
ansteigender Prüfstrom	15 mA ≤ ΔI_F ≤ 60 mA	ΔI_F ≤ 6 mA	bei positivem und negativem Gleichfehlerstrom prüfen

Tabelle 6.10 *Einzuhaltende Grenzwerte bei der Prüfung der Fehlerstromschutzeinrichtung*

Vor allem bei der Auslösung im Falle einer Gleichfehlerstromerkennung ≤ 6 mA werden häufig Messfehler verursacht, wenn die Messgeräte dies nicht ausdrücklich unterstützen, da in der Einstellung „$\Delta I_F = 30$ mA" der ansteigende Prüfstrom oft schon mit zu hohen Werten (> 6 mA) beginnt und damit das Auslöseverhalten nicht korrekt getestet werden kann. Besitzt das Messgerät die Möglichkeit, den Bemessungsfehlerstrom auf 6 mA (oder 10 mA) einzustellen, dann kann diese Einstellung ersatzweise angewendet werden.

6.3.6 Messung des Erdausbreitungswiderstands

Wenn die Messung des Erdausbreitungswiderstands erforderlich ist, liefert die sogenannte „Sondenmessung" die zuverlässigsten Ergebnisse. Allerdings ist diese Durchführung der Erdungsmessung auch etwas aufwendiger. Nach VDE 0100-600:2017-06, Anhang C.1 wird die Sonde in halbem Abstand zwischen dem abgetrennten Erder und dem Hilfserder ins Erdreich eingeschlagen und mit Wechselspannung versorgt. Der Abstand zwischen Sonde und Erder sollte etwa 20 m betragen, dabei darf die Anordnung, abhängig von den räumlichen Gegebenheiten, sowohl linear (**Bild 6.14**) als auch im Dreieck erfolgen.

Nach Erfassung des ersten Messwertes werden zwei weitere Messungen durchgeführt. Eine zweite Hilfssonde wird mit etwa 10% des Abstands der Sonde einmal zwischen Sonde und Erder und einmal zwischen Sonde und Hilfserder eingeschlagen. Wenn die Werte annähernd gleich sind, wird deren Mittelwert als Erderwiderstand übernommen. Wenn nicht, muss die gesamte Messreihe mit größerem Abstand zwischen Erder und Hilfserder wiederholt werden.

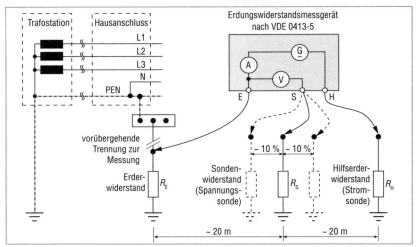

Bild 6.14 *Erdungswiderstandsmessung mit Sonden nach VDE 0100-600:2017-06, Anhang C.1*

Alternativmessungen

Eine vereinfachte Alternative zur Messung des Erderwiderstandes ist das Verfahren nach Anhang C.2 der VDE 0100-600:2017-06 (**Bild 6.15**). Diese Messung ist ebenfalls im abgeschalteten Zustand der Anlage durchzuführen.

Da die Anteile des Schleifenwiderstandes R_I und des Betriebserders R_B meist gering sind, darf vereinfacht das Messergebnis als Näherung des Erderwiderstands angenommen werden. Wenn zusätzlich der Widerstandswert des Betriebserders bekannt ist, kann mit dem bereits in Abschnitt 6.3.4 ermittelten Netzinnenwiderstand R_I gerechnet werden:

$$R_A = R_{Schl} - \frac{1}{2} \cdot R_I - R_B$$

Eine weitere Alternative ist die Messung des Erderwiderstands mit zwei Stromzangen. Während mit der einen Stromzange eine Spannung induziert wird, misst die zweite Zange den induzierten Strom. Der Erderwiderstand wird angenähert mit U/I berechnet.

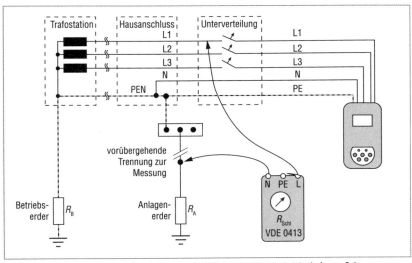

Bild 6.15 *Erdungswiderstandsmessung nach VDE 0100-600:2017-06, Anhang C.2*

6.3.7 Messung des Drehfeldes

Die Prüfung der Phasenfolge wird nach VDE 0100-600:2017-06, Abschnitt 6.4.3.9 im Falle von mehrphasigen Stromkreisen verlangt. Bei Drehstromsteckdosen reicht der Nachweis des Rechtsdrehfeldes hierfür aus.

Bei Ladeinfrastruktur wird häufig diskutiert, ob es überhaupt die Notwendigkeit eines Rechtsdrehfeldes gibt, da das Bordladegerät ohnehin eine Gleichrichtung durchführt. Dies rührt daher, dass beispielweise für Hausanschlusskästen (HAK) und Stromkreisverteiler ein Rechtsdrehfeld nicht zwingend gefordert ist. Derartige Diskussionen sollen nicht davon ablenken, dass es Ladeinfrastruktur gibt, die eine Netzüberwachung durchführt und die Ladestation nur freigibt, wenn ein Rechtsdrehfeld vorliegt. Ebenso kann nicht ausgeschlossen werden, dass Fahrzeughersteller mit 3-phasigen Bordladegeräten das Drehfeld auswerten, bei Linksdrehfeld einen Fehler in der elektrischen Anlage vermuten und das Laden deshalb nicht starten. Somit empfiehlt der Autor einen Anschluss von 3-phasiger Ladeinfrastruktur immer mit Rechtsdrehfeld, auch wenn dies nach DKE-Verlautbarung normativ nicht gefordert ist.

6.3.8 Bewertung und Dokumentation

Ein vorgeschriebenes Formblatt für die Dokumentation gibt es nicht. Über den WFE-Shop des Zentralverbands der elektro- und informationstechnischen Handwerke (ZVEH) können Innungsfachbetriebe Prüfprotokolle beziehen, welche alle Dokumentationspflichten erfüllen. Genauso ist es möglich selbststellte Prüfprotokolle zu verwenden.

Die Mindestinhalte eines Prüfprotokolls sind in der VDE 0100-600: 2017-06 im nationalen Anhang NA genannt:

1. **Allgemeine Angaben**
- Name und Anschrift des Auftraggebers
- Name und Anschrift des Auftragnehmers
- Bezeichnung der einzelnen Prüfprotokolle für die Dokumentation von Messwerten (Protokoll-Nr.)
- Bezeichnung des Objekts, z. B. Anlage, Gebäude, Gebäudeteile, Verteiler, Stromkreise. Wurden Messwerte ermittelt, welche nicht ausreichend sind, so sind diese mit ihren Bezeichnungen, den Stromkreisen und den zugehörigen Schutzeinrichtungen zu dokumentieren.
- Eindeutige Bezeichnung der verwendeten Mess- und Prüfgeräte, da es zu geringen Abweichungen der Werte bei der Verwendung verschiedener Messgeräte kommen kann.

2. **Bewertung der Prüfung**
- Alle ermittelten Informationen des Besichtigens, Erprobens und Messens sowie die Ergebnisse von Berechnungen müssen vom Prüfer bewertet werden.

- Das Ergebnis dieser Prüfung ist die Bewertung.
- Neben den bereits genannten nicht ausreichenden Messwerten, sind auch die Werte zu dokumentieren, die zwar innerhalb vorgegebener Grenzwerte liegen, aber deutlich von den zu erwartenden Werten abgewichen sind.
- Es wird in der Norm nicht gefordert, alle einzelnen Messwerte zu dokumentieren. Es ist jedoch empfehlenswert, wichtige gemessene Werte dennoch zu notieren. Bei Wiederholungsprüfungen kann dann festgestellt werden, ob Werte sich verschlechtern und Gegenmaßnahmen getroffen werden, bevor eine Gefährdung entstehen kann.

3. Prüfstelle, Prüfer, Prüfdatum, Unterschrift

Es empfiehlt sich, dem Auftraggeber das Prüfprotokoll zur Gegenzeichnung vorzulegen. Es wird nicht erwartet, dass eine Bewertung durch den, meist fachfremden, Auftraggeber erfolgen kann. Dennoch wird dadurch vorbeugend ausgeschlossen, dass Aussagen wie:

„Es hat nie ein Prüfprotokoll gegeben" von vornherein ausgeschlossen sind.

Der Prüfbericht ist dem Auftraggeber zusammen mit einer Dokumentation, aus der die Verantwortlichkeiten der Personen für die Planung, Errichtung und Prüfung der Anlage hervorgeht zu übergeben (VDE 0100-600:2017-06, Abschnitt 6.4.4.4). Am besten hält der Prüfer eine weitere Ausfertigung bei sich, um bei späteren wiederkehrenden Prüfungen eine Vergleichbarkeit der Messergebnisse sicherstellen zu können.

6.4 Funktionsprüfung nach VDE 0122-1 (IEC 61851-1)

Zur Funktionsprüfung der Ladeinfrastruktur sind Prüfadapter/Fahrzeugsimulator notwendig, mit welchen die fünf Betriebszustände eines Fahrzeugs (**Tabelle 6.11**) nachgebildet werden können, wie auch bereits in Abschnitt 4.4.4.2 erläutert wurde.

Welcher Prüfadapter/Fahrzeugsimulator eingesetzt wird, liegt in der Entscheidung des Prüfers. Grundsätzlich sind alle geeignet, die die Norm erfüllen. Werden viele Ladepunkte betreut und bei den Servicearbeiten oder Wiederholungsprüfungen sind häufiger Fehler festzustellen, deren Ursachen nicht einfach ermittelt werden konnten, kann es lohnend sein, ein Prüfgerät mit erweitertem Funktionsumfang einzusetzen.

Beispiele für einfache Prüfadapter sind in **Bild 6.16** dargestellt.

Fahrzeugstatus		Beschreibung
A	(„Aus")	kein Fahrzeug angeschlossen
B	(„Bereit")	Fahrzeug angeschlossen, nicht ladebereit
C	(„Clean")	Fahrzeug angeschlossen, ladebereit ohne Lüftungsanforderung
D	(„Dirty")	Fahrzeug angeschlossen, ladebereit mit Lüftungsanforderung wegen gasender Antriebsbatterie
E	(„Error")	Fehler

Tabelle 6.11 *Die fünf Fahrzeugzustände nach VDE 0122-1 (IEC 61851-1:2019-12)*

Bild 6.16 *Einfache Fahrzeugsimulatoren für den Funktionstest*

Mit diesen Fahrzeugsimulatoren wird neben der reinen Funktionsprüfung die Möglichkeit geschaffen, die Messung des Netzinnenwiderstandes und die Prüfung der korrekten Funktion der Fehlerstromschutzeinrichtung durch die Ladestation inklusive der gesamten Vorinstallation und des Ladekabels durchzuführen.

Diese Prüfgeräte reichen im klassischen Betrieb für eine normale Inbetriebnahme, Erst- und Wiederholungsprüfung vollständig aus.

Besteht jedoch der Bedarf, das PWM-Signal und die zugehörigen Spannungs- und Zeitwerte sowie die Frequenz genauer zu untersuchen, war es früher notwendig, ein Oszilloskop einzusetzen. Entsprechend den Betriebszuständen war es oft erforderlich, die Messbereiche anzupassen, die Messpunkte zu wechseln und die Betriebszustände umzuschalten. Im Labor lässt sich dies noch vergleichsweise leicht bewerkstelligen. Im praktischen Einsatz im Freien, im Winter, bei widrigen Wetterverhältnissen, neben vorbeifahrenden Fahrzeugen usw. ist dies schon deutlich belastender für das Prüfpersonal. Um diese Arbeiten komfortabler zu gestalten, hat ein Prüfgerätehersteller ein komplexeres Prüfgerät entwickelt.

In **Bild 6.17** ist ein Prüfgerät mit erweiterten Funktionsumfang zu sehen. Die Bedienung zur Einstellung der Betriebsarten, verschiedener Ladekabel und Fehlermöglichkeiten erfolgt mit den, unterhalb dem Display angebrachten, Drehknöpfen.

6.4 Funktionsprüfung nach VDE 0122-1 (IEC 61851-1)

In **Bild 6.18** ist das abfotografierte Display eines komplexeren Fahrzeugsimulators für verschiedene Betriebssituationen dargestellt. In der obersten

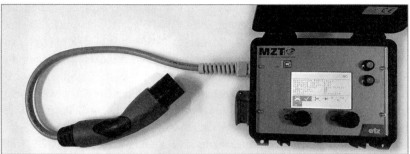

Bild 6.17 *Fahrzeugsimulator mit Auswertung des PWM-Signals*

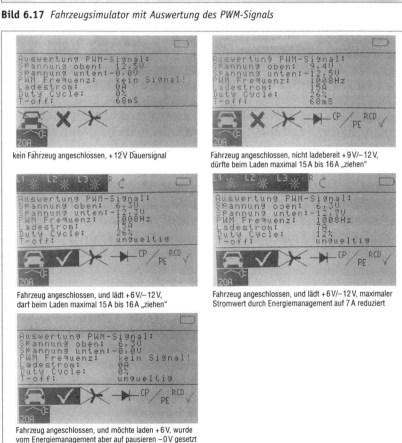

Bild 6.18 *Eingestellte Betriebszustände und ausgewertetes PWM-Signal*

Zeile werden die eingeschalteten Außenleiter sowie das Drehfeld angezeigt. Ganz rechts sieht man den Batteriezustand des Prüfgerätes. Im mittleren Displayteil ist die Auswertung des PWM-Signals zu erkennen. Neben der positiven und negativen „Schulter" des PWM-Signals wird auch die Frequenz, das Verhältnis der Einschaltdauer zu Periodendauer (Duty Cycle) sowie dessen Umrechnung in den zugelassenen Strom angezeigt, welchen der Laderegler im Elektrofahrzeug maximal „ziehen" darf. Damit kann z. B. überprüft werden, ob ein Lastmanagement tatsächlich die Stromwertvorgabe an verschiedene Betriebssituationen anpasst. Die letzte Zeile im mittleren Displaybereich hat dann Relevanz, wenn die Ladestation die Spannungsversorgung zum Elektrofahrzeug abschaltet. Nach VDE 0122-1 (IEC 61851-1):2019-12 muss, z. B. von Betriebszustand C nach B, die Spannung am Ladeanschluss innerhalb von 100 ms nach Erkennen des Betriebszustandswechsels abgeschaltet sein.

Somit kann mit diesem Prüfgerät ohne weitere Hilfsmittel kontrolliert werden, ob die wesentlichen Signale im zulässigen Toleranzbereich liegen (**Tabelle 6.12**).

Parameter	unterer Grenzwert	Nennwert	oberer Grenzwert	Anmerkung
Betriebszustand A	11 V	12 V	13 V	Gleichspannung, kein Pulsieren (nicht eingesteckt)
Frequenz des PWM-Signals	980 Hz	1.000 Hz	1.020 Hz	
Betriebszustand B	8 V	9 V	10 V	Pulsierend, neg. „Schulter" ≈ -12 V
Betriebszustand C	5 V	6 V	7 V	Pulsierend, neg. „Schulter" ≈ -12 V
Betriebszustand D	2 V	3 V	4 V	Pulsierend, neg. „Schulter" ≈ -12 V
Sonderfall Pausieren (B)	8 V	9 V	10 V	Pulsierend, neg. „Schulter" ≈ 0 V
Sonderfall Pausieren (C)	5 V	6 V	7 V	Pulsierend, neg. „Schulter" ≈ 0 V (Fahrzeug hält Ladebereitschaft)
Fehler E				nicht definierte Spannungswerte

Tabelle 6.12 *Ausgewählte Werte des PWM-Signals mit Toleranzbereichen*

Für die Prüfung des Verhaltens im Fehlerfall können verschiedene Methoden Anwendung finden:

- Kurzschluss zwischen CP und PE (wird meistens angewendet),
- Unterbrechung CP,
- Unterbrechung PE,
- Kurzschluss über die Diode, PWM-Signal hat gleiche Werte für positive und negative „Schulter"
- usw.

Unabhängig von der Ursache des Fehlers muss eine Abschaltung zum Elektrofahrzeug erfolgen. Die Durchführung eines dieser Fehlerfälle ist für den Funktionstest ausreichend.

Nach Durchführung der Erstprüfung nach VDE 0100-600:2017-06 und erfolgreich bestandenem Funktionstest, kann die Ladestation zusammen mit einer Einweisung an den Kunden übergeben werden.

6.5 Wiederkehrende Prüfung nach VDE 0105-100: 2015-10

Voraussetzung für die wiederkehrende Prüfung ist eine erfolgte Erstprüfung nach VDE 0100-600:2017-06 und die Funktionsprüfung nach VDE 0122-1 (IEC 61851-1):2019-12. Für die wiederkehrende Prüfung von AC-Ladestationen sind die anerkannten Regeln der Technik zu berücksichtigen, die zum Zeitpunkt der Errichtung der Ladestationen Gültigkeit hatten. Ziel der wiederkehrenden Prüfungen ist die langfristige Aufrechterhaltung eines sicheren und ordnungsgemäßen Betriebs von Ladestationen. Die Prüfung darf nur von einer befähigten Person durchgeführt werden.

Die Prüfung ist unter der Berücksichtigung von
- Alter,
- Zustand,
- Umgebungseinflüssen,
- Beanspruchung,
- vorangegangenen Prüfergebnissen (nachzusehen in alten Prüfprotokollen),
- Anforderungen und Hinweisen der Herstellerdokumentation,
- Bestandsunterlagen und technischen Dokumentationen

durchzuführen.

Die einzelnen Maßnahmen der wiederkehrenden Prüfung sind vergleichbar mit denen der Erstprüfung, wobei die einzelnen Schritte dem jeweiligen Bedarf vor Ort angepasst werden. So ist beispielsweise eine Tierbesiedlung in einer Ladesäule von Grundsatz her eher zu erwarten als bei einer Wallbox. Die befähigte Person hat die Möglichkeit, den Prüfumfang an die Gegebenheiten anzupassen. Die wesentlichen Punkte einer wiederkehrenden Prüfung sind:
- Sichtprüfung (Besichtigung),
- evtl. Bestandsaufnahme vor Ort,
- Messung der Durchgängigkeit der Leiter,
- Messung des Isolationswiderstands,

- Prüfung der Schutzeinrichtung bei Kurzschluss (Messung Netzinnenwiderstand),
- Prüfung der Fehlerstromschutzeinrichtung (Forderung nur Messung des Auslösestrome $I_{\Delta N}$, Empfehlung alle Messungen wie in Abschnitt 6.3.5 dargestellt),
- Funktionsprüfung,
- Bewertung und Dokumentation und
- Erstellung des Prüfprotokolls/Mängelberichts.

Grundlage für die Ermittlung der Fristen für die wiederkehrende Prüfung ist allgemein eine Gefährdungsbeurteilung. Der ZVEH hat in Abstimmung mit weiteren Gremien als Empfehlung eine jährliche Wiederholung ausgesprochen.

Für die Mitglieder der Innungen der elektro- und informationstechnischen Handwerke, welche sich zum E-Mobilität-Fachbetrieb qualifiziert haben, hat der ZVEH die Richtlinie zum E-CHECK E-Mobilität herausgegeben, welche alle wesentlichen Punkte der wiederkehrenden Prüfung und rechtlichen Rahmenbedingungen ausführlich erläutert. Der E-CHECK E-Mobilität ist eine geschützte Marke und darf nur von E-Mobilität-Fachbetrieben verwendet werden. Auch die Prüfplakette E-CHECK E-Mobilität darf ausschließlich von diesen Betrieben vergeben werden.

6.6 Vorgaben durch die DGUV Vorschrift 3

In §3 der DGUV Vorschrift 3 [61] (Deutsche Gesetzliche Unfallversicherung) ist geregelt, dass der Unternehmer dafür Sorge zu tragen hat, dass elektrische Anlagen und Betriebsmittel nur von einer Elektrofachkraft oder unter Leitung und Aufsicht einer Elektrofachkraft den elektrotechnischen Regeln entsprechend errichtet, geändert und instandgehalten werden. Der Unternehmer hat ferner dafür zu sorgen, dass die elektrischen Anlagen und Betriebsmittel den elektrotechnischen Regeln entsprechend betrieben werden.

Entsprechen die Betriebsmittel nicht mehr den technischen Regeln oder haben Mängel, so muss der Unternehmer dafür sorgen, dass der Mangel unverzüglich behoben oder das Gerät nicht weiterverwendet wird.

In §5 der DGUV V3 ist geregelt, dass der Unternehmer die elektrischen Betriebsmittel und Anlagen auf ihren ordnungsgemäßen Zustand prüfen lassen muss. Weiter ist hierin enthalten, welche Rahmenbedingungen (Erstinbetriebnahme, Fristen für wiederkehrende Prüfungen, Dokumentation usw.) dabei einzuhalten sind.

In § 6 Absatz 1 untersagt die Vorschrift die Arbeiten an aktiven, unter Spannung stehender Teile. Weiter ist geregelt, welche Vorsichtsmaßnahmen zu treffen sind. Die fünf Sicherheitsregeln werden zwar nicht explizit genannt, sind aber elementarer Bestandteil dieser Vorsichtsmaßnahmen. § 7 erweitert den Schutzumfang auf Arbeiten in der Nähe aktiver Teile.

Falls die Spannungsfreiheit nicht hergestellt werden kann/darf, sind in § 8 der DGUV V3 die Forderungen geregelt, unter welchen Voraussetzungen von §§ 6 und 7 abgewichen werden darf und welche Qualifikation die mit diesen Arbeiten beauftragten Personen besitzen müssen. Weiter ist geregelt, welche organisatorischen, technischen und persönlichen Sicherheitsmaßnahmen festgelegt und durchgeführt werden müssen.

Vereinfacht formuliert tritt für Unternehmen, für die früher die Unfallkasse Post und Telekom (UK PT) zuständig war und für die bundesunmittelbaren Unfallkassen, ab 01.01.2016 die BG Verkehrswirtschaft Post-Logistik-Telekom (BG Verkehr) in die Rechte und Pflichten ein. Die Gültigkeit für die Unfallfürsorge und die Prävention für Beamte ist ausdrücklich eingeschlossen. Die für diesen Personenkreis gültige DGUV-Vorschrift 4 [62] weist durchgängig Parallelen zur DGUV V3 auf, enthält jedoch umfangreiche zusätzliche Erläuterungen und konkrete Ausführungshinweise.

Die allgemeinen Grundsätze der Prävention mit den Pflichten der Unternehmer und der Versicherten sind in der DGUV Vorschrift 1 [63] gesetzlich geregelt.

6.7 Prüfung von Mode 3 Ladekabeln

Für die Ermittlung der Prüffristen nach § 3 und § 16 Betriebssicherheitsverordnung [64] ist eine Gefährdungsbeurteilung maßgeblich. Der ZVEH empfiehlt für die wiederkehrende Prüfung von Mode 3 Ladekabeln eine Frist von sechs Monaten. Als ortsveränderliches Betriebsmittel hat diese Prüfung nach VDE 0701/0702 zu erfolgen und ist von einer befähigten Person auszuführen.

Der Prüfumfang beginnt ebenfalls mit einer Sichtprüfung auf Beschädigungen oder sonstige Auffälligkeiten.

Die Messungen mit Messgerät nach VDE 0413 umfassen:
- Schutzleiterwiderstand, niederohmige Widerstandsmessung
  Grenzwerte: $\leq 0{,}3\,\Omega$ bis $5\,m$ Länge, plus $0{,}1\,\Omega$ je weitere $7{,}5\,m$; bis max. $1{,}0\,\Omega$
  erwarteter Wert: entsprechend Leiterquerschnitt und Leitungslänge
  (siehe auch Einführung in Abschnitt 6.3)

■ Isolationswiderstand des Schutzleiters zu Neutral- und Außenleiter
Grenzwert: ≥ 1 MΩ
erwarteter Wert: meist Messbereichsende des Messgerätes
■ Schutzleiterstrom/Ersatzableitstrom
Grenzwert: ≤ 3,5 mA
■ Prüfen der Widerstandskodierung für Fahrzeugkupplung und Stecker, diese Prüfung ist auch mit einfachem Multimeter möglich:
13 A Ladeleitung   1,5 kΩ
20 A Ladeleitung   680 Ω
32 A Ladeleitung   220 Ω
63 A Ladeleitung   100 Ω
Ein geeigneter Prüfadapter erleichtert die Durchführung der Messungen. Die Bewertung und Dokumentation schließen die Prüfung des Mode 3 Ladekabels ab.

6.8 Prüfung von Mode 2 Ladekabeln

Etwas aufwendiger gestaltet sich die Prüfung von Mode 2 Ladekabeln. Aufgrund der ICCB (in cable control box) müssen erweiterte Funktionen, Einstellmöglichkeiten sowie zusätzliche Sicherheitsfunktionen getestet werden.

Zur Prüfung der Reaktion bei verschiedenen Fahrzeugzuständen ist ein Fahrzeugsimulator notwendig. Zusätzlich kann ein Prüfadapter für Ladekabel die praktische Durchführung der Prüfschritte erleichtern. Die ersten Prüfschritte sind identisch zur Prüfung der Mode 3 Ladekabel, die weiteren können, vor allem den einstellbaren Strombereich betreffend, bei verschiedenen Mode 2 Ladekabeln unterschiedlich ausfallen.

Der Prüfumfang beginnt ebenfalls mit einer Sichtprüfung auf Beschädigungen oder sonstige Auffälligkeiten.

Die Messungen mit Messgerät nach VDE 0413 umfassen:
■ Schutzleiterwiderstand, niederohmige Widerstandsmessung
Grenzwerte: ≤ 0,3 Ω bis 5 m Länge, plus 0,1 Ω je weitere 7,5 m;
bis max. 1,0 Ω
erwarteter Wert: entsprechend Leiterquerschnitt und Leitungslänge
(siehe auch Einführung in Abschnitt 6.3)
■ Isolationswiderstand des Schutzleiters zu Neutral- und Außenleiter
Grenzwert: ≥ 1 MΩ (Messung der Sekundärseite)
erwarteter Wert: abhängig von der Innenbeschaltung der ICCB

▌ Schutzleiterstrom/Ersatzableitstrom
Grenzwert: ≤ 3,5 mA

Durchzuführende Erprobungen:
▌ Einstellung des Ladestroms am Ladekabel ab 6 A bis max. 32 A je nach Hersteller
▌ Funktionsprüfung der Abschaltung
  – Unterbrechung L
  – Unterbrechung N
  – Unterbrechung PE
  – Vertauschung L und PE (Fremdspannung auf PE)
Prüfung der Fahrzeugbetriebszustände
▌ B Fahrzeug angeschlossen, aber zum Laden nicht bereit
  → Spannung zum Fahrzeug nicht eingeschaltet
▌ C Fahrzeug zum Laden bereit
  → Spannung zum Fahrzeug eingeschaltet
▌ E Fehler, Kurzschluss zwischen CP und PE
  → Spannung zum Fahrzeug nicht eingeschaltet
  → meist meldet eine rote Leuchtanzeige den Fehler

Die Bewertung und Dokumentation schließen die Prüfung des Mode 3 Ladekabels ab.

6.9 Prüfung von DC-Ladepunkten

Für das Prüfen von DC-Ladepunkten war bis vor kurzem die Prüfanleitung des Herstellers die einzige verfügbare Hilfe. Die AC-Anschlussseite wird bei der Erst- und bei der wiederkehrenden Prüfung wie oben beschrieben geprüft. Oftmals war die Prüfung der DC-Seite beschränkt auf die Messung der Durchgängigkeit der Leiter, der Isolationswiderstände und der Spannung. Zur Funktionsprüfung wurde ein Fahrzeug mit DC-Lademöglichkeit angeschlossen. Bei erfolgreichem Starten des Ladevorgangs war der Funktionstest bestanden.

Bei den Ladesäulen mit CCS- und CHAdeMO-Lademöglichkeit wäre es nötig gewesen, zwei Elektrofahrzeuge bereitzustellen, um beide Ladeanschlüsse zu prüfen. Da diese hochpreisigen Ladesäulen von den Herstellern sehr gut geprüft werden, bevor sie auf den Weg zum Kunden geschickt werden, hat man sich darauf verlassen, dass die ordnungsgemäße Funktion gegeben ist.

Inzwischen gibt es ein kompaktes Prüfgerät am Markt mit dem Ladesäulen sowohl im CCS-Betrieb (**Bild 6.19**) wie auch im CHAdeMO-Betrieb (**Bild 6.20**) getestet werden können.

Das Prüfgerät enthält einen Akkumulator und bildet das Verhalten von DC-ladefähigen Elektrofahrzeugen inklusive der Stromaufnahme beim Laden vollständig nach. Der Prüfablauf erfolgt vollständig automatisch und die Prüfergebnisse werden im Display angezeigt. Neben der Ermittlung von Spannungs- und Stromwerten wird gleichzeitig untersucht, ob die Stromvorgabe des Elektrofahrzeugs durch die Ladestation eingehalten wird. Lediglich zur Auslesung der Werte und Dokumentation kann ein Computer/Laptop notwendig werden.

In der Betriebsart CCS ist über den Test des Normalbetriebs des Ladeprozesses hinaus die Möglichkeit gegeben, Isolationsfehler zu generieren. Mit unterschiedlichen Stufen wird geprüft, ob die Vorwarnung und das Abschaltverhalten korrekt arbeiten.

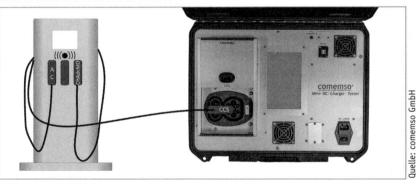

Bild 6.19 *Test der DC-Ladestation im CCS-Betrieb*

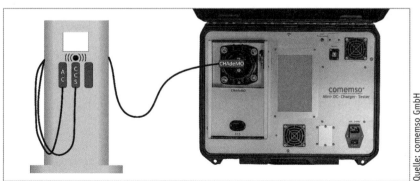

Bild 6.20 *Test der DC-Ladestation im CHAdeMO-Betrieb*

7 Ladeinfrastruktur im Zusammenspiel mit erneuerbaren Energien

„CO_2-freies Fahren" ist nur möglich, wenn die, in das Elektrofahrzeug geladene, Energie aus erneuerbaren Quellen bezogen wird. Eine Möglichkeit ist der Abschluss eines Stromvertrags, der ausschließlich regenerative Erzeugung garantiert.

Eine andere Möglichkeit bietet sich Besitzern von Eigenheimen an, die in den vergangenen Jahren Photovoltaik-(PV-)Anlagen installiert haben. Vor diesem Hintergrund ist für viele Elektromobilisten eine möglichst hohe Nutzung der selbst produzierten elektrischen Energie interessant. Unterschiedliche Möglichkeiten, welche bereits heute am Markt verfügbar sind, werden in den folgenden Abschnitten vorgestellt.

7.1 Laden mit PV-Überschuss

7.1.1 PV-Wechselrichter gibt durch Schaltkontakt frei

Die einfachste Variante mit PV-Überschuss zu laden ist es, mit einem Schaltkontakt des Wechselrichters den Ladepunkt zum Laden freizugeben. Nahezu alle modernen PV-Wechselrichter besitzen einen oder mehrere frei konfigurierbare Schaltkontakte, durch welche Verbraucher gesteuert werden können. Viele Ladestationen bieten diese Freigabemöglichkeit an.

Bei der Ladesteuerung nach **Bild 7.1** wird der Wechselrichter so parametriert, dass bei Erreichen eines bestimmten PV-Ertrages die Ladestation freigeschaltet wird. Dieses Verfahren lässt sich ohne Zusatzbaugruppen einfach umsetzen. Diese Einfachheit bringt jedoch auch einige Einschränkungen mit sich:

- der Hausverbrauch bleibt unberücksichtigt,
- es erfolgt keine kontinuierliche Steuerung des Ladestromes ins Fahrzeug,
- ohne PV-Ertrag ist keine Fahrzeugladung möglich
- usw.

Wurde beispielsweise eine 9,9 kWp PV-Anlage auf dem Dach des Hauses und eine 11 kW Ladestation installiert, so ist die PV-Anlage nicht in der Lage, die gesamte elektrische Energie bereitzustellen. Bei der Einstellung des

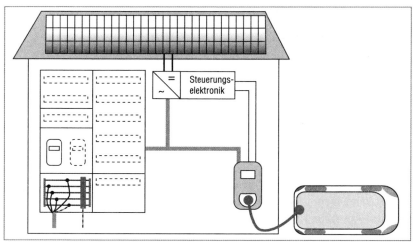

Bild 7.1 *Steuerung der Ladestation mit Schaltkontakt*

Schaltkontaktes kann es sich somit immer nur um eine Kompromisslösung handeln. Wird die Ladestation beispielsweise bei einem PV-Ertrag von 4 kW freigegeben und das Haus verbraucht intern 2 kW, dann stehen für den Ladepunkt weitere 2 kW zur Verfügung. Wird das Fahrzeug mit 11 kW geladen, so bedeutet dies, dass zusätzlich 9 kW aus dem Stromversorgungsnetz bezogen werden müssen. Trotzdem wird dieses Verfahren gerne angewandt, da es nahezu ohne zusätzliche Kosten den Eigenstromverbrauch aus der PV-Anlage erhöhen und den Strombezug reduzieren kann.

Eines muss bei diesem Verfahren jedoch bedacht werden, im Zweifelsfall wird das Fahrzeug gar nicht geladen. Benötigt man zu einem bestimmten Zeitpunkt einen definierten Ladezustand des Fahrzeugakkus, so muss rechtzeitig die Betriebsart der Ladestation angepasst werden.

7.1.2 PV-ertragsabhängige dynamische Ladesteuerung

Sowohl die Ladestation wie auch der/die PV-Wechselrichter kommunizieren mit einer zentralen Steuerung (**Bild 7.2**). Diese erfasst die Energiewerte von Strombezug oder -lieferung und der PV-Erzeugung.

Bei dieser Variante wird der zulässige Stromwert der Ladestation kontinuierlich dem Energieüberschuss angepasst. Dies bedeutet, dass der Hausverbrauch berücksichtigt wird und die Ladesteuerung mittels Kommunikation dem Elektrofahrzeug überträgt, mit welcher Maximalleistung es aktuell laden darf. Da auch hier häufig die PV-Leistung alleine nicht ausreichen

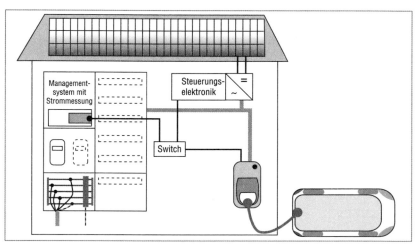

Bild 7.2 *PV-ertragsabhängige dynamische Ladesteuerung*

würde um das Fahrzeug zu laden, bieten solche Systeme zusätzlich die Möglichkeit, zu konfigurieren, welcher Netzbezug erlaubt ist. So kann beispielsweise eine Einstellung erfolgen, bei der 20 % PV-Überschussleistung ausreicht, um den Ladevorgang mit 80 % Netzbezug zu starten. Steigt der PV-Überschuss, reduziert sich der Netzbezug. Ideal wäre natürlich eine Ladung ohne Netzbezug, was bei diesem Verfahren durchaus möglich ist.

Allerdings besteht auch hier, wie im vorigen Beispiel, die Gefahr, dass ohne Sonnenschein überhaupt keine Ladung erfolgt. Somit muss hier ebenfalls rechtzeitig die Betriebsart der Ladestation gewechselt werden. Damit dies bequem machbar ist, lassen sich solche Systeme oft per Smartphone-App steuern.

7.2 Wettervorhersageabhängiges Laden

Verschiedene Hersteller bieten darüber hinaus Lösungen an, welche über das Internet Daten von Wettervorhersagesystemen beziehen (**Bild 7.3**). Teilt der Elektromobilist dem Managementsystem mit, welche Energiemenge (kWh) er laden möchte und wie viele Stunden das System dafür Zeit hat, dann berechnet dieses unter Berücksichtigung des Hausverbrauchsprofils, ob der PV-Ertrag reichen wird. Reicht der erwartete PV-Ertrag nicht vollständig aus, dann lädt das System unter zusätzlichem Netzbezug. Dadurch wird sichergestellt, dass, unter möglichst hohem PV-Anteil, das Fahrzeug wunschgemäß geladen wird.

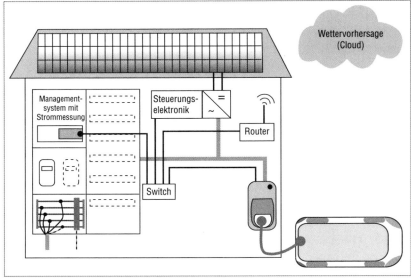

Bild 7.3 *Wettervorhersageabhängiges Laden*

Was auf den ersten Blick aus Nutzersicht kompliziert bedienbar erscheint, ist in der Realität mit minimalem und unkompliziertem Handlungsbedarf verbunden. Die Systeme der verschiedenen Hersteller sind für das Energiemanagement bis jetzt noch nicht mit einem übergeordneten Kommunikationsprotokoll, wie zum Beispiel dem EE-Bus, ausgestattet. Somit haben sich Hersteller von Ladeinfrastruktur und von PV-Monitoringsystemen direkt untereinander eine proprietäre Kommunikation geschaffen.

In den in **Bild 7.4** gezeigten Displaybildern der APP eines namhaften Herstellers, ist zu sehen, dass lediglich die gewünschte Energiemenge und die dafür zur Verfügung stehende Zeit eingegeben werden muss. Die Angabe der Batteriegröße des Elektrofahrzeugs dient als Hilfsgröße und Sicherheitsgrenze. Wenn mehrere Ladepunkte durch ein Energiemanagementsystem gesteuert werden, kann dieses die Ladesteuerung insgesamt besser optimieren.

Das Auswahlfeld „Überschussladen Ja/Nein" bietet die Möglichkeit, zwischen wettervorhersagegesteuertem Laden (Nein) und reinem Überschussladen (Ja) wie in Abschnitt 7.1.2 beschrieben, zu wechseln.

Hausbesitzer, die bereits eine PV-Anlage mit intelligentem Monitoringsystem betreiben, können diese Funktionalität unter Umständen schon nutzen, wenn sie die passende Ladeinfrastruktur dafür wählen.

Bild 7.4 *Einfache Parametrierung der PV-geführten Ladebetriebsarten*

7.3 Einbindung von Stromspeichern

Alle zuvor genannten Lösungen zum PV-Ertrag-gesteuerten Laden von Elektrofahrzeugen haben einen gemeinsamen Nachteil: In der Nacht scheint keine Sonne. Auch wenn tagsüber keine Sonne scheint und man das Elektrofahrzeug laden möchte, sieht es schlecht aus.

Direkt kommt bei diesen Überlegungen der Einsatz von Stromspeichern ins Spiel. Bevor jedoch die Träume in den Himmel wachsen, folgende Hinweise:

▌ Jeder Stromspeicher hat eine begrenzte Speicherkapazität. Bei Stromspeichern im Heimbereich liegt diese oft im Bereich von 3 kWh bis 15 kWh.

▌ Der Batteriewechselrichter im Speicher oder als extra Baugruppe hat ebenfalls eine begrenzte Leistungsfähigkeit, im Heimbereich ca. 3 kWh bis 6 kW.

Wer damit ein Elektrofahrzeug mit 50 kWh Traktionsbatterie und 22 kW Bordladegerät in 2 h vollladen möchte, wird enttäuscht werden. Zum einen hat der Speicher nicht genügend Kapazität, zum zweiten nützt es nichts, wenn das Bordladegerät 22 kW aufnehmen kann, der Batteriewechselrichter im Speicher jedoch nur 4 kW abgeben kann.

Dennoch können auch diese Stromspeicher ihren Beitrag dazu leisten, den Strombezug aus dem Netz zu reduzieren oder unter Umständen ganz zu vermeiden. Vorausgesetzt ist wiederum eine intelligente Lade-/Entladesteuerung im Zusammenspiel mit PV-Erzeugung und eventuell steuerbarer Ladeinfrastruktur.

In **Bild 7.5** sind sämtliche Aspekte des PV-gesteuerten Ladens zusammengefasst. Ein Stromspeicher kann aber auch in einfacherer Umgebung, ohne WLAN und ohne Anbindung ans Internet eine sinnvolle Lösung darstellen. Alleine schon die Grundfunktionen:

- wird Strom ins Versorgungsnetz eingespeist und der Stromspeicher ist noch nicht voll, dann wird dieser geladen und
- es herrscht Netzbezug und der Stromspeicher ist noch nicht leer, dann speist dieser ins Hausnetz ein und der Strombezug wird reduziert,

tragen dazu bei, den Eigenstromverbrauch zu erhöhen. In Zeiten, in denen der ins öffentliche Stromnetz eingespeiste Strom kaum einen Ertrag erwirtschaftet und jede aus dem Netz bezogene kWh immer teurer wird, werden Stromspeicher immer interessanter. Nicht nur, aber auch, wenn es um das Laden von Elektrofahrzeugen geht.

Nachfolgendes Beispiel soll das noch verdeutlichen (**Bild 7.6**).

Der Solarcarport hat eine Generatorleistung von 3,5 kWp. Das reicht somit nicht mal für 1-phasiges Laden mit 3,7 kW. Der Stromspeicher im Keller des angrenzenden Gebäudes hat eine Speichergröße von 3,7 kWh. Das reicht ebenfalls nicht, um die Fahrzeugbatterie mit 18,7 kWh zu laden. Ver-

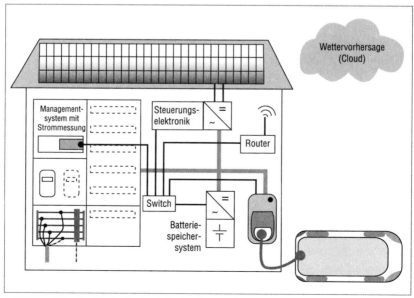

Bild 7.5 *PV-unterstütztes Laden inklusive Stromspeicher*

7.3 Einbindung von Stromspeichern

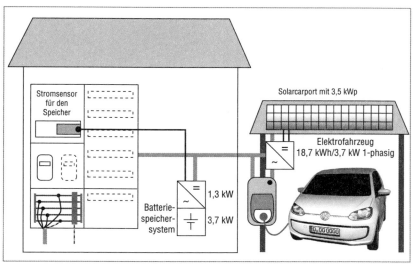

Bild 7.6 *Solarcarport mit Stromspeicher und Ladestation*

schärfend kommt noch hinzu, dass der Stromspeicher nur mit 8 Speichermodulen mit jeweils 162 W Lade-/Entladeleistung bestückt ist. Der eingebaute Wechselrichter hätte zwar 4 kW, davon können aber nur 8 · 162 W ≈ 1,3 kW genutzt werden. Das System arbeitet ohne übergeordnete Steuerung, die Ladestation gibt die maximale Leistung frei, das Elektrofahrzeug hat einen 1-phasigen Lader mit 3,7 kW, der nur dem Wohl der Fahrzeugbatterie untergeordnet ist. Einzig die Lade-/Entladesteuerung des Stromspeichers im Keller kann sich regulativ einbringen.

Auf den ersten Blick kann dieser Kombination kein großer Nutzen angesehen werden. Trotzdem ist es möglich, das Fahrzeug unter Realbedingungen voll zu laden, ohne dass auch nur 1 kWh aus dem Stromnetz bezogen werden muss. Aus **Bild 7.7** ist abzulesen, dass der Speicher im Keller am Morgen bereits zu 100 % geladen war, ab ca. 8:00 Uhr ging die Sonne auf und die erzeugte Energie wurde ins Netz eingespeist. Gegen 11:00 Uhr trat eine massive Änderung ein. Ursache: der VW e-UP wurde zum Laden angeschlossen.

Wie Bild 7.7 zeigt, hat um ca. 11:00 Uhr die Netzeinspeisung abrupt geendet. Die gesamte PV-Leistung wurde zum Laden des Elektrofahrzeugs genutzt. Da diese jedoch nicht ausreichte, um die Ladeleistung des Bordladegerätes zu erbringen, wurde zusätzlich der Speicher entladen, was an der fallenden Kurve zu erkennen ist. Gegen 18:00 Uhr war der Ladevorgang

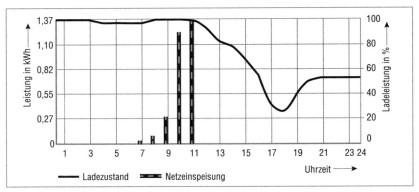

Bild 7.7 *Aufzeichnung der Energieflüsse am Stromspeicher*

des Fahrzeugs abgeschlossen, die PV-Leistung wird genutzt, um den Stromspeicher im Keller zu laden und die Kurve steigt wieder an. Gegen 21:00 Uhr ist die Sonne untergegangen, der Speicher war zu ca. 50 % wieder geladen.

Was jedoch viel wichtiger ist, der gesamte Ladevorgang wurde ausschließlich mit der zuvor im Speicher geladenen PV-Energie und der während des Ladens aktuell erzeugten PV-Energie geladen. Trotz der ungünstigen Rahmenbedingungen musste keine zusätzliche elektrische Energie aus dem Stromnetz bezogen werden.

Größere Stromspeicher

Angesichts der zuvor geschilderten Tatsachen kommt unmittelbar der Wunsch auf, größere Stromspeicher mit höherem Energiegehalt und größerer Leistung einzusetzen, um ein Elektrofahrzeug mit der gespeicherten Energie in der Nacht und/oder höherer Leistung laden zu können.

Solche Speicher gibt es bereits von verschiedenen Anbietern (**Bild 7.8**). Eine Grenze nach oben ist eher durch das verfügbare Budget als durch die verfügbaren Produkte gegeben. Leistungen bis in den MW-Bereich sind möglich.

Oftmals werden derartige Speicherlösungen nicht nur in Verbindung mit erneuerbaren Energien genutzt. Sie werden gerne eingesetzt, wenn es Probleme bereitet, die hohe benötigte Anschlussleistung am Netzanschlusspunkt bereit zu halten. Dort kann der Speicher in lastschwächeren Zeiten aus dem Netz nachgeladen werden. Wird die Energie zum Schnellladen eines Elektrofahrzeugs benötigt, so liefert der Speicher die zusätzlich erforderliche Leistung.

7.3 Einbindung von Stromspeichern

Bild 7.8 *Etwas größerer Stromspeicher mit DC-Schnellladestation*

Da die Speicherpreise in den vergangenen Jahren stark gefallen sind und voraussichtlich auch noch weiter fallen werden, wird die Zahl an interessanten und bezahlbaren Lösungen zunehmen. Auch die Entwicklung neuer Batterietechnologien wird dazu ihren Beitrag leisten.

Fachbücher, E-Books, Apps, WissensFächer für das Elektrohandwerk

Das volle Programm rund um die Uhr online bestellen: www.elektro.net/shop

Gleich im BuchShop bestellen: elektro.net/shop

Ihre Bestellmöglichkeiten auf einen Blick:

- Fax: +49 (0) 6221 489-443
- E-Mail: buchservice@huethig.de
- www.elektro.net/shop

Hier Ihr Fachbuch direkt online bestellen!

8 Lastmanagementlösungen

8.1 Grundlegendes zum Lastmanagement

Der Begriff „Lastmanagement" ist ein sehr weit gefasster Begriff. Dabei gehen die Vorstellungen der Kunden und die tatsächlichen Lösungen der Hersteller oftmals weit auseinander. Während für den Kunden der Punkt „Lastmanagement" eher alleine auf der Leistungsfähigkeit von intelligenter Software beruht, stehen für den Hersteller viele zusätzlich zu berücksichtigende Aspekte als Herausforderung für die Entwickler daneben:
a) Funktionssicherheit und zwar mit allen Rahmenbedingungen, die vom Versorgungsnetz vorgegeben werden sowie im Zusammenspiel mit den verschiedensten Fahrzeugherstellern zuverlässig arbeiten.
b) Erweiterte Messwerterfassung, um zusätzliche Regelungsfunktionen zu ermöglichen.
c) Langfristige Verfügbarkeit der eingesetzten Komponenten.
d) Anforderung der Eichrechtskonformität für öffentliche Ladepunkte.
e) Einbindung erneuerbarer Energien.
f) usw.

Zu a)
Die Rahmenbedingungen zum Anschluss ans öffentliche Stromnetz wurden bereits ausführlich behandelt.

Sowohl für die Fahrzeughersteller als auch für die Hersteller von Ladeinfrastruktur gilt die Norm IEC 61851-1:2019-12 (VDE 0122-1). Beim Laden selbst tun sich jedoch technisch bedingt immer wieder gewisse Unterschiede auf. Zum Ladeschluss der Traktionsbatterie wird im Elektrofahrzeug das sogenannte Balancing durchgeführt, um zu vermeiden, dass einzelne Zellen überladen werden und andere zu schwach geladen sind. So gibt es Fahrzeughersteller, die die Stromaufnahme für kurze Zeit unterbrechen, um Zellunterschiede auszugleichen, andere reduzieren die Stromaufnahme kontinuierlich, wieder andere schalten vom 3-phasigen auf den 1-phasigen Ladebetrieb um usw. Ein hochkomplexes Lastmanagement muss derartige Unterschiede kennen und darf nicht zu Fehlfunktionen führen.

Steht anderseits vom Stromversorgungsnetz nicht genügend Leistung bereit, um alle ladebereiten Fahrzeuge gleichzeitig mit elektrischer Energie zu versorgen, so muss das Lastmanagement in der Lage sein, diese Fahrzeuge in der Ladebereitschaft zu halten, um diese zu einem späteren Zeitpunkt, wenn beispielsweise andere Fahrzeuge voll aufgeladen sind, mit Energie versorgen zu können. Wenn diese Fahrzeuge in der Wartezeit in den „Tiefschlaf" fallen und nicht wieder „aufgeweckt" werden können, führt dies mit Sicherheit zu großer Unzufriedenheit bei den Elektromobilisten, die sich darauf verlassen, dass ihre Fahrzeuge zuverlässig geladen werden.

Zu b)
Einen verfügbaren Anschlusswert auf verschiedene Anschlusspunkte zu verteilen, ist nicht die große Herausforderung. Anspruchsvoller wird es jedoch, wenn die Verteilung der aktuellen realen Situation angepasst werden soll. So kann beispielsweise durch Messung der Stromaufnahme jedes einzelnen Ladepunktes und/oder des aktuellen Hausverbrauchs der zur Verfügung stehende Anschlusswert noch besser verteilt werden. Auf Basis dieser Daten kann die Steuerungssoftware des Lastmanagementsystems theoretisch beliebig viele Funktionalitäten (Wünsche) implementieren, allerdings gelten auch hier die Rahmenbedingungen wie unter a) dargestellt.

Zu c)
Hersteller, die ihre Produkte mit hohem Entwicklungsaufwand produzieren und aufwendige sowie komplexe Zertifizierungsverfahren durchlaufen, brauchen die Sicherheit, dass die eingesetzten Produkte langfristig am Markt verfügbar sind. Die tollste Entwicklung nützt nichts, wenn kein ROI (return on invest) geplant werden kann. Mit der Phrase „im Internet bekomme ich alles billiger" ist hier wenig gedient.

Zu d)
Die Anforderungen der Eichrechtskonformität wurden im Abschnitt 4.6 bereits ausführlich besprochen. Da die Konformitätsbewertungsstellen aktuell mit einer extremen Flut von Anträgen zu kämpfen haben, dauert die Bearbeitung von Anträgen ihre Zeit.

Zu e)
Erneuerbare Energien wie Photovoltaik und Windkraft sind den Gesetzen der Natur unterworfen. Alleine schon ein bewölkter Himmel sorgt für sich stetig ändernde Erzeugung elektrischer Energie. Steuert das Lastmanagement nun permanent den Stromwert nach, den die Elektrofahrzeuge aufnehmen dürfen, so ist das Fahrzeug mit ständigen Veränderungen konfrontiert. Auf den ersten Blick ist das nicht dramatisch, aber solche permanenten Veränderungen könnten ihre Ursache auch in einem instabilen Ver-

sorgungsnetz haben. Manche Fahrzeuge quittieren solche Situationen aus Sicherheitsgründen unter Umständen mit einem Abbruch der Ladung, womit letztlich dem Elektromobilisten auch nicht gedient ist. Ähnliches Verhalten zeigen manche Elektrofahrzeuge beispielsweise auch, wenn die Spannung zwischen den Außenleitern zu stark voneinander abweicht.

Zu f)
So ließen sich noch weitere Schwierigkeiten anführen, die eine professionelle Produktentwicklung mit sich bringt.

Statt weitere Probleme zu diskutieren, werden in den nachfolgenden Abschnitten Lösungen vorgestellt, die bereits heute im Markt verfügbar sind. Durch die vorangestellte Ausführung sollte ein Gefühl dafür vermittelt werden, warum nicht alles so einfach umgesetzt werden kann, wie es sicher wünschenswert ist. Was einmal im Labor funktioniert hat, muss noch lange nicht im rauen Markt bestehen. Auch die Umsetzung der ISO 15118 (mit den Teilen 1 bis 8, 2016 bis 2019) leistet mit Sicherheit einen Beitrag, die Lastmanagementsysteme noch intelligenter zu machen.

Namhafte Hersteller werden ihre Produkte jedoch einer Vielzahl von Serientests unterziehen, bevor sie diese in Verkehr bringen. Nur wenn die Produkte ihre Marktreife erreicht haben und beim Kunden zuverlässig arbeiten, kann ein nachhaltiger wirtschaftlicher Erfolg erzielt werden.

8.2 Einfache Energieverteilung in einer Ladesäule

In diesem Beispiel wird eine Ladesäule mit zwei Ladepunkten ans Niederspannungsnetz angeschlossen. Ohne Vernetzung mit einer übergeordneten zentralen Steuerung kann bereits hier eine einfache Laststeuerung realisiert werden.

In **Bild 8.1** ist die Einstellung der Reduzierungsschalter für einen Anschlusswert von 44 kW zu sehen. Steht für die Ladesäule jedoch nur ein reduzierter Anschlusswert zur Verfügung, so kann durch einfaches Einrasten der Schalter die Leistung eines Ladepunktes auf eine Leistung von 11 kW reduziert werden (**Tabelle 8.1**). Diese Reduzierung wirkt jedoch nur dann, wenn tatsächlich beide Ladepunkte genutzt werden. Dies bedeutet, jeder Ladepunkt hat, wenn er alleine belegt ist, eine Leistung von 22 kW.

Diese ganz einfache Variante kann ohne zusätzlichen Installationsaufwand realisiert werden und so den bereitgestellten Anschlusswert einhalten.

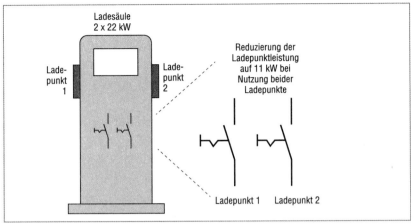

Bild 8.1 Einfache Laststeuerung an Ladesäule

Anschlusswert in kW	Ladepunkt 1	Ladepunkt 2	Bemerkung
22	11/22 kW	11/22 kW	Bei Belegung beider Ladepunkte werden beide Ladepunkte auf 11 kW reduziert.
33	11/22 kW	22 kW	Bei Belegung beider Ladepunkte wird Ladepunkt 1 auf 11 kW reduziert.
	22 kW	11/22 kW	Bei Belegung beider Ladepunkte wird Ladepunkt 2 auf 11 kW reduziert.
44	22 kW	22 kW	Kein Ladepunkt wird reduziert.

Tabelle 8.1 Einfaches Lastmanagement mittels Rastschaltern

Wird beispielsweise bei einem Anschlusswert von 33 kW der Ladepunkt 1 reduziert und ein Fahrzeug mit 1-phasigem 3,7 kW-Bordladegerät belegt Ladepunkt 2, dann wird trotzdem Ladepunkt 1 auf 11 kW reduziert, obwohl dies aus elektrotechnischer Sicht gar nicht nötig wäre. Ob eine sinnvolle Beschriftung an der Ladesäule den Fahrer mit dem 1-phasigen Lader ermuntert hätte, Ladepunkt 1 zu nutzen und Ladepunkt 2 für Fahrer mit leistungsstärkerem Bordladegerät freizuhalten, darf als Frage offen bleiben.

Den Hauptzweck, nämlich eine Überlastung des Netzanschlusspunktes zu vermeiden, erfüllt diese einfache Konfiguration in jedem Fall tadellos.

8.3 Lokale Energieverteilung bei der Nutzung mehrerer Ladepunkte

Die hier vorgestellte Lösung kommt auch ohne Messung der in den Ladepunkten aktuell fließenden Ströme aus. Ziel ist es, möglichst viele Fahrzeuge gleichzeitig laden zu können, ohne dabei den zur Verfügung stehenden Anschlusswert zu überschreiten. In diesem Beispiel werden sechs Parkplätze mit 11 kW Ladepunkten (3-phasig 16 A) ausgestattet, die beliebig genutzt werden können (**Bild 8.2**).

Werden für diese Anordnung vom VNB 63 A (also gerundet 64 A) bereitgestellt, dann können vier Fahrzeuge gleichzeitig laden, ohne dass eine Leistungsreduzierung erforderlich ist. Wurde in der Konfiguration neben dem maximalen Gesamtstrom noch ein minimaler Stromwert von 12 A je Ladepunkt definiert, um ein sicheres Aufladen auch bei eventuell etwas kritischeren Bordladegeräten sicherzustellen, ergeben sich die Stromverteilungen aus **Tabelle 8.2**.

Da diese Variante ohne Erkennung des Ladeendes arbeitet, muss das Fahrzeug am Ladepunkt 1 warten, bis ein anderes Fahrzeug den Parkplatz

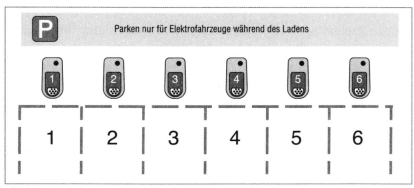

Bild 8.2 *Parkplatz mit sechs Ladepunkten und Lastmanagement*

Aktion		1	2	3	4	5	6
4 Fahrzeuge laden			16 A	16 A		16 A	16 A
5. Fahrzeug kommt hinzu			12,8 A	12,8 A	12,8 A	12,8 A	12,8 A
6. Fahrzeug kommt hinzu, kann nicht laden, da 64 A/6 < 12 A ist.	0 A		12,8 A	12,8 A	12,8 A	12,8 A	12,8 A

Tabelle 8.2 *Einfache Stromwertverteilung auf mehrere Ladepunkte*

verlässt und somit sein Ladekabel aussteckt. Vor einem Einkaufszentrum mit häufigem Kundenwechsel kann eine derartige Lösung sinnvoll sein, in der Tiefgarage eines Hotels oder einer Wohnanlage eher nicht, da die Bewohner in der Regel abends alle einstecken und am nächsten Morgen wieder zur Arbeit gehen.

Zudem wird in dieser Lösung nicht erkannt, ob die einzelnen Fahrzeuge den bewilligten Stromwert komplett nutzen oder gar nur 1-phasig laden, was eine optimalere Verteilung der zur Verfügung stehenden elektrischen Energie erlauben würde.

8.4 Lokales Energiemanagement mit VIP-Funktion und Ladeendedetektion

Die Hersteller von Last- oder Energiemanagementsystemen entwickeln ihre Systeme stetig weiter und gewinnen durch den Einsatz im rauen Betriebsalltag immer mehr praktische Erfahrungen. Im Grunde liegt hier die gleiche Situation wie in Abschnitt 8.3 vor. Sechs Parkplätze können beliebig genutzt werden. Um jedoch zu vermeiden, dass ein angeschlossenes Fahrzeug überhaupt keine elektrische Energie erhält, wird in jedem Ladepunkt die aktuelle Stromaufnahme gemessen. Wird nun erkannt, dass ein Fahrzeug nahezu keine elektrische Energie mehr aufnimmt, so wird dieses in die Betriebsart „pausieren" (siehe Abschnitt 4.4.4.2) versetzt und das wartende Fahrzeug kann laden (**Tabelle 8.3**).

Aktion	1	2	3	4	5	6
6. Fahrzeug kommt hinzu, kann nicht laden, da 64 A/6 < 12 A ist.	0 A	12,8 A	12,8 A	12,8 A	12,8 A	12,8 A
Das Fahrzeug an Ladepunkt 3 hat die Stromaufnahme minimiert, dies ist ein Zeichen für einen nahezu vollen Akku.	0 A	12,8 A	voll 12,8 A	12,8 A	12,8 A	12,8 A
Das Fahrzeug an Ladepunkt 3 wird auf „pausieren" gesetzt.	0 A	12,8 A	voll 0 A	12,8 A	12,8 A	12,8 A
Das Fahrzeug an Ladepunkt 1 kann jetzt laden.	12,8 A	12,8 A	voll 0 A	12,8 A	12,8 A	12,8 A
Fahrzeug an LP4 hat das Laden ebenfalls beendet.	12,8 A	12,8 A	voll 0 A	voll 0 A	12,8 A	12,8 A
Jetzt erhält das Fahrzeug an LP4 erneut die Möglichkeit zu laden, um den Akku bei Bedarf vollständig nachzuladen.	12,8 A	12,8 A	12,8 A	voll 0 A	12,8 A	12,8 A

Tabelle 8.3 *Einfache Stromwertverteilung auf mehrere Ladepunkte mit Ladeende-Erkennung*

8.4 Lokales Energiemanagement mit VIP-Funktion und Ladeendedetektion

Auf diese Weise wird sichergestellt, dass nacheinander alle Fahrzeuge vollständig geladen werden können, ohne dass Fahrzeuge abgesteckt werden müssen.

Eine andere Lösung für den oben dargestellten Sachverhalt ist beispielsweise, dass der Zustand „pausieren" in einem festen Zeitfenster von Ladepunkt zu Ladepunkt weitergegeben wird.

Nochmals etwas anders gestaltet sich der Ablauf, wenn Nutzer VIP-Status besitzen, da diese beim Lastmanagement eine Sonderstellung genießen und vorrangig nicht reduziert werden. Im Beispiel in **Tabelle 8.4** hat der Nutzer von Ladepunkt 3 VIP-Status.

Alle in diesem Abschnitt vorgestellten Lastmanagementlösungen arbeiten mit einer fest zugewiesen Anschlussleistung, die auf genutzte Anschlusspunkte vergleichsweise komfortabel verteilt wird.

Diese Lastmanagementsysteme arbeiten lokal, das bedeutet, dass nur direkt in die zentrale Steuerung eingebundene Ladepunkte zusammenarbeiten. In der Praxis sind das in aller Regel herstellerbezogene Lösungen. Der Produkt-Mix herstellerverschiedener Ladepunkte ist dabei meist nicht möglich.

Auch die Erfassung der realen Auslastung des Netzanschlusspunktes wird in den bisher vorgestellten einfachen Lösungen noch nicht berücksichtigt (siehe Abschnitt 8.8).

Aktion	1	2	3 VIP	4	5	6
4 Fahrzeuge laden		16 A	16 A		16 A	16 A
5. Fahrzeug kommt hinzu		12 A	16 A	12 A	12 A	12 A
6. Fahrzeug kommt hinzu, kann nicht laden, da (64 A −16 A)/5 < 12 A ist.	0 A	12 A	16 A	12 A	12 A	12 A
Das Fahrzeug an Ladepunkt 3 hat die Stromaufnahme minimiert, dies ist ein Zeichen für einen nahezu vollen Akku.	0 A	12 A	voll 16 A	12 A	12 A	12 A
Das Fahrzeug an Ladepunkt 3 wird auf „pausieren" gesetzt und verliert seinen VIP-Status.	0 A	12 A	voll 0 A	12 A	12 A	12 A
Das Fahrzeug an Ladepunkt 1 kann jetzt laden.	12,8 A	12,8 A	voll 0 A	12,8 A	12,8 A	12,8 A
Fahrzeug an LP4 hat das Laden ebenfalls beendet.	12,8 A	12,8 A	voll 0 A	voll 0 A	12,8 A	12,8 A
Jetzt erhält Fahrzeug an LP3 erneut die Möglichkeit zu laden, um den Akku bei Bedarf vollständig nachzuladen, ohne VIP-Status.	12,8 A	12,8 A	12,8 A	voll 0 A	12,8 A	12,8 A

Tabelle 8.4 *Einfache Stromwertverteilung auf mehrere Ladepunkte mit VIP und Ladeende-Erkennung*

8.5 Übergeordnetes Management über eine Cloud- oder Backend-Lösung

Jeder namhafte Hersteller stattet seine kommunikationsfähigen Ladestationen mit dem einheitlichen Kommunikationsprotokoll nach OCPP (open charge point protocol 1.5, 1.6 oder später 2.0) aus. Auf diese Weise können die Ladestationen verschiedener Hersteller in eine gemeinsame „Leitstelle" eingebunden werden (**Bild 8.3**). In der Fachwelt spricht man hier von Cloud- oder Backendlösungen. Diese können nicht nur für die Abrechnung und Zugangskontrolle an öffentlichen Ladestationen, sondern auch für übergeordnetes Lastmanagement herangezogen werden.

Eine weitere Möglichkeit ist nicht nur der Hersteller-Mix, sondern mehrere Parkplätze an verschiedenen Standorten in ein gemeinsames Management einzubinden (**Bild 8.4**).

Die cloudbasierten Lösungen sind bezüglich ihrer Konfiguration meist sehr anspruchsvoll. Entweder werden die Ladepunkte über GSM oder über einen VPN-Tunnel (virtual private network) in die Cloud eingebunden. Beide Varianten sind gesicherte Verbindungen und verursachen sowohl bei der Einrichtung wie auch im laufenden Betrieb kontinuierliche Kosten. Wer nicht ständig Konfigurationsarbeiten mit diesen Systemen durchführt, wird sich schwertun, diese wirtschaftlich einzusetzen. Am besten ist hier eine vertragliche Bindung an einen Partner, der die entsprechende Expertise nachweisen kann.

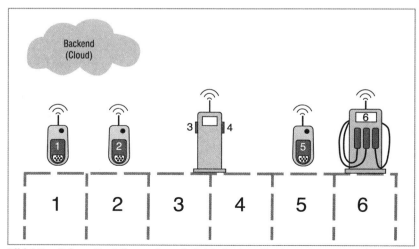

Bild 8.3 *Mehrere Hersteller an einem Parkplatz in einer Cloud*

8.5 Übergeordnetes Management über eine Cloud- oder Backend-Lösung

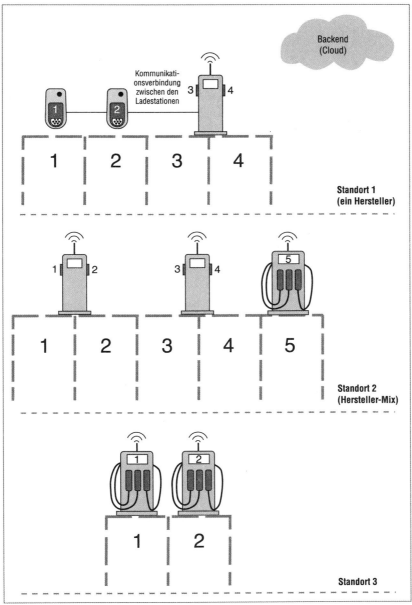

Bild 8.4 Mehrere Standorte in einer Cloud

8.6 Aktives Lastmanagement mit lokaler Verbrauchsanalyse

Ladestationen stellen meist hohe Ladeleistungen zum Laden von Elektrofahrzeugen bereit. Schade ist es, wenn mehrere Ladepunkte vernetzt sind und einzelne Fahrzeuge mit dem Laden warten müssen, da die Ladeleistung an anderen Ladepunkten vergeben ist, obwohl die dort angeschlossenen Fahrzeuge diese Ladeleistung gar nicht benötigen.

Für den in **Bild 8.5** gezeigten Ladepark wurde ein Anschlusswert von 44 kW (63 A) bereitgestellt. Bei den Lösungen nach Abschnitten 8.3 und 8.4 würde sich ohne Strommessung folgendes Szenario ergeben: Die zur Verfügung stehende Leistung wird gleichmäßig aufgeteilt (**Tabelle 8.5**).

Wird jedoch gemessen, was die Fahrzeuge tatsächlich aufnehmen, könnte der Anschlusswert intelligenter genutzt werden (**Tabelle 8.6**). Nutzen beispielsweise das erste und das zweite Fahrzeug nur 16 A zum Laden (11 kW) und das dritte Fahrzeug hätte einen 22-kW-Lader, dann kann das Lastmanagement dem dritten Fahrzeug wieder die vollen 32 A freigeben.

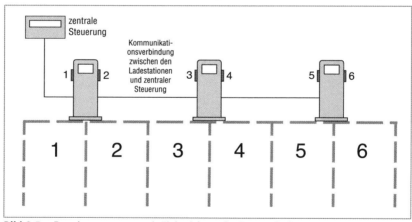

Bild 8.5 *Energiemanagement mit Einbeziehung der Stromaufnahme*

	Ladepunkte					
	1	2	3	4	5	6
Aktion	22 kW 32 A	22 kW 32 A	22 kW 32 A	22 kW 32 A	22 kW 32 A	22 kW 32 A
1. Fahrzeug steckt an LP 3 an			32 A			
2. Fahrzeug steckt an LP 5 an			32 A		32 A	
3. Fahrzeug steckt an LP 1 an	21 A		21 A		21 A	

Tabelle 8.5 *Gleichmäßige Verteilung ohne Strommessung*

8.6 Aktives Lastmanagement mit lokaler Verbrauchsanalyse

Aktion	Ladepunkte					
	1 22 kW 32 A	2 22 kW 32 A	3 22 kW 32 A	4 22 kW 32 A	5 22 kW 32 A	6 22 kW 32 A
1. Fahrzeug steckt an LP 3 an, Ladesteuerung gibt voll frei			32 A			
Messung ergibt bei LP3 eine maximale Stromaufnahme von			16 A			
Ladesteuerung reduziert auf			16 A			
2. Fahrzeug steckt an LP 5 an, Ladesteuerung gibt voll frei			16 A		32 A	
Messung ergibt bei LP5 eine maximale Stromaufnahme von			16 A		16 A	
Ladesteuerung reduziert auf			16 A		16 A	
3. Fahrzeug steckt an LP 1 an, Ladesteuerung gibt voll frei	32 A		16 A		16 A	
Messung ergibt bei LP1 eine maximale Stromaufnahme von	32 A		16 A		16 A	
Ladesteuerung lässt Stromwert auf	32 A		16 A		16 A	

Tabelle 8.6 *Bedarfsgerechte Verteilung mit Strommessung*

Bei diesem Verfahren könnte theoretisch ein Fahrzeug, das mit 16 A zu Laden beginnt und später auf 32 A erhöhen möchte, benachteiligt sein. Dies ist aber eher unwahrscheinlich.

Eine weitere Chance bietet dieses Ladeverfahren in Zusammenspiel mit der erweiterten Kommunikation nach ISO 15118. Die Ladestation erhält aus dem Fahrzeug die Information, welche Leistungsdaten das Bordladegerät hat und kann im Vergleich mit der gemessenen Stromaufnahme Rückschlüsse ziehen, ob die Werte plausibel sind. Das wiederum leistet einen Beitrag zur Funktionssicherheit des Gesamtsystems.

Noch deutlich anspruchsvoller würde die Steuerungsaufgabe werden, wenn die Berechnung der verfügbaren Leistung die Ladung mit 1- und 2-phasigen Bordladegeräten berücksichtigt. Auch solche Lösungen werden von Herstellern bereits angeboten.

Diese Punkte sind noch einfacher zu behandeln, wenn die gesamte Ladeinfrastruktur und die Fahrzeuge das Kommunikationsprotokoll ISO 15118 beherrschen. Dann kann bereits bei der ersten Freigabe an jedem Ladepunkt die korrekte Leistung reserviert werden.

8.7 Aktives Lastmanagement mit Schieflastausgleich

Alle Ladeparks in den vorangegangenen Abschnitten unterliegen bei Anschluss an das deutsche Niederspannungsnetz der TAB 2019 und der VDE AR N 4100:2019-04. Dort wird vorgeschrieben, dass die maximale Schieflast, also der Unterschied zwischen dem am stärksten und dem an schwächsten belasteten Außenleiter maximal 4,6 kVA (20 A) betragen darf. Bei der Ladeinfrastruktur hat der Betreiber für gewöhnlich keinen Einfluss darauf, welcher Ladepunkt von welchem Fahrzeug genutzt wird.

Um eine möglichst symmetrische Netzbelastung zu erzielen, wird bei mehreren Ladepunkten bei der Installation ohnehin darauf geachtet, dass die Außenleiter des Stromnetzes möglichst gleichmäßig auf den L1 der Ladepunkte verteilt werden. Dennoch kann nicht vermieden werden, dass zufällig zwei (oder mehrere) Fahrzeuge mit 1-phasigem Bordladegerät ausgerechnet an den Ladepunkten anstecken, die zufällig auf den gleichen Außenleiter des Stromnetzes angeschlossen sind (**Bild 8.6**).

In Summe belasten die beiden Elektrofahrzeuge nach Bild 8.6 das Stromnetz mit einer Schieflast von 7,4 kW (32 A), also höher als es in Deutschland am öffentlichen Niederspannungsnetz erlaubt ist. Mit der Strommessung jeder einzelnen Phase und der Kommunikation mit der zentralen Steuerung wird dies berücksichtigt und der Stromwert für die beiden Fahrzeuge auf 10 A reduziert.

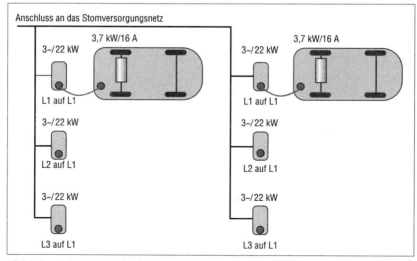

Bild 8.6 *Mehrere 1-phasige Lader auf gleichem Außenleiter des Stromnetzes*

Werden Fahrzeuge mit 3-phasigen Bordladegeräten angeschlossen, verändern diese die Schieflastsituation nicht. Das Lastmanagement reduziert die freigegebenen Stromwerte in den Fällen, die zum Überschreiten des maximalen Anschlusswertes führen würden.

8.8 Lastmanagement mit variabler Anpassung an den aktuellen Gebäudeverbrauch

Jedes Gebäude, egal ob Industrieanlage oder Wohngebäude, besitzt ein gewisses Lastprofil. Häufig ist es so, dass am Tag der Stromverbrauch im Gebäude wesentlich höher ist, als in der Nacht. In allen vorangegangenen Beispielen blieb dies unberücksichtigt.

Betrachtet man ein größeres Mehrfamilienhaus, in welchem zehn Bewohner ein Elektrofahrzeug anschaffen und natürlich auch zu Hause laden möchten. Das Gebäude hat einen Anschlusswert von 150 A. Bei einer Lastgangsmessung wurde ein maximaler Stromverbrauch von 110 A festgestellt. Mit 10 A Sicherheitsreserve könnten somit für die Ladeinfrastruktur 30 A als Vorgabe definiert werden. Wollen alle zehn Fahrzeug gleichzeitig laden, dann wären theoretisch pro Fahrzeug 3 A zur Verfügung. In der IEC 61851-1:2019-12 (VDE 0122-1) ist normativ der niedrigste Vorgabewert 6 A, also müssten mindestens fünf Fahrzeuge warten, bis andere Fahrzeuge das Laden beendet haben. Ob diese anderen Fahrzeuge das Laden über Nacht beenden können, hängt von weiteren Faktoren ab. Bei angenommen 1-phasigen Bordladegeräten und 30 kWh gewünschter Ladeenergie würde bei einem Ladestrom von 6 A das Laden theoretisch

$$t = \frac{W}{P} = \frac{W}{U \cdot I} = \frac{30\,\text{kWh}}{230\,\text{V} \cdot 6\,\text{A}} = \frac{30\,\text{kWh}}{1.380\,\text{W}} \approx 21{,}7\,\text{h} \quad \text{dauern.}$$

Das wäre für alle Beteiligten mehr als unbefriedigend.

Wenn die Lastgangsmessung gezeigt hat, dass die Stromaufnahme des Gebäudes nachts meist geringer als 30 A ist, dann könnten die Fahrzeuge viel effizienter geladen werden. Jedoch ist es nicht zielführend, einen festen Stromwert für das Lastmanagement vorzugeben, da dies die Möglichkeiten wegen unnötig großer Sicherheitsreserven stark einschränkt.

Eine nahezu ideale Lösung ist es, den Hausverbrauch aktiv zu messen und dem Lastmanagement für die Ladeinfrastruktur den Anschlusswert abzüglich Hausverbrauch und Sicherheitsreserve als Vorgabewert bereitzustellen.

Eine immer größer werdende Zahl an Ladeinfrastrukturherstellern bietet diese Möglichkeit heute schon an. Es gibt Lösungen für das Ein-, das Mehrfamilienhaus, bis hin zu Ladeparks mit mehreren hundert Ladepunkten.

8.8.1 Lastmanagement mit variabler Anpassung im Einfamilienhaus

Ein Einfamilienhaus hat meist einen geringen Anschlusswert und ebenfalls einen stark schwankenden Hausverbrauch (**Bild 8.7**). Um einen Ladepunkt immer möglichst optimal versorgen zu können, ohne gleichzeitig eine Leistungserhöhung beim VNB beantragen (und bezahlen) zu müssen, kann eine, an den Hausverbrauch angepasste, Ladesteuerung sinnvoll sein.

Der Hausverbrauch wird durch eine eigene Messstelle erfasst und im Lastmanagement berücksichtigt. Im realen Aufbau sind mehrere Varianten möglich. So kann die Messstelle und das Lastmanagement gemeinsam in einem Gehäuse integriert sein, oder das Lastmanagement ist Bestandteil einer intelligenten Ladestation.

Diese Lösung eignet sich auch gut zur Versorgung von zwei Ladepunkten in einer Doppelgarage. Der Besitzer muss sich einfach im Klaren darüber sein, dass nicht in jeder Lastsituation die volle Ladeleistung an den Ladepunkten bereitsteht.

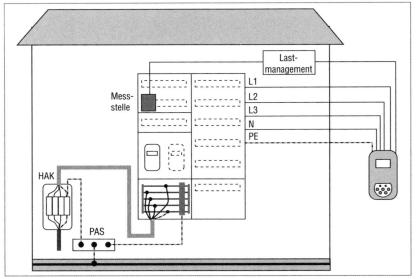

Bild 8.7 *An Hausverbrauch angepasste Ladesteuerung im Einfamilienhaus*

8.8.2 Lastmanagement mit variabler Anpassung im Mehrfamilienhaus/Wohnanlage

Da die Anschlusswerte bei Mehrfamilienhäusern und Wohnanlagen je Wohneinheit in aller Regel knapper ausgelegt werden als in Einfamilienhäusern, ist der Aufbau von umfangreicher Ladeinfrastruktur dort noch stärkeren Restriktionen unterworfen. Eine Messung des aktuellen Hausverbrauchs bietet hier entscheidende Vorteile, um die bestehende Leistungsreserve für die Ladeinfrastruktur bereitzustellen (**Bild 8.8**).

Vor allem bei Wohnanlage oder Firmen, welche nur tagsüber arbeiten, ist die allgemeine Stromaufnahme in der Nacht wesentlich geringer. Hier lohnt es sich in besonderer Weise, den aktuellen Verbrauch im Gebäude zu erfassen.

Eine weitere Optimierungsmöglichkeit ist zusätzlich gegeben, wenn die tatsächliche Stromaufnahme der einzelnen Ladepunkte, wie in Abschnitt 8.6 dargestellt, erfasst und vom Lastmanagement berücksichtigt wird.

Für Fahrzeuge, welche nur 1-phasig mit 16 A laden können, muss nicht 3-phasig ein Strom von 32 A bereitgestellt werden. Vor allem unter Ausnutzung des Kommunikationsprotokolls nach ISO 15118 bieten sich dem Lastmanagement weitere Möglichkeiten und eine Erweiterung des Funktionsumfangs wird schnell voranschreiten.

Unabhängig von allen Chancen, die diese Lastmanagementsysteme bieten, ist bei der Planung ein entsprechendes Augenmaß zu wahren. Die zur Verfügung stehende Leistung und die Anzahl der maximalen Ladepunkte muss in einem vernünftigen Verhältnis stehen.

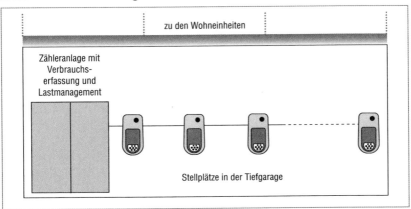

Bild 8.8 *An Hausverbrauch angepasste Ladesteuerung im Mehrfamilienhaus*

8.8.3 Lastmanagement mit variabler Anpassung bei einer Großanlage

Je mehr Ladepunkte in ein gemeinsames Lastmanagement einbezogen werden sollen, um so anspruchsvoller wird nicht nur die Auslegung der elektrotechnischen Versorgung von der Trafostation, unter Einbeziehung des VNB, bis hin zum letzten Ladepunkt. Hierbei handelt es sich dann nicht mehr um Standardlösungen, die immer passen, sondern um gezielte Planungen unter Berücksichtigung einer Vielzahl von Rahmenbedingungen.

Bei der in **Bild 8.9** vorgestellten prinzipiellen Lösung werden die aktuellen Stromwerte der Hauptpfade erfasst und in die Berechnungen des Lastmanagementsystems miteinbezogen.

Lösungen mit der Steuermöglichkeit für mehrere hundert Ladepunkte sind am Markt bereits verfügbar. Bei derart umfangreichen Lösungen zählt neben der Einhaltung der normativen Vorgaben insbesondere die Funktionssicherheit. Wenn alle zwei Stunden der Service gerufen wird, weil Kleinigkeiten zu Fehlern führen, bringt dies Nachteile für die schnelle Verbreitung der Elektromobilität mit sich. Stimmige Konzepte, von der Trafostation bis zum Ladepunkt, bestehen aus aufeinander abgestimmten Komponenten.

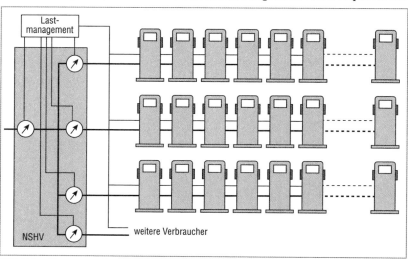

Bild 8.9 *Versorgung eines Großparkplatzes mit Lastmanagement*

8.9 Schlussbemerkungen zum Lastmanagement

Ein leicht ausgesprochener Wunsch ist oftmals das Zusammenspiel aller genannten Funktionen aus den Abschnitten 7 und 8. Dass viele Rahmenbedingungen hier einen Einfluss haben, die deutlich komplexer sind, als einfach Leistungsdaten zu addieren und zu vergleichen, wurde in der Einführung von Abschnitt 8.1 bereits an zahlreichen Punkten aufgezeigt. Eine allumfassende Lösung, oftmals „eierlegende Wollmilchsau" genannt, wird es vielleicht nie geben. Dennoch wird sich das Lastmanagement zukünftig, vor allem auch auf der Basis von ISO 15118, sehr stark weiterentwickeln. Die Normen für Ladestationen und Elektrofahrzeuge bieten schon heute die erforderlichen Kommunikationsmechanismen und Steuerungsmöglichkeiten. Der „kleine" Rest ist die intelligente Software.

das elektrohandwerk
www.elektro.net

Basics im Update

Schritt für Schritt führt dieses Buch in die Grundlagen der fachgerechten Elektroinstallation ein. Aufgrund aktueller Änderungen in Normen und Bestimmungen wurde diese 10. Auflage neu bearbeitet und an den aktuellen Stand angepasst. Zur Wissensvertiefung enthält jedes Kapitel abschließende Fragen, mit denen der Leser sein gelerntes Wissen überprüfen kann.

Neu hinzugekommen in dieser 10. Auflage sind u. a. Abschnitte zu:

- Brandklassen von Kabeln und Leitungen,
- Kleinspannungsbeleuchtungsanlagen,
- Erdung von Antennenanlagen,
- DALI 2,
- Schutzarten IP,
- Ermittlung von Leitungslängen mit Normtabellen,
- Ladestationen für Elektrofahrzeuge.

Gregor Häberle, Heinz O. Häberle
Einführung in die Elektroinstallation
10., neu bearbeitete und erweiterte Auflage 2020. 464 Seiten.
Softcover. € 32,80 (D).
Fachbuch:
ISBN 978-3-8101-0518-9
E-Book/PDF:
ISBN 978-3-8101-0519-6

Ihre Bestellmöglichkeiten auf einen Blick:

- Fax: +49 (0) 89 2183-7620
- E-Mail: buchservice@huethig.de
- www.elektro.net/shop

Hier Ihr Fachbuch direkt online bestellen!

9 Netzdienliches Laden von Elektrofahrzeugen

Das netzdienliche Laden umfasst zwei grundlegende Aspekte. Häufig wird darunter lediglich das bidirektionale Laden verstanden. Ebenso ist das Elektrofahrzeug als Energiespeicher interessant, wenn es lediglich um die Aufnahme elektrischer Energie aus dem Netz geht. Ist Energie „reichlich vorhanden", lädt das Fahrzeug. Anderseits lässt sich die Stromaufnahme während des Ladens reduzieren oder ganz unterbrechen, wenn es aus Sicht des Versorgungsnetzes notwendig ist.

9.1 Laden bei Energieüberschuss im Netz

In Abschnitt 1.3 wurde darauf hingewiesen, dass Deutschland sehr viel mehr Strom exportiert als importiert und wie viele Millionen Elektrofahrzeuge damit betrieben werden könnten. Darüber hinaus werden oft Windkraftwerke „aus dem Wind genommen", wenn die zu viel erzeugte elektrische Energie im Netz zu Problemen, sprich zur Überhöhung der Netzfrequenz, führen würde. Aus dem gleichen Grund werden auch die Wechselrichter von Photovoltaikanlagen in der Leistung reduziert, wenn die Energie im Netz nicht verbraucht werden kann. Diese Effekte sind in der oben erwähnten Rechnung noch nicht einmal berücksichtigt. Diese Energie könnte genutzt werden, um Elektrofahrzeuge zu laden.

Die meisten privat genutzten PKW fahren am Tag weniger als eine Stunde. Die restliche Zeit stehen sie. Das gleiche gilt auch für Elektrofahrzeuge. Sind diese während des Stillstands an eine, durch den VNB, steuerbare Ladestation angeschlossen, so könnte der gezielt die Fahrzeuge laden, wenn Energie im Überfluss vorhanden ist. Die Windkraftanlagen könnten wirtschaftlicher betrieben werden und die PV-Wechselrichter müssten nicht mehr so oft abgeregelt werden. Mit der Ausrüstung der modernen Zählerplätz mit elektronischen Haushaltszählern (eHZ) und Smart Meter Gateways (SMG) soll genau diese Steuerbarkeit erreicht werden (**Bild 9.1**). In der VDE-AR-N 4100:2019-04 wird die Steuerbarkeit bei bestimmten Ladepunkten schon verlangt und in den Anmeldeformularen der VNB für Ladepunkte, oftmals noch verschärft, vorgeschrieben.

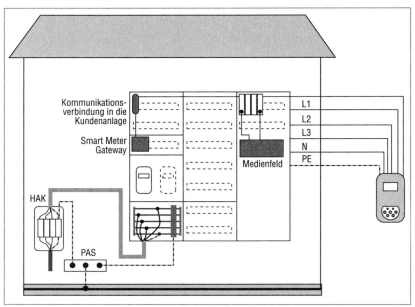

Bild 9.1 *Netzdienliches Laden*

Da inzwischen drei unabhängige Hersteller die Zertifizierung durch die Konformitätsbewertungsstelle erhalten haben, schreitet der Ausbau der Zählerplätze voran. Damit erhalten die VNB detaillierte Informationen zur aktuellen Verbrauchssituation und die Möglichkeit, Verbraucher in der Kundenanlage zu steuern. Bis der Ausbau flächendeckend im Bundesgebiet erfolgt ist, wird es jedoch noch Jahre dauern. Dennoch gilt auch hier der, dem chinesischen Philosophen *Lao-Tse* zugeschriebene Spruch: „Auch der weiteste Weg beginnt mit dem ersten Schritt".

Die einfachste Methode des „netzdienlichen Ladens" wäre die Nutzung eines Schaltkontaktes des, schon viele Jahrzehnte bewährten, Tarifsteuergerätes (TSG). Bei Nutzern von Zweitarifzählern (HT und NT), befindet sich das TSG ohnehin schon im Zählerschrank in einem eigenen Zählerfeld. Bei Drucklegung dieses Buches gab es noch nicht so viele Elektrofahrzeuge, dass diese Steuerfunktion nötig war, die Möglichkeiten dafür sind aber bereits geschaffen.

Unabhängig von der Steuerungsfunktion muss für den Elektromobilisten eines sichergestellt sein: Er muss immer über eine ausreichende Reichweite verfügen, um seine Fahrstrecken bewältigen zu können. Somit bedarf es vertraglicher Vereinbarungen, inwieweit er einen bestimmten Prozentsatz seiner Akkukapazität für die Steuerung durch den VNB bereitstellt. Da jedoch schon ein kleiner Prozentsatz, z. B. von 20 %, bei vielen Elektrofahrzeugen eine enorme Energiemenge repräsentiert, kann so ein Beitrag zur Stabilisierung des Versorgungsnetzes geleistet werden.

9.2 Bidirektionales Laden

Die Nutzung des Speichers im Elektrofahrzeug nicht nur zur Aufnahme von elektrischer Energie aus dem Netz, sondern auch wieder zur Abgabe ins Netz, wird als bidirektionales Laden bezeichnet. Viele Pilotprojekte haben schon dokumentiert, dass das funktionieren kann. Allerdings gibt es noch einige Hürden zu überwinden, bevor es in großem Umfang genutzt werden kann. Um nur einige zu nennen:
- Normativ sind noch nicht alle Details definiert.
- Die Regelung der Einspeisung und die Anforderungen an die Hardware erfordern die Einigung aller Beteiligten.
- Wer übernimmt die Garantie für die Traktionsbatterie, wenn die zusätzlichen Lade- und Entladezyklen eine schnellere Alterung bewirken?
- Welche finanziellen Anreize werden geboten?
- usw.

Trotz aller offenen Fragen ist das Thema „bidirektionales Laden" für die Stabilisierung des Stromversorgungsnetzes ein hochinteressantes Thema. Warum das so ist, soll an einem kleinen Zahlenbeispiel verdeutlicht werden.

Im Jahr 2004 wurde im westlichen Thüringer Schiefergebirge von Vattenfall [65] das Pumpspeicherkraftwerk Goldisthal in Betrieb genommen. Es besitzt eine Leistung von ca. 1.060 MWh und eine gespeicherte Energiemenge von ca. 9 GWh. Der Wirkungsgrad bleibt bei diesem einfachen Vergleich unberücksichtigt. Elektrofahrzeuge der neueren Generation besitzen Speicherkapazitäten in der Größenordnung von 40 kWh bis 100 kWh und Leistungen von oftmals 100 kW aufwärts. Davon sollen durchschnittlich 30 kWh je Fahrzeug und eine Leistung von 22 kW zum Einspeisen ins Versorgungsnetz genutzt werden. Damit geben sich im direkten Vergleich von Pumpspeicherkraftwerk und Elektrofahrzeugen die Zahlen aus **Tabelle 9.1**.

Parameter	Batteriespeicher des Elektrofahrzeugs	notwendige Anzahl an Elektrofahrzeugen	Pumpspeicher Goldisthal
max. Leistung	22 kW	ca. 50.000	ca. 1.060 MW
bereitgestellte Speicherkapazität	30 kWh	ca. 300.000	ca. 8,5 GWh

Tabelle 9.1 *Vergleich Pumpspeicherkraftwerk mit der Speicherkapazität von Elektrofahrzeugen*

Mit anderen Worten: 50.000 Elektrofahrzeuge, welche ans Stromnetz angeschlossen sind, könnten bereits bei vergleichsweise geringer Entladeleistung die gleiche Leistung erbringen wie das genannte Pumpspeicherkraftwerk, welches zudem das größte in Deutschland ist. Um den kompletten Energiegehalt abbilden zu können, würde es nach obigem Beispiel ca. 300.000 Elektrofahrzeuge erfordern. Diese Zahlen sind tatsächlich nicht utopisch hoch, sondern überschaubar. Im Netz wird zudem oftmals eine hohe Leistung in kurzer Zeit gefordert, um kritische Versorgungssituationen zu meistern, die hohe Energiemenge kommt dann erst an zweiter Stelle.

Diese Zahlen belegen auf klare Weise, warum das bidirektionale Laden weiterhin im Fokus steht, auch wenn die flächendeckende Umsetzung noch reichlich Zeit (Jahre) in Anspruch nehmen wird.

Aus Fahrzeugsicht wird das bidirektionale Laden vor allem bei DC-ladefähigen Elektrofahrzeugen interessant werden, da dort der technische Aufwand innerhalb des Fahrzeugs geringer ist, als bei Fahrzeugen, die nur mit AC-Lademöglichkeit ausgestattet sind. In diese Fahrzeuge müsste zusätzlich ein Wechselrichter, ähnlich den PV-Wechselrichtern, installiert werden, der die Gleichspannung der Batterie in eine netzsynchrone Wechselspannung umsetzt (**Bild 9.2**). Für alle Energieerzeugungsanlagen, zu denen dann auch das Elektrofahrzeug gehört, gilt es, die VDE-AR-N 4105:2018-11 [66] einzuhalten. Wohingegen die Ladestation selbst meist einfach ausfällt, da die technischen Vorschriften im Wesentlichen vom Wechselrichter im Fahrzeug erfüllt werden müssen.

Dieser zusätzliche Aufwand innerhalb des Fahrzeugs wird für eine Zurückhaltung oder zumindest für eine verzögerte Einführung sorgen. Eine Steuerung des Energieflusses durch den VNB aus dem Fahrzeug ist eine weitere Herausforderung, da die Fahrzeuge nicht beliebig in das Versorgungsnetz einspeisen dürfen.

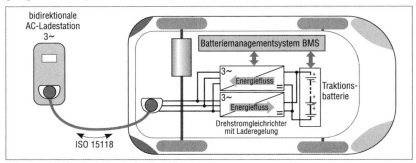

Bild 9.2 *Bidirektionales Laden bei AC-Fahrzeugen*

Viel leichter fällt die Realisierung bei Fahrzeugen mit DC-Ladung (**Bild 9.3**). Dort ist das fest installierte Ladegerät „direkt" mit den Gleichspannungsanschlüssen der Traktionsbatterie verbunden. Beim Laden nach dem, vor allem im asiatischen Raum stark verbreiteten, Standard CHAdeMO ist das Laden schon lange bidirektional möglich. Da dies jedoch nicht konform zu den Regeln zur Einspeisung ins deutsche Stromnetz ist, ist es noch nicht erlaubt.

Das in Europa präferierte DC-Ladesystem nach dem Combined Charging System (CCS) wurde anfangs nur zum Laden von Strom ins Fahrzeug konzipiert. Die damit in Verbindung stehende Kommunikationsnorm ISO 15118 wird für das bidirektionale Laden erweitert. Experten gehen davon aus, dass diese Entwicklung frühestens 2024 abgeschlossen sein wird.

Das Batteriemanagement muss für die Option des bidirektionalen Ladens entsprechend ertüchtigt werden. Der technologische Aufwand innerhalb des Fahrzeugs ist jedoch deutlich geringer als bei Elektrofahrzeugen, welche nur eine AC-Lademöglichkeit besitzen. Dafür ist der entsprechend höhere Technologieaufwand in der Ladestation mit permanenter Anbindung ans öffentliche Stromnetz notwendig. Diese Ladestationen sind kommunikativ durch den VNB durchgehend erreichbar.

Allgemein geht der Trend zu immer mehr Fahrzeugen mit DC-Schnellladenmöglichkeit, da die Kunden den berechtigten Wunsch haben, bei längeren Fahrten schnell nachladen zu können. Somit darf erwartet werden, dass sich das bidirektionale Laden im Schwerpunkt auf das DC-Laden konzentrieren wird.

In den DKE-Arbeitskreisen des VDE DKE 353.0.101 „Lastmanagement beim Laden von Elektrofahrzeugen auch unter Berücksichtigung von bidirektionalem Energiefluss", DKE 353.0.401 „Bidirektionales Laden" und der

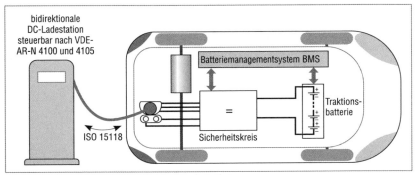

Bild 9.3 *Bidirektionales Laden mit DC-Ladestation*

FNN-Projektgruppe „Netzintegration Elektromobilität" wird intensiv an umsetzbaren Lösungen gearbeitet. Es müssen klare, am besten weltweit einheitliche Normen, Regeln und Standards geschaffen werden, um einen erfolgreichen Markthochlauf, ohne später notwendige teure Anpassungen, zu schaffen.

10 Arbeiten an Elektrofahrzeugen/Hochvoltsystemen

Bisher war in Personenkraftwagen (PKW) lediglich eine 12V/24V-Starterbatterie eingebaut, um alle elektrischen Betriebsmittel wie Anlasser, Beleuchtung, Scheibenwischer, Fensterheber, Radio (Multmedia-Entertainment-System), Navigationssystem und weitere elektrische Helfer im Fahrzeug mit elektrischer Energie zu versorgen. Von dieser Spannung ging aus elektrotechnischer Sicht keine direkte Gefahr für Gesundheit und Leben aus.

Mit dem Aufkommen von rein batterieelektrischen und Hybrid-Fahrzeugen, wurden die Spannungen immer höher, um die Ströme in beherrschbaren Grenzen zu halten. Spannungen von 230/400V auf AC-Seite wie auch DC-seitige mit bis zu 420V waren sehr schnell Standard in Elektrofahrzeugen. Bei modernen leistungsstarken Antrieben werden bereits heute Spannungen bis über 900V eingesetzt! Von Spannungen in dieser Höhe, die zudem noch enorme Energiemengen liefern können, geht bei unsachgemäßer Handhabung eine extreme Gefahr für Gesundheit und Leben aus. Die Fahrzeughersteller wenden Sicherheitsstandards an, die eine Gefahr für normale Nutzer und Rettungskräfte nahezu vollständig ausschließen. Alle Serien-PKW gehören zu den sogenannten eigensicheren Fahrzeugen.

Für Personen, die an Komponenten arbeiten müssen, die mit derart hohen Spannungen versorgt werden, können diese Spannungen jedoch zur Gefahr werden.

Bei der Suche nach einem Begriff, um diese Gefährlichkeit zum Ausdruck zu bringen, war sehr schnell klar, dass der Begriff „Hochspannung" ungeeignet ist, da er erst für Spannungen oberhalb von 1.000V normativ festgelegt ist. Für Wechselspannungen von 50V bis 1.000V und Gleichspannungen von 120V bis 1.500V ist in der Elektrotechnik die Bezeichnung „Niederspannung" festgelegt. Dieser Begriff spiegelt für Nichtelektrofachkräfte nicht ausreichend die Gefahr wieder, die von Spannungen in dieser Höhe ausgehen können.

So wurden für den Bereich der Elektromobilität die Bezeichnungen „Hochvolt" und „Hochvoltsystem" eingeführt. Dieser Begriff war normativ noch nicht anderweitig belegt und bringt die höhere Gefährdung gegenüber der klassischen 12V/24V-Starterbatterie zum Ausdruck.

Unter Hochvolt sind definiert:
- Wechsel-(AC-)Spannungen von 30 V bis 1.000 V und
- Gleich-(DC-)Spannungen von 60 V bis 1.500 V.

10.1 DGUV Information 200-005

Um Personen, die an Hochvoltsystemen arbeiten müssen, zu qualifizieren, wurde von der Deutschen Gesetzlichen Unfallversicherung (DGUV) im Juni 2010 zum ersten Mal die Information BGI/GUV-I 8686 „Qualifizierung für Arbeiten an Fahrzeugen mit Hochvoltsystemen" herausgegeben. Im April 2012 wurde die überarbeitete und bis heute gültige Fassung veröffentlicht. Durch eine Neuordnung der Unfallverhütungsvorschriften bei der DGUV trägt diese inzwischen die Bezeichnung DGUV Information 200-005:2012-04 [67]. Diese ist aktuell noch gültig, befindet sich jedoch in Überarbeitung, da in den letzten acht Jahren immense Fortschritte bei Elektrofahrzeugen gemacht wurden.

Die DGUV unterscheidet den Qualifizierungsbedarf als erstes nach drei unterschiedlichen Tätigkeitsschwerpunkten:
- Forschung und Entwicklung,
- Produktions- und Herstellungsprozess und
- Servicewerkstätten.

Im Folgenden werden ausschließlich die Qualifizierungsstufen für das Servicepersonal in den KFZ-Werkstätten an eigensicheren Fahrzeugen detaillierter wiedergegeben. Eigensicherheit bedeutet, dass durch technische Maßnahmen ein vollständiger Lichtbogen- und Berührungsschutz gegenüber dem Hochvoltsystem gewährleistet ist.

Je nach Umfang der auszuführenden Arbeiten wird zwischen drei Qualifizierungsstufen unterschieden, welche je nach Vorkenntnissen verschiedene vorgeschriebene Mindestzeitumfänge fordern:
- Hochvolt Stufe 1: Nichtelektrotechnische Arbeiten,
- Hochvolt Stufe 2: Arbeiten im spannungsfreien Zustand,
- Hochvolt Stufe 3: Arbeiten an unter Spannung stehenden Energiespeichern und an Prüfplätzen.

Bild 10.1 zeigt die Wege bis zur Stufe 2 bei unterschiedlichen Vorkenntnissen.

Das Erreichen der HV-Stufe 3 ist für Servicemitarbeiter in den KFZ-Werkstätten nicht erforderlich, da sie keine Arbeiten an unter Spannung stehenden Hochvoltkomponenten ausführen dürfen. Der Einsatz von On-Board-Systemen oder zugelassenen Diagnosesystemen zur Fehlersuche ist erlaubt.

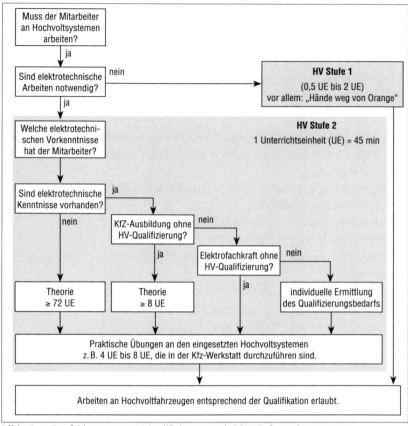

Bild 10.1 *Empfehlungen zur HV-Qualifizierung nach DGUV Information 200-005*

10.2 HV-Qualifizierung nach Stufe 1: nichtelektrische Arbeiten

Personen mit einer Qualifizierung nach HV-Stufe 1 dazu sind berechtigt, an Hochvoltsystemen (Elektrofahrzeugen) nicht elektrische Arbeiten auszuführen. Dazu gehören

- Reifenwechsel,
- Wechsel der Wischerblätter,
- Nachfüllen von Betriebsstoffen,
- Karosseriearbeiten,

- Reinigungsarbeiten am und im Fahrzeug
- usw.

Mit der Qualifizierung nach HV-Stufe 1 ist der Mitarbeiter über die Bedeutung der orangen Leitungen und Komponenten informiert. Stellt er Beschädigungen an diesen fest, hat er die festgelegte anzusprechende Person zu informieren. Als einzige zusätzliche Sicherungsmaßnahme ist ihm das „Ziehen" des Service-Disconnect gestattet.

Empfehlung für die Kursinhalte nach DGUV Information 200-005:2012-04:
- Bedienen von Fahrzeugen und der zugehörigen Einrichtungen (z. B. Prüfstände),
- Durchführung allgemeiner Tätigkeiten, die keine Spannungsfreischaltung des HV-Systems erfordern,
- Durchführung aller mechanischen Tätigkeiten am Fahrzeug (Aber: „Hände weg von Orange!"),
- Service-Disconnect „Ziehen und Stecken" als zusätzliche Sicherungsmaßnahme,
- Festlegen der anzusprechenden Person bei Unklarheiten,
- unzulässige Arbeiten am Fahrzeug und
- Dokumentation der Unterweisung.

Dauer: 0,5 UE bis 2 UE

Bei diesen Inhalten handelt es sich um einen Vorschlag, der im Bedarfsfall an die örtlichen und technischen Gegebenheiten anzupassen ist.

Die Anweisungen des Fahrzeugherstellers in den Bedien- und Serviceanleitungen sind zu beachten.

Jedem Fahrer, Fuhrparkmitarbeiter oder sonstigen Personen sollte mindestens eine Qualifizierung nach HV-Stufe 1 angeboten werden.

10.3 HV-Qualifizierung nach Stufe 2: Arbeiten im spannungsfreien Zustand

Werden bei Reparatur- und Servicearbeiten der Ausbau und/oder Austausch von Hochvolt-Komponenten notwendig, ist eine Qualifizierung nach HV-Stufe 2 nachzuweisen.

Diese geschulten Mitarbeiter haben die Berechtigung, nach dem „Ziehen" des Service-Disconnect die Spannungsfreiheit festzustellen, da an unter Spannung stehenden Teilen von elektrischen Betriebsmitteln nicht gearbeitet werden darf.

10.3 HV-Qualifizierung nach Stufe 2: Arbeiten im spannungsfreien Zustand

Grundlage hierfür ist die Anwendung der fünf Sicherheitsregeln:
- Freischalten („Ziehen" des Service-Disconnect)
- Gegen Wiedereinschalten sichern (z. B. Stecker einschließen)
- Spannungsfreiheit feststellen (an vorgeschriebenen Messpunkten)
- (Erden und Kurzschließen)
- (Benachbarte unter Spannung stehende Teile abdecken oder abschranken)

Jeder Fahrzeughersteller erstellt für das Servicepersonal umfangreiche Serviceanleitungen, die Bestandteil der praktischen Qualifizierung in der Werkstatt sind. Wie in Bild 9.4 dargestellt ist, ist dies der Hauptbestandteil der Unterweisung für die Elektrofachkräfte (nicht zu verwechseln mit der Elektrofachkraft für festgelegte Tätigkeiten!).

Personen mit *Ausbildung im KFZ-Bereich und Kenntnissen im elektrotechnischen Bereich* werden nachfolgende Qualifizierungsinhalte empfohlen, die ebenfalls an die örtlichen und technischen Gegebenheiten am Einsatzort des Mitarbeiters anzupassen sind.

Einsatz von HV-Systemen in Fahrzeugen:
- Einführung in das Thema „Alternative Antriebe"
- Aufbau, Funktion und Wirkungsweise von alternativen Antrieben
  - Brennstoffzellenfahrzeuge,
  - Hybridantriebe,
  - Elektrofahrzeuge (BEV)
- Brennstoffzellen-/Hybridfahrzeuge: Konzepte und Betriebsmodi
- HV-Komponenten:
  - Brennstoffzellen, HV-Batterien und -Akkumulatoren, Leistungselektronik,
  - DC/DC-Wandler, Drehstrom-, Synchron- und Asynchronmaschinen, sonstige sicherheitskritische Komponenten
- Federal ECE Regel 100
- Motor Vehicle Safety Standard 305 (FMVSS 305)
- Zeichnen von Energieflüssen bei verschiedenen Betriebsarten des Hybrid-Systems
- Berechnung von Körperströmen bei Isolationsfehlern und deren Gefahren
- Gefährdungsbeurteilung von Brennstoffzellen-/Hybrid-/Elektrofahrzeugen
- Schutzklassen/-arten
- R_i von verschiedenen Akku-Zellen bestimmen

- Spannungsfreiheit am Hybrid-Fahrzeug/Elektrofahrzeug herstellen
- Messungen am HV-System
- Tausch von eingebauten Komponenten
- Inbetriebnahme mit Bestimmung des R_{ISO} des HV-Systems mit/ohne Fehler am HV-System
- Messungen (Spannungsfall und Potential) an hochohmigen Kreisen am konventionellen Fahrzeug unter Berücksichtigung des R_i der Messmittel
- Kapazitäts- und Induktivitätsbestimmung mit DSO und Multimeter
- Bestimmen von Pulsweite, Frequenz am konventionellen Fahrzeug mit dem DSO
- Schaltungen zur Gleichspannungstransformation mit und ohne Potentialtrennung aufbauen/verstehen
- Mess-Übungen am Hybrid-Fahrzeug:
  – Lage der Komponenten,
  – Stecken und Ziehen des Wartungssteckers (Service Disconnect),
  – Überprüfung der Potentialfreiheit (Isolation), Messungen, HV+ gegen HV- und gegen Karosserie
- Kennzeichnungen nach Fahrzeugnormen/DIN VDE-Normen
- Unfallverhütungsvorschriften
- Leitungen und Kabel:
  – Aderaufbau, Ader- und Mantelisolierung
  – Aderkennzeichnung nach DIN VDE 0293
  – fachgerechte elektrische Verbindungen
  – Zurichten von fein- und feinstdrähtigen Leitungen
  Dauer: ≥ 8 UE zuzüglich der praktischen Unterweisung

Soll ein Mitarbeiter mit *Ausbildung im KFZ-Bereich ohne elektrotechnische Kenntnisse* Arbeiten im spannungsfreien Zustand durchführen, so müssen diesem vorab, nach der Empfehlung der DGUV Information 200-005, noch umfangreiche elektrotechnische Grundkenntnisse vermittelt werden.

Elektrische Gefährdungen und Erste Hilfe:
- Auswirkungen auf den Menschen
- Reizschwellen
- Loslassschwelle
- Herzkammerflimmern
- Verbrennungen
- Einwirkungsdauer des Stromes auf den Körper
- Widerstand des menschlichen Körpers

- gefährliche Körperströme
- maximale Berührungsspannung
- Allgemeines zur Ersten Hilfe
- Unfälle durch den elektrischen Strom
- Maßnahmen bei Verletzungen
- Erste Hilfe bei Verletzungen durch den elektrischen Strom
- Aufzeichnung der Erste-Hilfe-Leistungen
- Unfallmeldung

Schutzmaßnahmen gegen elektrische Körperdurchströmung und Störlichtbögen:
- Einteilung der Schutzmaßnahmen und wichtige Begriffe
- Schutz gegen direktes Berühren
- Schutz durch Isolierung aktiver Teile
- Schutz durch Abdeckung oder Umhüllung
- Schutz gegen direktes Berühren und bei indirektem Berühren (Kleinspannung)
- Schutz bei indirektem Berühren (Schutz gegen gefährliche Körperströme im Fehlerfall)
- Schutzisolierung
- Schutztrennung
- Schutz durch Abschaltung
- Schutzeinrichtung
- Netzsysteme
- Schutzmaßnahmen im IT-System
- Aufgabe des Schutzpotentialausgleiches

Anforderungen und entsprechende Maßnahmen:
- Schutzmaßnahmen
- Überstromschutzeinrichtungen
- RCD (FI-Schutzschalter)
- Prüfungen in Anlehnung an DIN VDE 0100-600
- Sichtkontrolle
- Isolationswiderstandsmessungen
- Funktionsprüfung
- Organisation und Dokumentation der Prüfungen

Organisation von Sicherheit und Gesundheit bei elektrotechnischen Arbeiten:
- Arbeitsschutzsystem
- Europäische Rechtsetzung (EG-Niederspannungsrichtlinie)
- Nationale Rechtsetzung (Arbeitsschutzgesetz, Betriebssicherheitsverordnung mit TRBS)
- Unfallverhütungsvorschriften „Grundsätze der Prävention" (DGUV Vorschrift 1), „Elektrische Anlagen und Betriebsmittel" (DGUV Vorschrift 3)
- Regeln der Technik (DIN, EN, VDE, weitere Normen, z. B. für Messtechnik)
- Gefährdungsbeurteilung und Gefährdungsanalyse
- Inhalte „Elektrische Anlagen und Betriebsmittel" (DGUV Vorschrift 3 und DIN VDE 0105-100),
- Maßnahmen zur Unfallverhütung: Die fünf Sicherheitsregeln
- Instandhaltung, Inbetriebnahme, Wartung und Service
- Maßnahmen bei der Fehlersuche an unter Spannung stehenden Teilen
- Sicherheit durch persönliche Schutzausrüstung und Hilfsmittel
- Hinweisende Sicherheitstechnik, Warnschilder

Fach- und Führungsverantwortung:
- Delegationsverantwortung der Führungskräfte
- Verantwortung der Elektrofachkraft
- rechtliche Konsequenzen

Mitarbeiterqualifikationen im Tätigkeitsfeld der Elektrotechnik:
- Wer darf Arbeiten an der elektrischen Anlage ausführen?
- Unterweisung von elektrotechnischen Laien, Einsatz von Arbeitskräften

Dauer: ≥ 72 UE zuzüglich der praktischen Unterweisung

An dieser detaillierten Aufstellung ist klar zu erkennen, dass das Thema „Sicherheit" bei der Hochvoltschulung einen extrem hohen Stellenwert genießt. Sie soll auch Arbeitgeber dazu aufrufen, Mitarbeiter, die gewerblich mit dem Umgang mit Elektrofahrzeugen betraut werden, entsprechend zu qualifizieren.

10.4 HV-Qualifizierung nach Stufe 3: Prüfen unter Spannung

Diese ist vor allem für Mitarbeiter in der Forschung und Entwicklung von Bedeutung und wird hier nicht näher behandelt. Detaillierte Angaben sind in der DGUV Information 200-005:2012-04 enthalten.

Haftung?!

Dieses Buch betrachtet mit Fokus auf die Elektrotechnik die Verantwortung und Haftung von Firmeninhabern, Organisationsverantwortlichen und nicht zuletzt von Personen, die vertraglich die Verantwortung für bestimmte Bereiche übernommen haben.

Das sind die Themen des Buches:
- Der Begriff Verantwortung,
- Verantwortliche in Unternehmen,
- Betreiberverantwortung,
- die Rechtsordnung,
- Rechtsnormen und Regeln der Technik,
- Haftungsarten,
- Handeln und Unterlassen: Garantenstellung,
- Pflichtenübertragung,
- Rechtspflichten.

Ihre Bestellmöglichkeiten auf einen Blick:

Hier Ihr Fachbuch direkt online bestellen!

11 Zukunftsthemen

Da wir alle keine Glaskugel besitzen, kann niemand genau sagen, wie die Welt von morgen aussehen wird. Schon heute findet Elektromobilität nicht nur auf der Straße statt. Sportboote und große Fähren sind mit Elektroantrieb im Einsatz. Kleinflugzeuge, wie auch Konzepte für Passagierflugzeuge werden entworfen. Es gibt jedoch eine Vielzahl von weiteren Entwicklungen, die entweder direkt mit der Elektromobilität verbunden sind oder zumindest helfen, die Elektromobilität weiter voran zu bringen. Einige davon werden in den nachfolgenden Abschnitten aufgezeigt.

11.1 Wohnungseigentumsmodernisierungsgesetz

Während der Arbeiten an diesem Buch wurde von der Bundesregierung endlich der lange erwartete Schritt hinsichtlich einer Erleichterung der Rahmenbedingungen zur Installation von Ladeinfrastruktur in Wohnungseigentümergemeinschaften vollzogen. Die Bundesregierung hat den im Januar 2020 vorgelegten Referentenentwurf im März 2020 beschlossen [68]. Damit wird die seit langer Zeit bestehende Notwendigkeit einer 100%igen Zustimmung aller Wohnungseigentümer entfallen. Es wird ein grundsätzlicher Anspruch eines Mieters oder Eigentümers auf die Möglichkeit der Errichtung einer Lademöglichkeit für sein Elektrofahrzeug geschaffen. Weitere Informationen dazu können auf der Website der Bundesregierung direkt [69], wie auch im gesamten Wortlaut des Gesetzentwurfes (Umfang 109 Seiten) [70] nachgelesen werden.

Eine Zustimmung des Bundesrates zu diesem Gesetz ist nicht erforderlich. Einziger Wermutstropfen ist der Umstand, dass aufgrund von Aspekten der Digitalisierung, die Durchführung von Eigentümerversammlungen und Beschlussfassung noch angepasst werden soll. Deshalb kann dieses Gesetz noch nicht in Kraft treten. Da das öffentliche Leben in Deutschland derzeit stark eingeschränkt ist, kann noch nicht vorhergesagt werden, wann es soweit sein wird. Bis zur Drucklegung des Manuskripts war das Gesetz leider noch nicht in Kraft. Erfreulich ist dennoch, dass die Elektromobilität im Bereich der Wohnungseigentümergemeinschaften Fortschritte macht.

11.2 Fahrerassistenzsysteme/autonomes Fahren

Fahrassistenzsysteme sind bereits in viele Fahrzeuge integriert. Sie bilden quasi die Zwischenstufen auf dem Weg zum selbstfahrenden Auto. Die Entwicklung von autonomen, also selbstfahrenden, Fahrzeugen ist eine gewaltige Herausforderung für die Automobilindustrie. Denn es geht hier nicht mehr vorrangig um die mechanische Konstruktion eines Motors, der noch höhere Leistungen bringt oder um eine Verbesserung des Abgasreinigungssystems, sondern hauptsächlich um intelligente Software. Um diese Herkulesaufgabe bewältigen zu können, wird der Weg vom fahrergeführten zum autonomen Fahrzeug in Stufen (Levels) aufgeteilt. Am häufigsten findet sich in der Literatur ein fünfstufiger Entwicklungszyklus, wie dieser auch von der Internationalen Ingenieurs- und Automobilvereinigung in der Norm SAE J 3016:2014-01 [71] definiert worden ist:

- Stufe 1   assistiert
- Stufe 2   teilautomatisiert
- Stufe 3   hochautomatisiert
- Stufe 4   vollautomatisiert
- Stufe 5   autonom

Zusätzlich ist dort auch noch eine Stufe 0 definiert, welche das klassische Fahren ohne Automatisierung beschreibt. Dennoch kann bei diesen Fahrzeugen bereits eine Notfallbremsung, oder Warnfunktion bei Verlassen der Spur oder Hindernissen im toten Winkel und ähnliches realisiert sein.

Stufe 1 assistiertes Fahren

In dieser Stufe ist der Fahrer voll verantwortlich für das Führen des Fahrzeugs. Er muss den Verkehr ständig im Blick haben und haftet für Verkehrsverstöße und Schäden. Es gibt jedoch Assistenzsysteme, die bei bestimmten Aufgaben unterstützen können. Hierzu gehören beispielsweise:

- der Tempomat, der eine gewählte Geschwindigkeit beibehält,
- ein automatischer Abstandsregeltempomat (ACC, adaptive cruise control), er sorgt dafür, dass der Sicherheitsabstand zum vorausfahrenden Fahrzeug nicht unterschritten wird, indem er automatisch beschleunigt und bremst,
- der automatische Spurhalteassistent, der das Fahrzeug in der Fahrspur hält
- usw.

Diese Funktionen sind schon heute vielfach in Fahrzeugen anzutreffen.

Stufe 2 teilautomatisiertes Fahren
Auch hier ist der Fahrer wie in Stufe 1 voll verantwortlich. Das Fahrzeug kann einzelne Aufgaben teilweise selbst, ohne Eingreifen des Fahrers ausführen:
- automatisch einparken,
- überholen,
- auf der Autobahn gleichzeitig die Spur halten und bremsen oder beschleunigen
- usw.

Allerdings muss der Fahrer die Automatikfunktionen immer überwachen, damit er notfalls eingreifen kann, auch wenn er kurzzeitig die Hände vom Lenkrad nimmt.

Stufe 3 hochautomatisiertes Fahren
Die Hersteller definieren, in welchen Fällen das Fahrzeug selbständig fahren kann und der Fahrer sich abwenden darf, um sich anderen Dingen, z. B. den Kindern auf dem Rücksitz zuzuwenden. Erkennt das System ein Problem, muss der Fahrer umgehend die Kontrolle wieder übernehmen. Er haftet nur, wenn er das nicht befolgt. Seit 2017 gibt es in Deutschland den rechtlichen Rahmen für den Fahrzeugbetrieb in Stufe 3. Ein paar Details sind leider noch nicht ganz geklärt, z. B. wer den Strafzettel bezahlt, wenn das Tempolimit nicht beachtet wird oder ob das Handyverbot gilt.

Stufe 4 vollautomatisiertes Fahren
Das Fahrzeug kann in dieser Stufe bereits völlig selbständig fahren und bewältigt dabei auch längere Strecken. Der Fahrer wird zum Passagier. Das Fahrzeug darf auch ohne Passagiere fahren. Die Passagiere haften nicht für Schäden oder Verkehrsverstöße während der vollautomatisierten Fahrt. Die Passagiere dürfen schlafen, Zeitung lesen, spielen usw.

Allerdings gibt es in Deutschland noch keinen rechtlichen Rahmen für diese Stufe.

Stufe 5 autonomes Fahren
Es gibt nur noch Passagiere, die bei Unfällen, Verkehrsverstößen, usw. nicht haften müssen. Auch hier sind Fahrten ohne Passagiere möglich. Alle Fahrfunktionen werden von autonomen Fahrzeugen vollkommen selbständig bewältigt.

Auch hier gibt es noch keinen rechtlichen Rahmen in Deutschland für den Betrieb dieser Fahrzeuge.

Im Silicon Valley in Kalifornien zählen bereits viele Hundert autonome Fahrzeuge zum Straßenbild. Dort erproben nahezu alle namhaften Fahrzeughersteller ihre Fahrzeuge, um die Entwicklung weiter voran zu bringen. Wer zu diesem Thema weitere Informationen lesen möchte, dem sei das Buch „Der letzte Führerscheinneuling ist bereits geboren" von Dr. Mario Herger oder seine Website [72] empfohlen. Vielleicht findet der eine oder andere Leser seine Ansichten und Darstellungen etwas reißerisch und populistisch. In jedem Fall regen sie zum Nachdenken an.

Da Elektromotoren viel direkter geregelt werden können, als dies bei Verbrennungsmotoren möglich ist, eignen sich Elektrofahrzeuge im Besonderen für diese automatisierten Fahrfunktionen.

11.3 Flugtaxis

Vor dem Hintergrund der immer stärkeren Urbanisierung und dem damit erhöhten innerstädtischen Verkehrsaufkommen, entwickeln clevere Köpfe Lösungen, welche helfen sollen, den Verkehrskollaps zu vermeiden.

Eine dieser Entwicklungen lässt sich unter dem Begriff VTOL (vertical take off and landing) zusammenfassen. Diese, meist mit einer Vielzahl von Elektromotoren betriebenen Fluggeräte befinden sich zum größten Teil noch in der Piloterprobungsphase oder haben nur Konzeptstatus. Einzelne jedoch befinden sich bereits in erweiterter Erprobung, wie beispielsweise das Produkt eines Herstellers von der Polizei in Dubai auf Alltagstauglichkeit getestet wird. In **Bild 11.1** sind einige dieser „Flugzeuge" dargestellt.

Bild 11.1 *Einige Beispiele für VTOLs, teils Konzept, teils bereits im Einsatz*

Inwieweit diese VTOLs Spielzeuge für einige Reiche bleiben werden oder ob sie in Zukunft tatsächlich die Mobilität in Ballungszentren für alle unterstützen, wird sich zeigen.

11.4 Weitere Ladesysteme

Ein Wunsch wäre die Verfügbarkeit von DC-Ladestationen mit kleinerer Leistung, wie jedoch in Abschnitt 3.2 bereits erläutert wurde, sind diese aktuell noch sehr teuer. Am Markt sind aber bereits Produkte zu finden, die preislich deutlich günstiger sind.

Es ist nur eine Frage der Zeit, bis auf diesem Gebiet die Elektronikentwicklung, letztlich auch bewirkt durch Skalierungseffekte über die Stückzahlen, DC-Ladestationen hervorbringt, welche für den Anschluss im privaten Umfeld sowohl von der Leistung wie auch vom Preis her attraktiv sein werden.

Laderoboter
Das kabelgebundene Laden wird oftmals als umständlich und nicht kundenfreundlich genug beschrieben. Mit der Erprobung von Laderobotern, welche die Ladedose automatisch öffnen, das Ladekabel einstecken und den Lade- sowie Abrechnungsprozess ohne das Zutun des Fahrers selbsttätig abwickeln, werden ebenfalls erprobt. Ob sich solche Systeme in der Praxis durchsetzen werden, wird die Zeit zeigen. Dort, wo ein autonom fahrendes Fahrzeug einparkt und geladen werden soll, ist dies sicher ein interessanter Aspekt. Allerdings kann da auch das kabellose, das induktive, Laden seine Vorteile ausspielen.

Auf der anderen Seite: Beim Tanken von Verbrennerfahrzeugen ist es selbstverständlich, dass der Tankrüssel von Hand in den Tankstutzen eingeführt wird. Niemand hat nach einem Tankroboter verlangt. Im Gegenteil, während es anfangs nur dem Tankwart erlaubt war zu tanken, weil dies einem normalen Nutzer aus Sicherheitsgründen nicht erlaubt war, wurden die Zapfsäulen weiterentwickelt, damit alle selbst tanken konnten.

Laden über Kontaktplatten im Boden
Ein Hersteller hat ein kontaktbehaftetes Ladeverfahren vorgestellt, bei welchem eine Vielzahl von Kontaktpunkten in einer Bodenplatte eingelassen sind. Aus dem Elektrofahrzeug senkt sich ein „Kontaktrüssel" zur Boden-

platte ab. Welche Kontaktpunkte mit welchem Potenzial versorgt werden, entscheidet das System anhand der Position des Kontaktrüssels. Dadurch wird eine große Toleranz bezüglich der Positioniergenauigkeit erreicht. Laut Herstellerangaben beträgt diese bis zu 400 mm in beide Richtungen. Der Wirkungsgrad soll zudem deutlich höher sein als beim induktiven Laden (bis > 99 %). Ladeleistungen für das AC-Laden werden mit bis zu 22 kW und das DC-Laden mit bis zu 43 kW angegeben.

Induktives Laden während der Fahrt
Ein immer wieder aufgegriffenes Thema ist das induktive Aufladen während der Fahrt. Das Thema wird in verschiedenen Medien kontrovers diskutiert. Zum einen wäre es natürlich super, wenn der Fahrzeugakku vollgeladen ist, wenn man am Ziel eintrifft. Andererseits ist die Ladeleistung eventuell geringer als der Verbrauch während der Fahrt. Trotzdem könnte mit diesem Verfahren die Reichweite deutlich erhöht werden. Voraussetzung ist, dass sich für das induktive Laden ein einheitlicher Standard durchgesetzt hat, der auch von den Fahrzeugherstellern in die Fahrzeuge integriert wird. Es wird also noch einige Zeit dauern, bis sich flächendeckende oder Teilbereiche umfassende Lösungen abzeichnen. Auch die damit in Zusammenhang stehende Veröffentlichung eines Münchner Unternehmens, welches einen leitfähigen Beton vorgestellt, darf mit Spannung weiter beobachtet werden.

11.5 Energiemanagementsysteme der Zukunft

Sämtliche in den Abschnitten 8.2 bis 8.8 vorgestellten Energiemanagementsysteme sind entweder proprietär oder Ergebnis der direkten Abstimmung der jeweiligen Hersteller.

Einen anderen Ansatz verfolgt die EEBUS Initiative e.V. [73]. Dieser Zusammenschluss vieler Hersteller von Elektrogeräten unterschiedlichster Prägung, Energieversorgern, Verbänden und Gremien erarbeitet einen gemeinsamen Kommunikationsstandard. Nur so ist ein sektorenübergreifendes Energiemanagement effektiv möglich. Es gibt bereits erste Produkte, auch im Automobilsektor, die die „Sprache EEBUS" verwenden.

Somit wird der EEBUS-Kommunikationsstandard eine wichtige Rolle einnehmen und zum Gelingen der Energiewende beitragen. Wenn alle Verbraucher und Erzeuger, unabhängig davon, ob es um Wärme, Waschen, Photovoltaik, Elektromobilität usw. geht, eine gemeinsame Sprache sprechen, kann deren Zusammenspiel optimal gesteuert und darüber hinaus netzdienlich gestaltet werden. Durch die intelligente Vernetzung mit EE-BUS wird die Elektromobilität nicht zur Belastung für das Versorgungsnetz, sondern leistet einen wesentlichen Beitrag zur Versorgungssicherheit, so die Intention.

11.6 Batterieentwicklung

Die Entwicklung der Lithium-Ionen-Batterien hat in den zurückliegenden Jahren gewaltige Fortschritte gemacht. Aus den Forschungszentren gibt es immer wieder Meldungen, die noch höhere Leistungsdichten und fallende Preise in Aussicht stellen.

Festkörperbatterie/Feststoffbatterie
Eine sehr erfolgversprechende Entwicklung nennt sich Festkörperbatterie. Bei diesen Batterietypen besteht neben den Elektroden auch der „Elektrolyt" aus einem festen Material. Daher der Name Festkörper- oder Feststoffbatterie. Diesen Akkumulatoren wird eine deutlich höhere Energiedichte, deutlich geringeres Brandrisiko, einfachere Kühlmöglichkeit als bei den bisher bekannten Lithium-Ionen-Akkus zugeschrieben. In Presseberichten wird mehrfach Toyota mit einer Massenfertigung frühestens ab 2025 zitiert [74].

Während die meisten dieser Festkörperbatterien mit Lithium-Anode arbeiten, wurde Mitte März 2020 in verschiedenen Medien [75] über die Entwicklung und die Vorstellung des Prototypen einer Festkörperbatterie aus dem Hause Samsung berichtet. Diese soll statt mit einer Lithium-Anode mit einem Kompositmaterial aus Silber und Karbon arbeiten. Laut Pressebericht ist neben einer noch höheren Kapazität auch die Gefahr der Bildung von Metalldendriten nicht mehr gegeben. Die Forscher stellen eine Fahrzeugreichweite von bis zu 800 km in Aussicht, was bei 1.000 Ladezyklen einer Batterielebensdauer von 800.000 km entspricht. Allerdings besteht wohl noch erheblicher Forschungsbedarf, um diese Technologie für eine Massenproduktion tauglich zu machen.

Diese wenigen Beispiele zeigen, welches Potenzial in der Elektromobilität steckt und welche zukünftigen Entwicklungen noch kommen werden. Der Autor ist sich sicher, dass noch viele Forschungsprojekte im Geheimen laufen und über die erst berichtet wird, wenn die Zeit dafür reif ist.

Fachwissen für unterwegs

Die wichtigsten Formeln, Symbole und Einheiten perfekt für die Hosen- oder Werkzeugtasche. Unkompliziert und schnell eine Formel oder ein Symbol nachschauen, die / das gerade nicht greifbar ist.

Enthalten sind die wichtigsten Formeln und Einheiten aus folgenden Bereichen:

- elektrotechnische Grundgesetze,
- Widerstandsschaltungen,
- elektrisches/magnetisches Feld,
- Wechsel-/Drehstrom,
- Leistungsberechnung,
- Wechselstromwiderstände,
- Wechselstromkreise (RC/RL/RLC),
- u.v.m.

Jörg Veit
**WissensFächer –
Formeln für
Elektrotechniker**
2. durchgesehene Auflage 2015. 64 Seiten (32 Doppelkarten mit Buchschraube), € 17,95.
ISBN 978-3-8101-0398-7

Ihre Bestellmöglichkeiten auf einen Blick:

Fax: +49 (0) 89 2183-7620

E-Mail: buchservice@huethig.de

www.elektro.net/shop

Hier Ihr Fachbuch direkt online bestellen!

12 Schlussbemerkungen

Nicht nur die Wachstumsprognosen, sondern auch die Vielzahl der Themen, an welchen geforscht und entwickelt wird, sind ein klares Indiz dafür, dass die Elektromobilität zukünftig einen wesentlichen Anteil in unserer privaten und öffentlichen Mobilität einnehmen wird.

Die Elektromobilität ist vielfältig und nicht nur auf den PKW reduziert. All diese Fahrzeuge benötigen Strom zum Fahren. Dass die Installation der Ladeinfrastruktur an viele Rahmenbedingungen gebunden ist, wurde im vorliegenden Buch ausführlich dokumentiert. Aus diesem Grund an dieser Stelle nochmal der eindringliche Appell:

- Die Installation von Ladeinfrastruktur gehört in die Hände des qualifizierten Elektrohandwerks.
- Nur der ins Installateurverzeichnis der Verteilnetzbetreiber eingetragene Elektrofachbetrieb ist autorisiert, diese Arbeiten auszuführen.
- „Laien und Bastler" haben an der Elektroinstallation *nichts* verloren!

Mit der Elektromobilität erhalten wir die Möglichkeit die Geräuschemissionen zu reduzieren. Wenn den Mitbürgern wieder klar wird, was früher gegolten hat: Erst nach links, dann nach rechts und zuletzt wieder nach links schauen, bevor man die Fahrbahn betritt, dann bräuchten die Elektrofahrzeuge auch kein AVAC (Acoustic Vehicle Alerting System, akustisches Warnsystem). Da jedoch jede Person, die vertieft in ihr Smartphone oder durch sonstige Ablenkung am Straßenverkehr teilnimmt, vor sich selbst geschützt werden muss, finden solche Regelungen Einzug ins öffentliche Leben und werden vom Gesetzgeber noch finanziell gefördert. Sicher gibt es Personenkreise, für die solche Regelungen sinnvoll sind. Diese sind aber ohnehin meist besonders aufmerksam im öffentlichen Raum unterwegs und bedürfen der akustischen Warnsignale eher weniger. Auch, dass für „PS-Junkies" der Sound eines V8-Motors künstlich erzeugt werden muss, damit die Emotionen richtig angesprochen werden, kann der Autor nicht erklären.

Die Elektromobilität gibt uns die Chance, nicht nur umweltfreundlich mit erneuerbaren Energien zu fahren, sondern auch den Lärm zu reduzieren. Der Fahrspaß kommt dabei nicht zu kurz. Für kräftige durchzugsstarke Beschleunigung braucht es keinen Lärm, sondern nur einen (oder mehrere) kräftigen Elektromotor und eine leistungsstarke Batterie.

Bestimmt ist die Elektromobilität noch nicht für alle Fälle die beste Lösung. Aber dort wo sie heute schon ihre Vorteile ausspielen kann, wird sie sich durchsetzen. Denn der Treibstoff wird im Verbrennungsmotor verbrannt und ist unwiederbringlich verloren. Batterien können recycelt werden und mit Strom aus erneuerbaren Quellen ist das Fahren nachhaltig und „emissionsfrei".

Mit der Steuerbarkeit des Ladens durch die Netzbetreiber wird die Elektromobilität ein wichtiger Baustein zur stärkeren Nutzung von erneuerbaren Quellen wie Wind und Sonne.

Damit unser „Ladesäule" (**Bild 12.1**, Schwäbisch: Säule ist eine kleine Sau/Ferkel und hat im Rüssel sogar die Steckdose) unser Elektrofahrzeug immer umweltfreundlich mit „grünem Strom" laden kann.

In diesem Sinne nochmals allseits gute Fahrt.

Bild 12.1 *„Ladesäule" lädt Elektrofahrzeug mit „grünem Strom"*

Anhang

A Mustercheckliste zur Erhebung der Elektroinstallation

Bestandsermittlung Infrastruktur		
1. Hausanschluss (HAK)		
Querschnitt Kabel	Absicherung NH	Netz-System
2. Zählerschrank		
Zuleitung Typ, Querschnitt	Zählervorsicherung	Zähler
Weitere Zählerplätze	Zählervorsicherung	Zähler
	Zählervorsicherung	Zähler
	Zählervorsicherung	Zähler

Vorhandene Zählerplätze (zutreffende Konstellation eintragen oder streichen)

1	2	3	4	5	6	7	8	9	10

1	
2	
3	
4	
5	
6	
7	
8	
9	
10	

Bestandsermittlung Infrastruktur

3. Verteiler

Zuleitung Verteilung	selektiver Haupt-RCD		
	Absicherung Typ, Bemessungsstrom		
Stromkreise	L1	L2	L3
Gesamt bei Gleichzeitigkeitsfaktor			

4. Ladepunkte

Bei der vorhandenen Konstellation wird geladen mit

☐ AC mit ☐ 6 A (1,4 kW)   ☐ 10 A (2,3 kW)   ☐ 16 A (3,7 kW)   ☐ 20 A (4,6 kW)

☐ 3AC mit ☐ 10 A (6,9 kW)   ☐ 16 A (11,1 kW)   ☐ 32 A (22 kW)   ☐ 63 A (43,5 kW)

☐ _____

☐ _____

☐ Wallbox Typ: _____   ☐ mit Zähler   ☐ mit Netzwerkanbindung

☐ Standsäule Typ: _____   ☐ mit Zähler   ☐ mit Netzwerkanbindung

☐ ID-System   ☐ Leitstelle

☐ RFID

☐ _____

☐ Schaltungsunterlagen liegen vor

A Mustercheckliste zur Erhebung der Elektroinstallation

Bedarfsermittlung

1. Geplante Fahrzeuge

KFZ-Typ		
Akkukapazität	Steckverbindung Fahrzeug	Ladeleistung
_____ kWh		☐ <4 kW ☐ AC ☐ 3 AC
		☐ <12 kW ☐ AC ☐ 3 AC
Verbrauch: _____ /100 km		☐ <25 kW ☐ AC ☐ 3 AC
Tagesstrecke: _____ km		☐ <50 kW ☐ AC ☐ 3 AC
		☐ <75 kW ☐ AC ☐ 3 AC
Ladeverweilzeit	Ladespannung	Ladebuchse
☐ < 15 min ☐ < 30 min	☐ AC	☐ Typ 1
☐ < 60 min ☐ < 120 min	☐ DC	☐ Typ 2
☐ < 240 min ☐ < 300 min	☐ AC/DC	☐ Typ 3
☐ > 300 min	☐ AC3	☐
☐		

2. Ladepunkte

Ladeverfahren	Anzahl Ladepunkte	Ladepunkt(e)
☐ Mode 1	☐ 1	☐ Wallbox
☐ Mode 2	☐ 2	☐ Säule
☐ Mode 3	☐	☐
☐ Mode 4		
Gebäudetyp	Stellplatz	Standort
☐ EFH	☐ Einfahrt ☐ Abstellplatz	☐ privat
☐ RH	☐ Carport ☐ PV-Carport	☐ halb öffentlich
☐ MFH	☐ Garage ☐ Tiefgarage	☐ öffentlich
☐ Nutzbau	☐ Sonstige: _____	
☐ _____		☐ Genehmigungspflicht
Entfernung zum Anschlussraum	Querschnitt Zuleitung	Absicherung

3. Zähler und Verteiler

Verteilererweiterung	Verteilerneubau	Leistungserhöhung Anschluss
	☐ ja	
	☐ nein	
Netzbetreiber	Messstellenbetreiber	Tarif

Bedarfsermittlung

4. Regenerative Energieerzeugung

		Speicher
☐ vorhandene regenerative Energie: _____ kWp	☐ vorhandene regenerative Energie: _____ kWp	☐ vorhanden
☐ geplante regenerative Energie	☐ geplante regenerative Energie	☐ geplant
☐ PV mit _____ kWp	☐ BHKW mit _____ kWp	☐ _____ kWh Kapazität
☐ WR AC 1x _____ A	☐ Windkraft mit _____ kWp	
☐ WR 3AC 3x _____ A	☐ Biogas mit _____ kWp	☐ für EMob Tagesleistung planen
Ertrag: _____ kWh/a	Ertrag: _____ kWh/a	☐ WR AC 1x _____ A
Verwendung	Verwendung	☐ WR 3AC 3x _____ A
☐ Netzeinspeisung: ___ kWh	☐ Netzeinspeisung: ___ kWh	
☐ Eigenverbrauch: ___ kWh	☐ Eigenverbrauch: ___ kWh	
☐ _____ kWh	☐ _____ kWh	

5. Technikzentrale

Zählerplätze	Location	GA und IT
☐ kein Smart Meter	☐ Technikraum	☐ Kommunikationsfeld
☐ Smart Meter vorhanden	☐ Zählernische	☐ Splitter
☐ Smart Meter Gateway	☐ Sonstige: _____	☐ DSL/WLAN
☐ Netz		☐ GA
☐ Erzeugung		☐ Webserver
☐ WP/BHKW		☐ _____
☐ E-Mobility		☐ _____

Zielsetzung Technikzentrale

Zeichnen Sie alle geplanten Elemente ein!

A Mustercheckliste zur Erhebung der Elektroinstallation

Bedarfsermittlung

6. Technikzentrale – Gebäudeautomation – Systemintegration

Netzwerk HAN	Gebäudeautomation	Systemintegration
☐ Internet vorhanden	☐ nicht vorhanden	☐ nicht vorhanden
☐ HAN nicht vorhanden	☐ teilweise vorhanden	☐ micro Grid ready
☐ HAN vorhanden	☐ entspricht EN15232	☐ _____
☐ WLAN vorhanden	☐ Lastabwurf erforderlich	☐ Lastmanagement erforderlich
☐ Netzwerk Anschlüsse erforderlich	☐ Visualisierung erforderlich	☐ Bilanzierung Bezug Erzeugung erforderlich
☐ Planungsbedarf	☐ Bus-System	☐ Planungsbedarf
	☐ KNX	
	☐ Lon	
	☐ _____	
	☐ Planungsbedarf	
Zielsetzung EMob	Zielsetzung GA	Zielsetzung SI
Zielsetzung EMob:	☐ GA für:	☐ SI für:
☐ grüner Strom und Fernablesung		
☐ Strommix und Eigenverbrauch bilanziert		
☐ 100 % Eigenverbrauch		
☐ Lastregelung durch VNB vorgegeben		
☐ Anmeldung beim VNB		
☐ Zustimmung durch VNB erforderlich		

B Abkürzungsverzeichnis

AC	alternating current, Wechselstrom
ACC	adaptive cruising control, Geschwindigkeits- und Abstandsregelung
ACE	Auto Club Europa e.V.
ADAC	Allgemeiner Deutscher Automobil-Club e.V.
APZ	Anschlusspunkt Zählerplatz (für Kommunikation zum VNB)
AVAC	Acoustic Vehicle Alerting System, akustisches Warnsystem
BDEW	Bundesverband der Energie- und Wasserwirtschaft e.V.
BEV	battery electric vehicle, rein batterieelektrisches Fahrzeug
BKE	Befestigungs- und Kontaktiereinheit für eHz
BLM	bürstenloser Motor, brushless motor
BMS	Batteriemanagementsystem
BSI	Bundesamt für Sicherheit in der Informationstechnik
CCS	combined charging system (europäischer Standard)
CHAdeMO	"charge de move", asiatischer DC-Schnellladestandard
CP	Control pilot, Kommunikation zwischen Ladestation und Fahrzeug
CPO	charge point operator, Ladestationsbetreiber
DASM	Drehstromasynchronmotor
DC	direct current, Gleichstrom
DIN	Deutsches Institut für Normung e.V.
eHz	elektronischer Haushaltszähler, sogenannter „intelligenter" Zähler
EN	Europäische Normen
EVSE	electric vehicle supply equipment („Ladestation" für Elektrofahrzeuge)
f	Frequenz
FCEV	fuel cell electric vehicle, Brennstoffzellenfahrzeug
FI	Fehlerstromschutzschalter (siehe auch RCD)
GWh	Gigawattstunde = 1 Mio. kWh
HEV	hybrid electric vehicle, Hybridfahrzeug
HPC	High Power Charging, Hochleistungsschnellladen
I	Formelzeichen für den elektrischen Strom
ICCB	in cable control box (Mode 2 Ladegarnitur)
IC-CPD	in cable control and protection device (Mode 2 Ladegarnitur)
ICE	internal combustion engine, Verbrennungsmotor

IEC	International Electrotechnical Commission
IP	Internet protocol – Adresse eines vernetzungsfähigen Gerätes oder, nicht zu verwechseln mit
IP	International protection (Schutz gegen Eindringen fester/ flüssiger Stoffe)
ISO	International Organization for Standardization Internationale Organisation für Normung
kWh	Kilowattstunde
L1, L2, L3	drei Außenleiter (Phasen) unseres Drehstromnetzes
LAN	Local area network (lokales Netz/Heimnetz)
LEMP	lightning electromagnetic pulse, elektromagnetischer Blitzimpuls
LiIon	Lithiumionenakkumulator (+ weitere Varianten)
LiNMC	Lithium-Nickel-Mangan-Kobaltdioxid
LiFePO4	Lithium-Eisenphosphat
LIN	local interconnect network
LPL 1 … 4	lightning protection level, Blitzschutzklassen 1 bis 4
LPZ 0 … 3	lightning protection zone, Blitzschutzzonen 0 bis 3
LS	Leitungsschutzschalter
Mode 1 … 4	Ladebetriebsarten 1 bis 4
N	Neutralleiter
NAV	Verordnung über Allgemeine Bedingungen für den Netzanschluss und dessen Nutzung für die Elektrizitätsversorgung in Niederspannung (Niederspannungsanschlussverordnung)
NEFZ	Neuer europäischer Fahrzyklus (Ursprung 1970, heute veraltet)
NiCd	Nickel-Cadmium
NiMH	Nickel-Metall-Hydrid
NSHV	Niederspannungshauptverteilung
OCPD	over current protective device, Überstromschutzeinrichtung
OCPP	open charge point protocol, herstellerübergreifendes Kommunikationsprotokoll
PAngV	Preisangabenverordnung
PE	Protection Earth, Schutzleiter
PHEV	plug in hybrid electric vehicle, Hybridfahrzeug mit Batterielademöglichkeit aus dem Stromnetz
PnC	Plug and Charge, Plug & Charge, Einstecken und Laden
PP	Proximity pilot, vereinfacht: Erkennung der Ladeleitung

PTB	Physikalisch-Technische Bundesanstalt, Braunschweig
PWM	Pulsweitenmoduliertes Signal
RCD	Fehlerstromschutzschalter (siehe auch FI)
RCMB	residual current monitoring type B, allstromsensitive Differenzstromsensorik
REEV	Range extended electrical vehicle
SAE	Society of Automotive Engineers
SCPD	short ciruit protective device, Kurzschlussstromschutzeinrichtung
SLS	selektiver Hauptleitungsschutzschalter
SMG	Smart Meter Gateway
SOC	state of charge, Ladezustand des Akkus
SPD	surge protective device, Überspannungsableiter
TÜV	Technischer Überwachungsverein
TWh	Terawattstunde = 1 Milliarde kWh
U	Formelzeichen für die elektrische Spannung
VDE	Verband der Elektrotechnik Elektronik Informationstechnik e.V.
VDI	Verein Deutscher Ingenieure
VIP	very important person (Person mit Sonderstatus)
VNB	Verteilnetzbetreiber
VPN	virtual private network (gesicherte Netzwerkverbindung)
VTOL	Vertical take off and landing
WAN	wide area network (z. B. „Internet")
WWW	world wide web
WLTP	Worldwide harmonized Light vehicles Test Procedure

C Dank an die Unterstützer

Ein ganz großes und herzliches Dankeschön an alle Firmen und Organisationen, die mit der Bereitstellung von Informationen und Bildern zum Gelingen dieses Buches beigetragen haben. Die Auflistung ist in rein alphabetischer Reihenfolge gewählt und stellt keine Wertung dar:

ABL SURSUM Bayrische Elektrozubehör GmbH & Co. KG
Albert-Büttner-Straße 11, 91207 Lauf an der Pegnitz, Deutschland

Bender GmbH & Co.KG
Londorfer Straße 65, 35305 Grünberg, Deutschland

Chademo Association Europe
16 rue de Lancry, 75010 Paris, France

Comemso AG
Karlsbader Straße 13, 73760 Ostfildern, Deutschland

Compleo Charging Solutions GmbH
Oberste-Wilms-Straße 15a, 44309 Dortmund, Deutschland

Daimler AG
Zentrale, Mercedesstraße 120, 70372 Stuttgart-Untertürkheim, Deutschland

DEHN SE + Co KG
Hans-Dehn-Straße 1, 92318 Neumarkt, Deutschland

Delta Electronics (Netherlands) B.V.
Tscheulinstraße 21, 79331 Teningen, Germany

Easelink GmbH
Münzgrabenstraße 94, 8010 Graz, Österreich

electrive.net
Rabbit Publishing GmbH, Rosenthaler Straße 34/35, 10178 Berlin, Deutschland

Elektro Technologie Zentrum
Krefelder Straße 12, 70376 Stuttgart, Deutschland

enel X JuiceNet GmbH, c/o MotionLab Bouchéstraße 12, Halle 20, 12435 Berlin, Deutschland

Heidelberger Druckmaschinen AG
Gutenbergring 17, 69168 Wiesloch, Deutschland

Heldele GmbH
Uferstraße 40, 73084 Salach, Deutschland

KEBA AG
Zentrale, Gewerbepark Urfahr, Reindlstraße 51, 4041 Linz, Österreich

National Archives and Records Administration, Records of the Bureau of Public Roads

MENNEKES Elektrotechnik GmbH & Co. KG
Aloys-Mennekes-Straße 1, 57399 Kirchhundem, Deutschland

MTE Meter Test Equipment AG
Landis+Gyr-Strasse 1, 6302 Zug, Schweiz

MZT GmbH
Stockumer Straße 28, 58453 Witten, Deutschland

PHOENIX CONTACT E-Mobility GmbH
Hainbergstraße 2, 32816 Schieder-Schalenberg, Deutschland

Dr. Ing. h.c. F. Porsche AG
Porscheplatz 1, 70435 Stuttgart, Deutschland

WALTHER-WERKE Ferdinand Walther GmbH
Ramsener Str. 6, 67304 Eisenberg (Pfalz), Deutschland

Der ganz besondere Dank gilt den vielen Geschäftsführern und Mitarbeitern der genannten Firmen, welche stets hilfsbereit waren und die Entstehung des Buches mit umfangreichen Informationen tatkräftig unterstützt haben.

Literatur

[1] Bericht zum Lohner Porsche in Auto Motor Sport vom 01.03.2011: https://www.auto-motor-und-sport.de/news/lohner-porsche-erstes-hybridauto-erstmals-allradantrieb/

[2] National Archives and Records Administration, Records of the Bureau of Public Roads RG 30/B.C.-1963/ca. 43,100 items

[3] Daimler Global Media, https://media.daimler.com/marsMediaSite/de/instance/ko

[4] Kraftfahrtbundesamt und electrive.net zu in Deutschland zugelassenen Elektrofahrzeugen, https://www.electrive.net/2020/03/02/elektromobilitaet-bestand-waechst-auf-240-000-e-fahrzeuge/

[5] Stuttgarter Zeitung vom 28.10.2019, *Konstantin Schwarz*: „Halten die Stromnetze der E-Auto-Welle stand?", https://www.stuttgarter-zeitung.de/inhalt.elektromobilitaet-kein-kurzschluss-in-der-e-mobility-allee.78c08c79-00dc-402e-9edb-ea2f8e192cc5.html

[6] electrive.net vom 30.10.2019, *Daniel Bönnighausen:* „Netze BW: Blackout in der E-Mobility-Allee bleibt aus", https://www.electrive.net/2019/10/30/netze-bw-blackout-in-der-e-mobility-allee-bleibt-aus/

[7] Infas_Mobilität_in_Deutschland_2017_Kurzreport-1.pdf
Studie „Mobilität in Deutschland", Kurzreport Verkehrsaufkommen – Struktur – Trends, Ausgabe September 2019
Follmer, Robert und Gruschwitz Dana (2019): Mobilität in Deutschland – MiD Kurzreport. Ausgabe 4.0 Studie von infas, DLR, IVT und infas 360 im Auftrag des Bundesministeriums für Verkehr und digitale Infrastruktur (FE-Nr. 70.904/15). Bonn, Berlin.
www.mobilität-in-deutschland.de

[8] ADAC-Test vom 14.02.2020, *Jochen Wieler:* „Aktuelle Elektroautos im Test: So hoch ist der Stromverbrauch", https://www.adac.de/rund-ums-fahrzeug/tests/elektromobilitaet/stromverbrauch-elektroautos-adac-test/

[9] Jahresbilanz des Fahrzeugbestandes am 01.01.2020: https://www.kba.de/DE/Statistik/Fahrzeuge/Bestand/bestand_node.html

[10] Bundesverband der Energie- und Wasserwirtschaft e.V. Stromerzeugung und Verbrauch für die Jahre 1991 bis 2019:
https://www.bdew.de/media/documents/20200211_BRD_Stromerzeugung1991-2019.pdf

[11] Zeit Online: https://www.zeit.de/mobilitaet/2019-06/verkehrswende-elektromobilitaet-ladeinfrastruktur-elektroautos/

[12] Netze BW GmbH, Schelmenstraße 15, 70567 Stuttgart, Netze BW sieht sich für Elektro-mobilität gut gerüstet, Pressemitteilung Netze BW: 20191026_Abschluss_E-Mobility-Allee.pdf

[13] Bundesverband der Energie- und Wasserwirtschaft e.V. Stromerzeugung und Verbrauch für die Jahre 1991 bis 2019.

[14] RWTH Aachen, Institut für Stromrichtertechnik und Elektrische Antriebe (ISEA), Jägerstraße 17/19, 52066 Aachen, V.i.S.d.P *Jan Figgener*: http://www.speichermonitoring.de/ueber-pv-speicher/batterietechnologien.html

[15] IKT für Elektromobilität, Kompendium: Li-Ionen-Batterien vom Juli 2015, *Ehsan Rahimzei* (VDE), *Kerstin Sann* (VDE/DKE), *Dr. Moritz Vogel* (VDE); VDE Verband der Elektrotechnik, Elektronik Informationstechnik e. V., Stresemannallee 15, 60596 Frankfurt am Main; kostenlos zum Download:
https://shop.vde.com/de/kompendium-li-ionen-batterien

[16] Artikel von *Christoph M. Schwarzer* vom 21.03.2019:
http://christophschwarzer.com/2019/03/21/wer-bremst-gewinnt

[17] Karlsruher Institut für Technologie, Die Erfindung des Elektromotors 1856–1893,
https://www.eti.kit.edu/1390.php

[18] Öffentliche Ladepunkte in Deutschland, Stand Dezember 2019, Quelle:
https://www.bdew.de/energie/elektromobilitaet-dossier/energiewirtschaft-baut-ladeinfrastruktur-auf/

[19] Ladesäulenverordnung (LSV) §2 Nr. 9 und dazugehörige Erläuterung:
https://www.gesetze-im-internet.de/lsv/LSV.pdf

[20] Ladesäulenverordnung(LSV) §3 Absatz 2:
https://www.gesetze-im-internet.de/lsv/LSV.pdf

[21] DIN EN IEC 61851-1 (VDE 0122-1):2019-12
Konduktive Ladesysteme für Elektrofahrzeuge – Teil 1 allgemeine Anforderungen

[22] next-mobility news vom 14.12.2018, Thomas Kuther: „Konsortium entwickelt Ultraschnell-ladetechnologie mit 450 kW Ladeleistung",

https://www.next-mobility.news/konsortium-entwickelt-ultraschnellladetechnologie-mit-450-kw-ladeleistung-a-785069/
[23] DIN EN 62196-3:2015-05, VDE 0623-5-2:2015-05
Stecker, Steckdosen und Fahrzeugsteckvorrichtungen – Konduktives Laden von Elektrofahrzeugen – Teil 3: Anforderungen an und Hauptmaße für Stifte und Buchsen für die Austauschbarkeit von Fahrzeugsteckvorrichtungen zum dedizierten Laden mit Gleichstrom und als kombinierte Ausführung zum Laden mit Wechselstrom/Gleichstrom
[24] DIN EN IEC 61851-1 (VDE 0122-1):2019-12
Konduktive Ladesysteme für Elektrofahrzeuge – Teil 1 allgemeine Anforderungen, Tabellen A.7 und A.8 (Seiten 84 und 85)
[25] DIN EN IEC 61851-1 (VDE 0122-1):2019-12
Konduktive Ladesysteme für Elektrofahrzeuge – Teil 1 allgemeine Anforderungen, Anhang A (Seiten 61 bis 96)
[26] DIN EN IEC 61851-1 (VDE 0122-1):2019-12
Konduktive Ladesysteme für Elektrofahrzeuge – Teil 1 allgemeine Anforderungen, Abschnitt 13 (Seite 56 ff)
[27] DIN EN IEC 61851-1 (VDE 0122-1):2019-12
Konduktive Ladesysteme für Elektrofahrzeuge – Teil 1 allgemeine Anforderungen, Seite 107 bis 151
[28] Rechtsgutachten zur Anwendbarkeit von § 3 Preisangabenverordnung (PAngV) auf Ladestrom für Elektromobile sowie zur Zulässigkeit und Vereinbarkeit verschiedener am Markt befindlicher Tarifmodelle für Ladestrom mit den Vorgaben der PAngV vom 24.08.2018,
https://www.bmwi.de/Redaktion/DE/Downloads/P-R/preisangabe-fuer-und-abrechnung-von-ladestrom-fuer-elektromobile-rechtsgutachten.pdf?__blob=publicationFile&v=11
[29] VDE-AR-E 2418-3-100 „Elektromobilität – Messsysteme für Ladeeinrichtungen",
https://www.vde.com/resource/blob/1935870/0892921f12b8eae42fbd1a14fe9134de/pressemitteilung---vde-dke-macht-das-laden-mit-neuer-anwendungsregel-transparent-data.pdf
[30] Transparenzsoftware der Software Alliance for E-Mobility:
https://www.safe-ev.de/de/
[31] Transparenzsoftware der Firma Mennekes Elektrotechnik GmbH & Co. KG:
https://www.chargeupyourday.de/service/eichrecht/transparenzsoftware/

[32] electrive.net vom 29.02.2019, *Christoph M. Schwarzer*:
„Plug & Charge: Wann wird das Laden endliche einfach?",
https://www.electrive.net/2019/09/29/plug-charge-wann-wird-das-laden-endlich-einfach/

[33] ISO 15118, Straßenfahrzeuge – Kommunikationsschnittstelle zwischen Fahrzeug und Ladestation, käuflich beim Beuth Verlag zu erwerben:
https://www.beuth.de/de/erweiterte-su-che/272754!search?alx.searchType=complex&searchAreaId=1&query=DIN+EN+ISO+15118&facets%5B276612%5D=&hitsPerPage=10

[34] Verband für Energie- und Wasserwirtschaft Baden-Württemberg e.V., Schützenstraße 6, 70182 Stuttgart, Technische Anschlussbedingungen für den Anschluss an das Niederspannungsnetz, TAB BW, Ausgabe April 2019:
https://www.enwg-veroeffentlichungen.de/konstanz/Netze/Stromnetz/Netzanschluss/TAB-BW-2019-Niederspannung-vfew-Apr2019.pdf

[35] DIN VDE 0100-722: 2019-06
Errichten von Niederspannungsanlagen – Anforderungen für Betriebsstätten, Räume und Anlagen besonderer Art – Stromversorgung von Elektrofahrzeugen

[36] DIN VDE 0100-722:2019-06
Errichten von Niederspannungsanlagen – Anforderungen für Betriebsstätten, Räume und Anlagen besonderer Art – Stromversorgung von Elektrofahrzeugen, Abschnitt 722.55.101.3

[37] DIN VDE 0100-722:2019-06
Errichten von Niederspannungsanlagen – Anforderungen für Betriebsstätten, Räume und Anlagen besonderer Art – Stromversorgung von Elektrofahrzeugen, Abschnitt 722.533.101 Einrichtungen zum Schutz bei Überstrom

[38] DIN VDE 0100-722:2019-06
Errichten von Niederspannungsanlagen – Anforderungen für Betriebsstätten, Räume und Anlagen besonderer Art – Stromversorgung von Elektrofahrzeugen, Abschnitt 722.531 Einrichtungen zum Schutz gegen elektrischen Schlag

[39] Der Technische Leitfaden Elektromobilität Ladeinfrastruktur – Version 3 vom Januar 2020, ein Gemeinschaftswerk von BDEW, DKE, ZVEH, ZVEI und VDE/FNN

[40] DIN VDE 0100-722:2019-06
Errichten von Niederspannungsanlagen – Anforderungen für Betriebsstätten, Räume und Anlagen besonderer Art – Stromversorgung von Elektrofahrzeugen, Abschnitt 722.538 Einrichtungen zur Überwachung

[41] FNN-Hinweis „Anforderungen für den symmetrischen Anschluss und Betrieb nach VDE-AR-N 4100", Kostenloser Bezug beim VDE-Shop (Benutzername und Passwort erforderlich):
https://shop.vde.com/de/fnn-hinweis-anforderungen-f%C3%BCr-den-symmetrischen-anschluss-und-betrieb-nach-vde-ar-n-4100-download

[42] VDE-AR-N 4100:2019-04
Technische Regeln für den Anschluss von Kundenanlagen an das Niederspannungsnetz und deren Betrieb (TAR Niederspannung), Abschnitt 5.5 Symmetrie

[43] VDE-AR-N 4100:2019-04
Technische Regeln für den Anschluss von Kundenanlagen an das Niederspannungsnetz und deren Betrieb (TAR Niederspannung), Abschnitt 5.5.2 Symmetrischer Betrieb

[44] VDE-AR-N 4100:2019-04
Technische Regeln für den Anschluss von Kundenanlagen an das Niederspannungsnetz und deren Betrieb (TAR Niederspannung), Abschnitt 10.6 Besondere Anforderungen an den Betrieb von Ladeeinrichtungen für Elektrofahrzeuge

[45] Bender GmbH & Co. KG, Wie funktioniert Differenzstromüberwachung, RCM, RCMB,
https://www.bender.de/fachwissen/technologie/tn-s-tt-system/wie-funktioniert-differenzstromueberwachung

[46] Nach VDE-AR-N 4100:2019-04 Tabelle 7

[47] Presserklärung des VDE/FNN zum Rollout intelligenter Messsysteme vom 14.02.2020:
https://www.vde.com/resource/blob/1949628/c7d8786cfce48cb-1cf062d4a07264a4b/pressemitteilung-vde-zu-bsi-marktklaerung-data.pdf

[48] Die VDE-AR-N 4100:2019-04 kann beim VDE-Verlag GmbH, Bismarckstraße 33, 10625 Berlin käuflich zu erwerben:
https://www.vde-verlag.de/normen/0100514/vde-ar-n-4100-anwendungsregel-2019-04.html

[49] Kostenfreie Erstberatung für ADAC-Mitglieder zur Elektroinstallation nach telefonischer Beratung durch einen Mitarbeiter der Regionalclubs, https://www.adac.de/rund-ums-fahrzeug/elektromobilitaet/laden/e-auto-laden-erstberatung/

[50] ADAC-Hinweis zu aussagekräftiger Beschilderung von Ladepunkten, Richtig parken an Ladesäulen vom 17.06.2019, https://www.adac.de/rund-ums-fahrzeug/elektromobilitaet/info/parken-elektro-ladesauele/

[51] VDE|FNN Hinweis Version 1.0 vom Dezember 2019 „Anforderungen für den symmetrischen Anschluss und Betrieb nach VDE-AR-N 4100" Kostenloser Bezug beim VDE-Shop (Benutzername und Passwort erforderlich): https://shop.vde.com/de/fnn-hinweis-anforderungen-f%C3%BCr-den-symmetrischen-anschluss-und-betrieb-nach-vde-ar-n-4100-download

[52] Landesbauordnung für Baden-Württemberg in der Fassung vom 05.03.2010: http://www.landesrecht-bw.de/jportal/portal/t/f6a/page/bsbawueprod.psml;jsessionid=1CD9B4ABD920FD9D510905C8AFB91E5C.jp81?pid=Dokumentanzeige&showdoccase=1&js_peid=Trefferliste&documentnumber=1&numberofresults=1&fromdoctodoc=yes&doc.id=jlr-BauOBW2010V7IVZ&doc.part=X&doc.price=0.0#focuspoint

[53] Verordnung des Wirtschaftsministeriums über Garagen und Stellplätze: http://www.landesrecht-bw.de/jportal/?quelle=jlink&query=GaV+BW&psml=bsbawueprod.psml&max=true&aiz=true

[54] VDI 2166 Blatt 2:2015-10 „Planung elektrischer Anlagen in Gebäuden – Hinweise für die Elektromobilität" vom Oktober 2015, Abschnitt 6.4 Brandschutz, käuflich zu erwerben beim Beuth Verlag GmbH, Saatwinkler Damm 42/43, 13627 Berlin

[55] VDE 0100-520:2013-06
Errichten von Niederspannungsanlagen – Auswahl und Errichtung elektrischer Betriebsmittel – Kabel- und Leitungsanlagen

[56] VDE 0298-4:2013-06
Verwendung von Kabeln und isolierten Leitungen für Starkstromanlagen

[57] Niederspannungsanschlussverordnung (NAV) § 13: https://www.gesetze-im-internet.de/nav/__13.html

[58] VDE 0298-4:2013-06
Tabelle 3 – Belastbarkeit von Kabeln und Leitungen für feste Verlegung in Gebäuden; Betriebstemperatur 70 °C; Umgebungstemperatur 30 °C; Verlegearten A1, A2, B1 und B2
[59] VDE 0100-600:2017-07
Errichten von Niederspannungsanlagen – Teil 6: Prüfungen
[60] VDE 0413: Elektrische Sicherheit in Niederspannungsnetzen bis AC 1.000 V und DC 1.500 V – Geräte zum Prüfen, Messen oder Überwachen von Schutzmaßnahmen
[61] DGUV Vorschrift 3, Unfallverhütungsvorschrift, Elektrische Anlagen und Betriebsmittel BG ETEM,
https://publikationen.dguv.de/regelwerk/regelwerk-nach-fachbereich/energie-textil-elektro-medienerzeugnisse-etem/elektrotechnik-und-feinmechanik/1052/elektrische-anlagen-und-betriebsmittel
[62] DGUV Vorschrift 4, Unfallverhütungsvorschrift Elektrische Anlagen und Betriebsmittel, BG ETEM,
https://publikationen.dguv.de/regelwerk/regelwerk-nach-fachbereich/energie-textil-elektro-medienerzeugnisse-etem/elektrotechnik-und-feinmechanik/1457/elektrische-anlagen-und-betriebsmittel
BG Verkehr,
https://www.bg-verkehr.de/medien/medienkatalog/unfallverhue-tungsvorschriften/dguv-vorschrift-4-elektrische-anlagen-und-betriebsmittel-bisher-guv-v-a-3
[63] DGUV Vorschrift 1 Unfallverhütungsvorschrift, Grundsätze der Prävention,
https://www.dguv.de/de/praevention/vorschriften_regeln/dguv-vorschrift_1/index.jsp
[64] Betriebssicherheitsverordnung von 2015 mit letzter Änderung vom 30.04. 2019,
https://www.gesetze-im-internet.de/betrsichv_2015
[65] Vattenfall Pumpspeicherkraftwerk Goldisthal im westlichen Thüringer Schiefergebirge,
https://powerplants.vattenfall.com/de/goldisthal

[66] VDE-AR-N 4105:2018-11
Erzeugungsanlagen am Niederspannungsnetz, Technische Mindestanforderungen für Anschluss und Parallelbetrieb von Erzeugungsanlagen am Niederspannungsnetz

[67] DGUV Information 200-005:2012-04, Qualifizierung für Arbeiten an Hochvoltsystemen,
https://publikationen.dguv.de/regelwerk/informationen/889/qualifizierung-fuer-arbeiten-an-fahrzeugen-mit-hochvoltsystemen

[68] electrive.net vom 24.03.2020, Sebastian Schaal: „Gesetzesentwurf für Anspruch auf Lademöglichkeit beschlossen",
https://www.electrive.net/2020/03/24/gesetzentwurf-fuer-anspruch-auf-lademoeglichkeit-beschlossen/

[69] Mitteilung der Bundesregierung vom 23.03.2020, „Ausbau privater Ladeinfrastrukutr vorantreiben",
https://www.bundesregierung.de/breg-de/themen/klimaschutz/neues-wohnungseigentumsrecht-1733600

[70] Gesetzentwurf der Bundesregierung „Entwurf eines Gesetzes zur Förderung der Elektromobilität und zur Modernisierung des Wohnungseigentumsgesetzes und zur Änderung von kosten- und grundbuchrechtlichen Vorschriften (Wohnungseigentumsmodernisierungsgesetz – WEMoG)",
https://www.bmjv.de/SharedDocs/Gesetzgebungsverfahren/Dokumente/RegE_WEMoG.pdf?__blob=publicationFile&v=3

[71] SAE International, SAE J3016TM Levels of driving automation,
https://www.sae.org/news/2019/01/sae-updates-j3016-automated-driving-graphic

[72] *Dr. Mario Herger*, „Der letzte Führerscheinneuling ist bereits geboren.",
https://derletztefuehrerscheinneuling.com/

[73] EEBUS Initiative e.V. „Release der EEBUS Use Case Specification E-Mobility",
https://www.eebus.org/release-der-eebus-use-case-spezifikation-e-mobility/

[74] Ecomento-Pressemitteilung zur Festkörperbatterieentwicklung bei Toyota von 23.10.2020, „Toyota kündigt E-Fahrzeug-Prototyp mit Festkörperbatterie für 2020 an",
https://ecomento.de/2019/10/23/toyota-e-fahrzeug-prototyp-festkoerper-batterie-2020/

[75] Quelle Auto Motor Sport: Vorstellung des Prototyps einer Festkörperbatterie von Samsung vom 14.03.2020, „Bringt Samsung die Super-Batterie?",
https://www.auto-motor-und-sport.de/tech-zukunft/alternative-antriebe/feststoff-batterie-akku-samsung-lebensdauer-reichweite-elektroauto/

Weiterführende Literatur

Susanne Schmidt, Fraunhofer IAO; *Jochen Pack*, Fraunhofer IAO; *Fritz Staudadcher*, EAZ Aalen; „H_2-Profi – Brennstoffzellenfachausbildung für den Betrieb von stationären und mobilen Brennstoffzellenanlagen" Zentralverband der Deutschen Elektro- und Informationstechnischen Handwerke (ZVEH), „Richtlinie zum E-CHECK E-Mobilität®, für die wiederkehrende Prüfung von Ladeinfrastruktur für Elektrostraßenfahrzeuge und den dazugehörigen Teil der elektrischen Anlage" vom 20.02.2017 Regelung Nr. 100 der Wirtschaftskommission der Vereinten Nationen für Europa (UN/ECE) — Einheitliche Bedingungen für die Genehmigung der Fahrzeuge hinsichtlich der besonderen Anforderungen an den Elektroantrieb (UN ECE 100 Regel), Amtsblatt der Europäischen Union ab L57/54 vom 02.03.2011

Ziegler, Frank: Blitz- und Überspannungsschutz, Grundlagen und praktische Umsetzung nach DIN VDE 0100-443 und -534. Heidelberg/München: Hüthig Verlag, 2017

Veit, Jörg; Staudacher, Fritz: Wissensfächer Elektromobilität. Heidelberg/München: Hüthig Verlag, 2017.

Stichwortverzeichnis

1-phasige Ladestation 184
3-phasige Ladestation 184

A
AC-Laden 57
ADAC Ecotest 17
aktives Lastmanagement 252
alternating current 57
anlagenseitiger Anschlussraum 144
Anmeldeformular 127
Annäherungskontakt 90
Anschlusspunkt Zählerplatz 144
Anwendungsfälle 184
anzumelden 126
Arbeiten an Elektrofahrzeugen/Hochvoltsystemen 267
Aufbau der Zelle eines Lithium-Ionen-Akkus 33
Ausstattungsvarianten von Ladeinfrastruktur 138

B
Backend-Lösung 250
balancing 38
batterieelektrische Fahrzeuge 31
Batteriemanagementsystem 38
Batterietechnologien 32
Batteriewechsel 68
Batteriewechselrichter 237
Batteriewechselsysteme 68
Befestigungseinheit 145
Berechnungsprogramm 209
Betriebszustand A 94
Betriebszustand B 94
Betriebszustand C 94
Betriebszustand D 95
Betriebszustand E 96
bidirektionales Laden 263
Blindleistungsstellmöglichkeit 136
Blitzeinwirkungen 149
Blitzschutzanlage 151, 156
Blitzschutzzonenkonzept 173
Brennstoffzellen 15, 46
Brennstoffzellenfahrzeug 46
Brennstoffzellenstapel 51
Brennstoffzellenvarianten 49
Bruttoinlandsstromverbrauch 19
Bruttokapazität 39
bürstenloser Motor 42

C
CCS 62, 105
CCS auf Basis Typ 2 81
CHAdeMO 62, 82, 105
charge point operator 120
Cloud-Lösung 250
CO_2-freies Fahren 233
control pilot 78
CP-Kontakt 78

D
DC-Laden 61, 104
DC-Ladesysteme 105
DE 0105-100:2015-10 227
Deutsche Gesetzliche Unfallversicherung 268
DGUV Information 200-005 268
DGUV Vorschrift 1 229
DGUV Vorschrift 3 228
DIN 18015 197
direct current 61
Drehfeld 221
Drehstrom 57
Drehstromasynchronmotor 43
Dreipunktbefestigung 146
Durchgängigkeit der Schutzleiter 212
dynamische Ladesteuerung 234

E
E-CHECK E-Mobilität 228
E-Mobilität-Fachbetrieb 228
e-mobility provider 120
E-Mobility-Allee 16, 19
EE-Bus 236

Stichwortverzeichnis

eichrechtskonforme
  Ladestationen 115
eichrechtskonformer
  Abrechnungsvorgang
  111
Eichrechtskonformität
  110
eigensichere Fahrzeuge
  267
Eigenstromverbrauch
  234
Einbindung von Stromspeichern 237
electric vehicle supply
  equipment 57, 101
Elektrofachkraft 71
Elektrolyse 23
Elektrolysezelle 53
Elektrolytaustausch 69
Elektromotor 41
elektronische Haushaltszähler 145, 261
Energiemanagement
  236
Energieverteilung 245
Erdausbreitungswiderstand 220
erneuerbare Energien
  233
Errichten und Prüfen
  193
Erstprüfung 211
erweiterte Kommunikation 118

F
Fahrzeugsimulatoren
  224
Fahrzeugzustände 92
Federal ECE Regel 10
  271
Fehlerschleifenimpedanz
  215

Fehlerstrom 131
Fernsteuerbarkeit der
  Ladeinfrastruktur
  123
Förderung von Elektrofahrzeugen 26
Funktionsprüfung 223

G
Garagenverordnung
  190
Gefährdungsbeurteilung
  228
Generator 41
Generatorbetrieb 45
Gleichfehlerströme 131
Gleichstrom 61
Gleichzeitigkeitsfaktor
  133
Großanlage 258
Grundsätze der
  Prävention 229

H
halbindirekte Messung
  202
Häufung 201
Hausanschlusskasten
  144
High Power Charging
  64, 107
Hochleistungsschnellladen 64
Hochspannung 267
Hochvolt Stufe 1 268
Hochvolt Stufe 2 268
Hochvolt Stufe 3 268
HPC-Station 17
Hybridfahrzeuge 13, 26

I
IEC 61851 83

IEC 62196 76
induktives Laden 66
Installateurverzeichnis
  285
ISO 15118 20, 118
Isolationsüberwachung
  133
Isolationswiderstand
  214

K
kinetic energy
  recovering system
  41
kinetische Energie 41
Kontaktiereinheit 145
Kraftfahrtbundesamt 15
Kugelspeicherkraftwerke 23

L
Ladebetriebsarten 84
Ladeendedetektion 248
Ladekonzepte 57
Ladeleistungen
  im Vergleich 72
Ladeparks 143
Ladepunktanordnung
  193
Laderegler 58
Ladesäulenverordnung
  57
Ladestation Mode 3
  101
Ladestationen 57
Ladestecker Typ 3 79
Ladesysteme 57
Ladezeiten 74
Landesbauordnung 190
Langzeitmessung 202
Lastgang 205
Lastmanagement 20,
  243

Lastmanagement-
lösungen 243
Laststeuerung 245
Leistungsfaktor 136
Leitstelle 250
Leitungsdimensionie-
rung 196
Leitungslänge 196
Leitungsquerschnitt
196
Leitungsschutzorgan
198
Leitungsverluste 205
Leitungsweg 196
Lieferfahrzeuge 55
lightning electro-
magnetic pulse 149
Lithium 32
Lithium-Batterie-
technologie 15
Lithium-Ionen-Akku 32
Lithiumdendriten 39
Lohner Porsche 13

M
Managementsystem
235
Messung der Fehler-
stromschutz-
einrichtung 217
Meter Gateway 145
Micro-Hybrid 27
Mildhybrid 27
Mittelspannungs-
transformator 204
Mode 1 84
Mode 2 85
Mode 3 88
Mode 4 104
Motor Vehicle Safety
Standard 305 271
Motorsteuerelektronik
45

N
Naturstromspeicher 22
Nettokapazität 39
netzdienliches Laden
261
Netzinnenwiderstand
215
netzseitiger Anschluss-
raum 144
Nickel-Metallhydrid-
Akku 32
Nickelcadmium-Akku
32
Niederspannung 267
Niederspannungs-
anschlussverordnung
196
Niederspannungs-
hauptverteilung 202
Notladekabel 58

O
Oberleitung 109
open charge point
protocol 250

P
permanenterregter
Motor 42
Photovoltaik-
Anlagen 233
Physikalisch-Technische
Bundesanstalt 146
Planung von Lade-
infrastruktur 125
Plug & Charge 119
Plug-in-Hybrid 28
PnC 119
Pouchzelle 37
PP-Kontakt 78
Preisangabenverordnung
110
prismatische Zellen 36

proximity pilot 78, 90
Prüfadapter 223
Prüffristen 229
Prüfprotokolle 222
Prüfung von DC-Lade-
punkten 231
Pumpspeicherkraftwerk
263
PV-Überschuss 233
PWM-Signal 91, 224

Q
qualifiziertes Elektro-
handwerk 285

R
Radnabenmotoren 13
Range Extended Electric
Vehicle 28
Raum für Zusatz-
anwendungen 145
RCD Typ A 131, 217
RCD Typ B 131, 217
Rechtsdrehfeld 221
Redox-Flow-Batterien
69
regenerative Energie-
erzeugung 21
Rekuperation 41
Rundzellen/zylindrische
Zelle 35

S
Schaltüberspannungen
171
Schieflast 188
Schieflastausgleich 254
Schnellladepark 189
Schnellladestation 17
Schukosteckdosen 86
Schutzmaßnahmen 131
Schutzpotentialaus-
gleichsschiene 144

Stichwortverzeichnis

selektive Hauptleitungsschutzschalter 144
Service-Disconnect 270
Sicherheit 88
Sicherheitseinrichtungen 89
Sicherungen 203
Sichtprüfung 212
SLS-Schalter 144
Smart Meter Gateways 24, 123, 261
Sondenmessung 220
Sonderfall Betriebszustand „Pausieren" 96
Sonderfall Zustand F 96
Spannungsfall 196
Spitzenlastüberschreitung 205
Stecker Typ 1 77
Stecker Typ 2 77
Stecker Typ 3 79
Steuerbarkeit 127
Störimpulse 165
Streetscooter 26, 56
Strombelastbarkeit 196
Stromexport 19
Stromkreisverteiler 141
Stromspeicher 237
Stromwertvorgabe 99
Supercharger 108

T
täglicher Fahrweg 17
technische Anschlussbedingungen 126
Tiefentladung 39
Traktionsbatterie 14, 38
Transparenzsoftware 113
Transporter 55
Trennungsabstandsberechnung 158

Triple-Charger 62
Typ 2 DC low 81

U
Überschussladen 236
Überspannungs-Schutzeinrichtungen 162
Überspannungsableiter 145
Überspannungskategorien 162
Überspannungsschäden 162
Überspannungsschutz 133, 148
Überstrom 131
Unfallverhütungsvorschriften 268
Unsymmetrie 188
Unterverteilung 138

V
VDE 0100-430:2010-10 198
VDE 0100-443/534 148
VDE 0100-600:2017-06 211
VDE 0100-722 129
VDE 0122 83
VDE 0185-305-1-4 148
VDE 0298-4:2013-06 199
VDE 0413 212
VDE 0701/0702 229
VDE-AR-N 4100 134
VDE-AR-N 4105: 2018-11 136
VDI-Richtlinie 2166 Blatt 2 191
Verlängerungsleitungen 103
Verlegeart 196

Verschlussblende 79
Verteilerschränke 142
Verteilnetzbetreiber 126
virtual private network 250
Vollhybrid 27

W
Wallboxen 60
Wandladestationen 60
Wandlermessung 202
Wechselstrom 57
wettervorhersageabhängiges Laden 235
Widerstandskodierung 230
wiederkehrende Prüfung 227

Z
Zählerplätze 144
zertifizierte Verfahren 113
Zustimmungspflicht 126

Notizen

Notizen

Notizen